普通高等教育"十四五"规划教材

种子科学实验技术

杜艳丽　苗兴芬　赵　强　主编

中国农业大学出版社
· 北京 ·

内容简介

本书按种子生物学、种子生产学、种子检验学及种子加工与储藏顺序进行撰写，共计四篇。每篇根据教学目的设计实验，实验一般包含实验目的、实验原理、实验材料、实验方法、注意事项、实验结果记录、思考题和知识补充等内容。本书力求体现新农科认证和应用型本科示范校专业建设的要求和人才培养的特点，注重理论知识与应用技术的紧密结合，适合植物生产类应用型本科专业和高职相关专业教学使用，也可作为研究生学习的参考资料和农业科技人员的培训教材。

图书在版编目(CIP)数据

种子科学实验技术/杜艳丽，苗兴芬，赵强主编．--北京：中国农业大学出版社，2024.12.
ISBN 978-7-5655-3345-7
Ⅰ.S338
中国国家版本馆 CIP 数据核字第 20246SK250 号

书　　名　种子科学实验技术
作　　者　杜艳丽　苗兴芬　赵　强　主编

策划编辑　张　玉　　　**责任编辑**　贾梦婕
封面设计　中通世奥图文设计中心
出版发行　中国农业大学出版社
社　　址　北京市海淀区圆明园西路 2 号　　　**邮政编码**　100193
电　　话　发行部 010-62733489,1190　　　读者服务部 010-62732336
　　　　　　编辑部 010-62732617,2618　　　出　版　部 010-62733440
网　　址　http://www.caupress.cn　　　**E-mail** cbsszs@cau.edu.cn
经　　销　新华书店
印　　刷　运河(唐山)印务有限公司
版　　次　2025 年 1 月第 1 版　　2025 年 1 月第 1 次印刷
规　　格　185mm×260mm　　16 开本　　17 印张　　415 千字
定　　价　49.00 元

编审人员

主　编　杜艳丽（黑龙江八一农垦大学）

　　　　　苗兴芬（黑龙江八一农垦大学）

　　　　　赵　强（黑龙江八一农垦大学）

副主编　王洁琦（黑龙江八一农垦大学）

　　　　　张　琦（黑龙江八一农垦大学）

参　编　申宏波（黑龙江农业职业技术学院）

　　　　　邢立伟（黑龙江农业经济职业学院）

　　　　　李灿东（黑龙江省农业科学院）

　　　　　谷翠菊（黑龙江省和平牧场）

　　　　　张喜君（黑龙江农垦科学院）

主　审　杜吉到（黑龙江八一农垦大学）

　　　　　陈庆山（东北农业大学）

前言 Preface

党的二十大报告提出,“深入实施种业振兴行动,强化农业科技和装备支撑”。种子在中国农业中占有十分重要的地位,是农业的“芯片”,是农业生产必需的生产资料,具有地域性强、经济价值高、技术要求高、商品率高等特点。科技进步推动农业现代化进程,农业取得快速发展,对种子生产水平、质量、贮藏加工提出了新的要求。黑龙江八一农垦大学作为黑龙江省的应用型本科示范校及“黑龙江省杂粮生产与加工优势特色学科建设项目”建设单位,针对种业发展的需求,结合学校人才培养的目标和重点学科建设目标,组织编写了《种子科学实验技术》一书。

“种子科学实验技术”是面向我国种业产业发展重大需求、专为植物生产类专业学生开设的专业课程。本教材是课程的配套教材,是为种子产业服务的一本应用型教材,是黑龙江八一农垦大学种子科学与工程专业改革试点和种子科学与工程省一流专业建设点成果教材,由多个教学、科研及生产单位的教师和行业专家共同努力完成。

本教材围绕新农科认证及应用型本科示范校专业建设的要求和人才培养的特点,注重理论知识与应用技术的紧密结合,内容系统,结构合理,在介绍主要种子相关的基础知识和实验技术的基础上,注重应用能力和实践动手能力的培养,使之更适合应用型农业人才培养的需要。

本教材由杜艳丽、苗兴芬和赵强任主编,王洁琦和张琦任副主编,杜吉到、陈庆山任主审。全书按种子生物学、种子生产学、种子检验学和种子加工与储藏顺序进行撰写,共四篇。每篇根据教学目的设计实验,实验一般包括实验目的、实验原理、实验材料、实验方法、注意事项、实验结果记录等。

参加本教材编写工作的人员及分工如下:杜艳丽负责编写第一篇实验一至实验二十六,张喜君负责编写第一篇实验二十七,张琦负责编写第二篇实验一至实验十四,申宏波负责编写第二篇实验十五,王洁琦负责编写第三篇实验一至实验二十二,邢立伟负责编写第三篇实验二十三,谷翠菊负责编写第三篇实验二十四,赵强负责编写第四篇实验一至实验二十三,李灿东负责编写第四篇实验二十四,苗兴芬负责编写第四篇实验二十五。本书借鉴了国内外种子科学研究方面的最新成果,并参考了近年出版和发行的国内外有关专业文献资料,在此对有关作者和出版单位致以诚挚的谢意。

随着种子科学实验技术的发展及相关学科知识的进步,今后还会有新的内容充实到教材和教学过程中去。同时,由于编写人员水平有限,书中难免有一些不足之处,欢迎广大读者批评指正,以便再版时修订、补充和完善。

编　者
2024 年 4 月

目录 Contents

第一篇 种子生物学

第二篇　种子生产学

第三篇　种子检验学

第四篇　种子加工与储藏

第一篇

种子生物学

实验一　作物种子的分类

一、实验目的

(1)掌握作物种子的分类方法。

(2)了解种子的形态分类。

二、实验原理

作物种子可以根据胚乳的有无和植物形态学进行分类。

(一)根据胚乳有无分类

1. 有胚乳种子

这类种子由种皮、胚和胚乳组成。双子叶植物中的蓖麻、烟草、西红柿等植物的种子和单子叶植物中的小麦、水稻、玉米、高粱和洋葱等植物的种子,都属于这个类型。

(1)内胚乳发达,如禾本科、大戟科、蓼科、茄科、伞形科等。

(2)内胚乳和外胚乳同时存在,这类植物很少,如胡椒、姜等。

(3)外胚乳发达,如甜菜、苋菜、菠菜。

(4)胚乳、子叶均发达,如蓖麻、黄麻。

2. 无胚乳种子

这类种子由种皮和胚两部分组成,缺乏胚乳。双子叶植物,如大豆、落花生、蚕豆、棉、油菜、瓜类的种子,以及单子叶植物的慈姑、泽泻等的种子,都属于这一类型。

(二)根据植物形态学分类

农业种子(播种材料)从植物形态学来看,往往包括种子以外的许多构成部分,由此分为以下 5 个类型。

1. 包括果实及外部的附属物

禾本科(*Poaceae*):颖果,外部包有稃(即内外颖,有的还包括护颖),植物学上把这类物质归为果实外部的附属物。属于这一类型的禾本科植物,如稻、皮大麦、燕麦、薏苡、粟、苏丹草等。

藜科(*Chenopodiaceae*):坚果,外部附着花被及苞叶等附属物,如甜菜、菠菜。

蓼科(*Polygonaceae*):瘦果,花萼不脱落,呈翅状等,附着在果实基部,称为宿萼,如荞麦、食用大黄。

2. 包括果实的全部

禾本科(*Poaceae*):颖果,如普通小麦、黑麦、玉米、高粱、裸小麦。

棕榈科(*Arecaceae*):核果,如椰子。

蔷薇科(*Rosaceae*):瘦果,如草莓。

豆科(*Fabaceae*):荚果,如黄花苜蓿(金花菜)。

大麻科(*Cannabaceae*):瘦果,如大麻。

荨麻科(*Urticaceae*):瘦果,如苎麻。

壳斗科(*Fagaceae*):坚果,如栗、橡、栎、槲等。

伞形科(*Apiaceae*):悬果,如胡萝卜、芹菜、茴香、防风、当归、芫荽等。

菊科(*Asteraceae*):瘦果,如向日葵、菊芋、除虫菊、苍耳、蒲公英、橡胶草等。

睡莲科(*Nymphaeaceae*):莲。

3. 包括种子及果实的一部分(内果皮)

蔷薇科(*Rosaceae*):桃、李、梅、杏、樱桃、梨、苹果、枇杷。

桑科(*Moraceae*):桑、楮。

杨梅科(*Myricaceae*):杨梅。

胡桃科(*Juglandaceae*):胡桃、山核桃。

鼠李科(*Rhamnaceae*):枣。

五加科(*Araliaceae*):人参、五加、西洋参。

4. 包括种子的全部

石蒜科(*Amaryllidaceae*):葱、葱头(洋葱)、韭菜、韭葱。

樟科(*Lauraceae*):樟。

山茶科(*Theaceae*):茶、油菜。

椴树科(*Tiliaceae*):黄麻。

锦葵科(*Malvaceae*):棉、洋麻、苘麻。

葫芦科(*Cucurbitaceae*):南瓜、冬瓜、西瓜、甜瓜、黄瓜、葫芦、丝瓜、番瓜。

番木瓜科(*Caricaceae*):番木瓜。

十字花科(*Brassicaceae*):油菜、甘蓝、萝卜、芜菁、芥菜、白菜、大头菜、荠菜。

苋科(*Amaranthaceae*):苋菜。

蔷薇科(*Rosaceae*):苹果、梨、蔷薇。

豆科(*Fabaceae*):大豆、菜豆、绿豆、小豆、花生、刀豆、扁豆、豇豆、蚕豆、豌豆、豆薯、猪屎豆、紫云英、田菁、三叶草、紫苜蓿、苕子、紫穗槐、胡枝子、羽扇豆。

亚麻科(*Linaceae*):亚麻。

芸香科(*Rutaceae*):柑、橘、柚、金橘、柠檬、佛手柑。

无患子科(*Sapindaceae*):龙眼、荔枝、无患子。

漆树科(*Anacardiaceae*):漆树。

大戟科(*Euphorbiaceae*):蓖麻、橡皮树、油桐、乌桕、巴豆、木薯。

葡萄科(*Vitaceae*):葡萄。

柿树科(*Ebenaceae*):柿。

旋花科(*Convolvulaceae*):甘薯、蕹菜。

茄科(*Solanaceae*):茄子、烟草、番茄、辣椒。

胡麻科(*Pedaliaceae*):芝麻。

茜草科(*Rubiaceae*):咖啡、栀子、奎宁。

松科(*Pinaceae*):马尾松、杉、落叶松、赤松、黑松。

5. 包括种子的主要部分(种皮的外层已脱去)

银杏科(*Ginkgoaceae*):银杏。

苏铁科(*Cycadaceae*):苏铁。

三、注意事项

作物种子种类繁多,识别时注意区分。

实验二　种子的形态构造

一、实验目的

(1)观察种子的形态和构造,了解其功能。

(2)深入了解种子的组成结构和生长过程。

二、实验原理

种子的形态是指种子的形状、色泽、大小。种子的基本构造:植物的种子由种皮、胚和胚乳3个部分组成。种皮是种子的“铠甲”,起着保护种子的作用。胚是种子最重要的部分,可以发育成植物的根、茎和叶。胚乳是种子集中养料的地方,不同植物的胚乳中所含养分各不相同。几种常见种子的形态构造如图1-2-1所示。

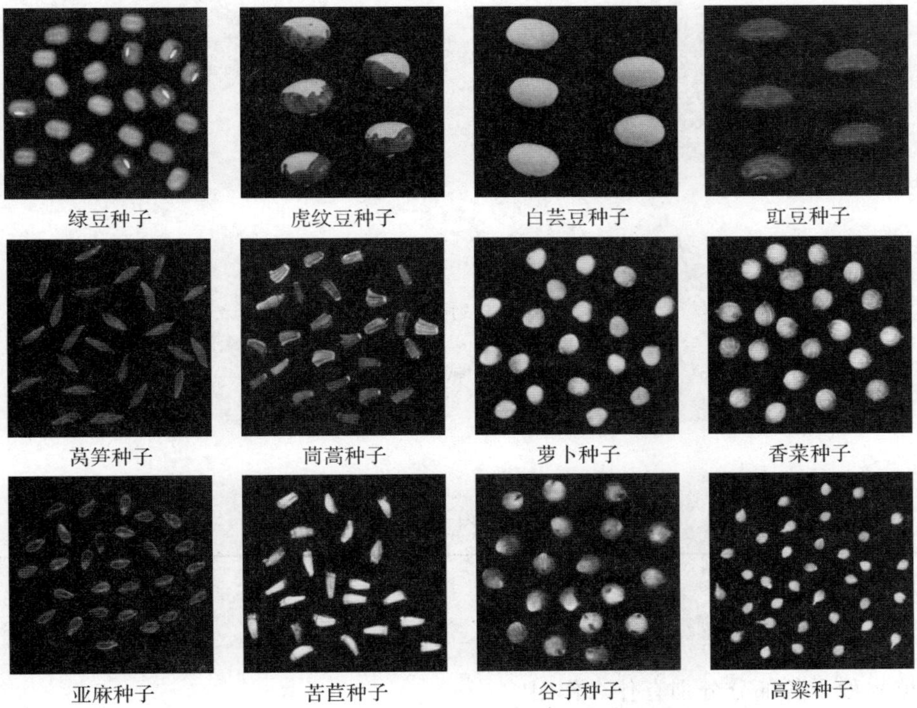

图1-2-1　几种常见种子的形态构造

三、实验材料

1. 材料

吸胀后的绿豆、虎纹豆、白芸豆、豇豆、莴笋、茼蒿、萝卜、香菜、亚麻、苦苣、谷子、高粱的种子。

2. 仪器与用品

刀片、镊子、解剖针、培养皿。

四、注意事项

(1)通常每颗种子只有一个胚,但有时可发现同一颗种子里包含两个或两个以上的胚。

(2)多胚容易和复粒相混淆。复粒是指在同一花内,由两个或两个以上的子房发育而成。

(3)有时也能看到水稻、小麦、玉米、蓖麻及某些伞形科植物的种子,其外形正常,而内部却缺少胚。

五、实验结果记录

种子的形态构造
种子外部构造: 种子内部构造图:

六、思考题

(1)植物种子各部分分别有什么作用?

(2)种子的胚可以分为几部分?

七、知识补充

(一)种子的形态

1. 形状

常见的种子的外形:球形(豌豆)、椭圆形(大豆)、肾脏形(菜豆)、牙齿形(玉米)、纺锤形(大麦)、扁椭圆形(蓖麻)、卵形或圆锥形(棉花)、扁卵形(瓜类)、扁圆形(兵豆)、楔形或不规则形(黄麻)等。

其他比较稀少的外形:三棱形(荞麦)、螺旋形(黄花苜蓿的荚果)、近似方形(豆薯)、盾形(葱)、钱币形(榆树)、头颅形(椰子)。此外,还有细小如鱼卵形(苋菜)、带坚刺如菱角形(菠菜)、具薄翅如蝴蝶形(墨西哥猴梳藤)、细小如尘埃的(兰花)以及其他奇异形状。

2. 色泽

种子因含有各种不同的色素,往往呈现不同的颜色及斑纹。可根据不同色泽鉴别作物的种和品种。

3. 大小

种子的大小常用籽粒的平均长、宽、厚或千粒重来表示。在生产上,千粒重是衡量种子品质的主要指标之一。不同植物种子大小悬殊。蚕豆的千粒重可达 2 500 g 以上,烟草种子的千粒重仅 0.06～0.08 g,同一种作物品种间种子大小的差异也相当大,如小粒玉米种子的千粒重约 50 g,而大粒玉米种子的千粒重可达 1 000 g 以上。但主要农作物的种子千粒重大多数在 20～50 g。

(二)种子的基本构造

1. 种被

种被起保护作用,成熟后细胞死亡,内含物消失,只留下细胞壁。由果皮和种皮组成。

(1)果皮,由子房壁发育而成,一般分为 3 层:外果皮、中果皮及内果皮。但在农作物中,水稻、小麦、玉米等果皮分化均不明显。

(2)种皮,由 1 层或 2 层珠被发育而成,外珠被发育成外种皮,内珠被发育成内种皮。外种皮质厚而强韧,内种皮多呈薄膜状。禾谷类作物种子种皮到成熟时,只残留痕迹,而豆类作物种子的种皮一般都很发达。种皮的细胞不含原生质,因此细胞是没有生命的。

种皮的构造如下。

①发芽口,由珠孔发育而来。授粉后,花粉管伸长,经此孔进入胚囊。当胚珠受精后,发育成为种子,就称为种孔或发芽口。它的位置正好位于种皮下面的胚根尖端。当种子发芽时,水分首先从这个小孔进入种子内部,胚根细胞很快吸水膨胀,就从这个小孔伸出。

②种脐,种子成熟后从珠柄上脱落时的疤痕。其颜色和种皮不同,形状、大小亦因植物种类而有所差异。脐的性状是鉴定和区别品种的重要依据。有些种子实际上是植物学上的干果,如禾谷类的籽实。菊科和蓼科的瘦果,只能看到果脐。禾谷类籽实的果脐很小,且不明显,需用放大镜进行观察。

③脐褥或脐冠,有些植物的种子,从珠柄脱落时,珠柄的残片会附着在脐上,这种附着物称

为脐褥或脐冠，如蚕豆、扁豆等。

④脐条，又称种脊或种脉，它是倒生或半倒生胚珠从珠柄通到合点的维管束遗迹。维管束从珠柄到合点时，不直接进入种子内部而先在种皮上通过一段距离，然后至珠心层供给养分。不同类型植物的种子，其脐条长短不同。在豆类和棉花等种子的种皮上可观察到明显的脐条。由直生胚珠发育而来的种子是没有脐条的。

⑤内脐，脐条的终点部位（即维管束的末端），是胚珠时期的合点遗迹。通常呈稍突起状，在豆类和棉花的种子上看得比较清楚。

⑥种阜，靠近种脐部位种皮上的瘤状突起，由外种皮细胞增殖等形成。

2. 胚

胚是种子最主要的部分，是由受精卵发育而成的幼小植物体，一般可分为胚芽、胚轴、胚根和子叶 4 部分。

（1）胚芽，长成地上部分，它是叶、茎的原始体，位于胚轴的上端，它的顶部就是茎的生长点。在种子萌发前，胚芽的分化程度是不同的，有的在生长点基部已形成一片或数片初生叶，有的仅仅是一团分生细胞。禾本科植物的胚芽是由 3～5 片胚叶组成的，着生在最外部的一片，呈圆筒状，称为芽鞘。

（2）胚轴，又称胚茎，是连接胚芽和胚根的过渡部分。双子叶植物子叶着生点和胚根之间的部分，称为下胚轴，而子叶着生点以上的部分，称为上胚轴。在种子发芽前，一般不十分明显，所以通常胚轴和胚根的界限从外部看不清楚，只有经过详细的解剖学观察才能确定。有些种子萌发时，随着幼根和幼芽的生长，其下胚轴也迅速地伸长，因而把子叶和幼芽顶出土面，如大豆、棉花等；有的种子在发芽时，胚芽显著生长，但下胚轴仍很短时，子叶则残留在土中，如蚕豆、豌豆等。

（3）胚根，长成地下部分，又称幼根，在胚轴下面，为植物未发育的初生根，有 1 条或多条。胚根中已经可以区分出根的初生组织与根冠部分，根尖有分生细胞。当种子萌发时，这些分生细胞进行迅速生长和分化，从而产生根部的次生组织。禾本科植物的胚根外包有一层薄壁组织，称为根鞘。当种子萌发时，胚根突破根鞘而伸入土中。

（4）子叶，即种胚的幼叶，具一片（单子叶植物称内子叶、子叶盘或盾片）、两片（双子叶植物）或多片（裸子植物）。子叶和真叶是不同的，子叶常较真叶厚，叶脉一般不明显。也有较明显的，如蓖麻。两片子叶通常大小相等、互相对称，但经仔细观察，有时也会发现两片子叶大小不同，如棉花、油菜等。

双子叶植物种子的胚芽着生于两片子叶之间，子叶起保护作用。出土的绿色子叶又是幼苗最初的同化器官，储藏营养物质，供发芽用。禾本科植物种子的子叶（即盾片）具有特殊的生理功能，在发芽时能分泌酶，使胚乳中的养料迅速分解，成为简单的可溶性物质，并被吸收以供胚利用，起传递养料的桥梁作用。

3. 胚乳

胚乳，储藏营养，对幼苗健壮程度有着重要的影响。

外胚乳，由珠心层细胞直接发育而成；内胚乳，由受精极核细胞发育而成。

有的胚乳在种子发育过程中被胚吸收而消耗殆尽，仅留下一层薄膜，因而成为无胚乳种子。在无胚乳种子中，营养物质主要储藏在子叶内，如豆科、葫芦科、蔷薇科及菊科植物种子。

一般认为胚乳细胞是死的，但外层的糊粉层细胞是活的，因为有细胞核，含有线粒体，还有酶产生。

在裸子植物中，如银杏、松、柏之类，种子内部亦有相当发达的储藏组织，含有丰富的养料。从表面看，这种组织具有营养生理功能，亦应列为胚乳的一种。但从植物发生学的角度来看，这一部分完全由母体组织直接发育而来，不经过受精过程，所以和被子植物的胚乳在本质上是截然不同的。

实验三　有胚乳的种子形态构造观察

一、实验目的

(1)掌握有胚乳的种子的基本形态和结构。

(2)了解有胚乳的种子的类型。

二、实验原理

大多数植物的种子是由种皮、胚和胚乳组成的。有的种皮分为外种皮、中种皮和内种皮 3 层，如银杏等；有的分为外种皮和内种皮 2 层。胚一般分为胚芽、胚根、胚轴和子叶 4 部分。个别种子的结构由假种皮、种皮、胚、胚乳组成，如红豆杉等。

三、实验材料

1. 材料

吸胀后的水稻种子，蓖麻种子，吸胀后的小麦颖果与颖果纵切片，玉米颖果纵切片与幼苗。

2. 仪器与用品

显微镜、载玻片、盖玻片、刀片、镊子、解剖针、培养皿、滴管、恒温箱。

3. 试剂

碘液、碘-碘化钾溶液、苏丹 IV 溶液。

四、实验方法

1. 观察蓖麻种子的外部形态

用手捏一捏蓖麻种子的外壳，它很坚硬，有光泽和花纹，这是种皮。种皮的阔面中央有一条纵线叫作种脊。种脊底部有浅色的突起，叫作种阜，它是种子在果实上着生的部位。

2. 观察蓖麻种子的内部结构

蓖麻种子的内部结构如图 1-3-1 所示。

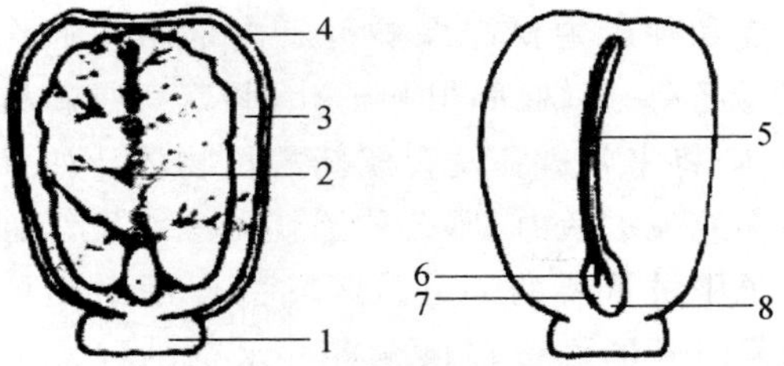

1. 种阜；2. 子叶；3. 胚乳；4. 种皮；5. 种脊；6. 胚芽；7. 胚轴；8. 胚根

图 1-3-1　蓖麻种子的内部结构

(1)剥开种皮，可以见到它分两层，外面一层是坚硬的外种皮，里面一层白色的薄膜是内种皮。

(2)种皮里面占有大部分空间的是胚乳。蓖麻种子是有胚乳的种子。

(3)沿种脊纵切种子，可见胚乳中央有一条裂缝。在裂缝两旁，贴近胚乳的是两片子叶，很薄，嫩黄色。在靠近种阜的一端可以找到胚芽、胚轴和胚根。蓖麻属于双子叶植物。

3. 小麦颖果结构

取一粒浸泡过的小麦颖果进行观察。如图 1-3-2 所示，颖果外形呈椭圆形，腹面具纵向的小沟，叫作腹沟；颖果顶端有一丛单细胞的表皮毛，叫作果毛；颖果基部的一侧为椭圆形的胚，而其他大部分为胚乳。用刀片通过胚的正中进行纵切，取其一半，用解剖镜观察小麦颖果的纵切面(图 1-3-3)。颖果外方为果皮，种皮紧贴着果皮且不易分开，和果皮共同组成种子的保护层。种皮内的大部分是结构较为疏松的胚乳，仅背侧基部的一角与胚乳相对的一方是胚。使用浓度较大的碘液染色，胚乳先被染成蓝色再转深，呈黑色，同时，胚被染成橘黄色。小麦属于单子叶植物。

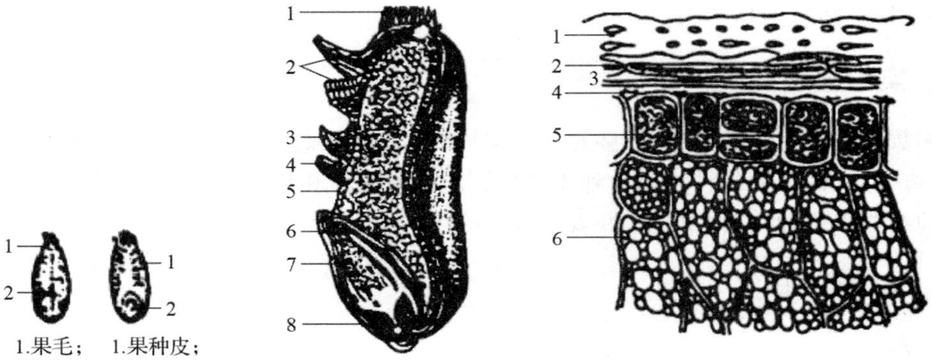

1.果毛；2.腹沟　　1.果种皮；2.胚部

腹面　　背面

(a)籽粒外形

1.果毛；2.果皮；3.种皮；4.胚乳糊粉层；5.胚乳淀粉层；6.盾片；7.胚芽；8.胚根

(b)小麦籽粒纵切面

1,2,4.皮层；3.色素层；5.胚乳糊粉层；6.胚乳淀粉层

(c)小麦籽粒横切面

图 1-3-2　小麦颖果结构

4. 水稻种子结构

如图 1-3-4 所示，水稻的“种子”(其实是颖果)包括 3 部分：果皮和种皮(长在一起)、胚和胚乳。果皮和种皮主要起保护种子内部结构的作用。胚包括胚芽、胚轴、胚根和子叶，胚其实是新植物体的幼体，将来就靠胚发育成新的植物体。如果胚受到损伤或失去活力，那么种子就无法萌发，因此，胚是种子中最重要的部分。胚乳的作用主要是为种子萌发时胚的发育提供营养。水稻的种子中因为具有了这些完整的结构且胚是有活力的，所以，水稻的种子种在地里能萌发长出幼苗。水稻属于单子叶植物。

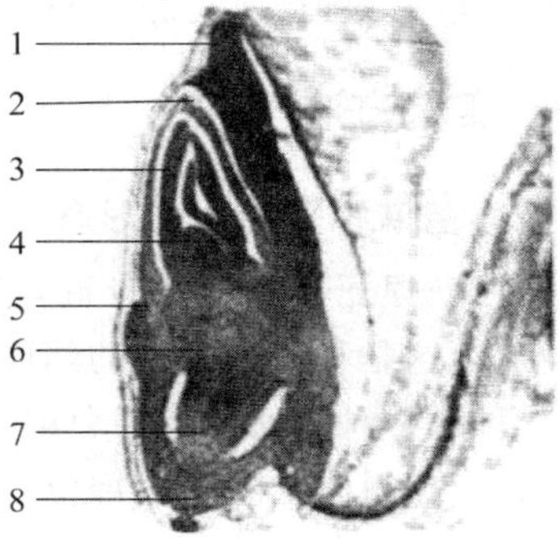

1. 盾片；2. 胚芽鞘；3. 幼叶；4. 胚芽生长点；5. 外胚叶；6. 胚轴；7. 胚根；8. 胚根鞘

图 1-3-3　小麦颖果纵切面结构

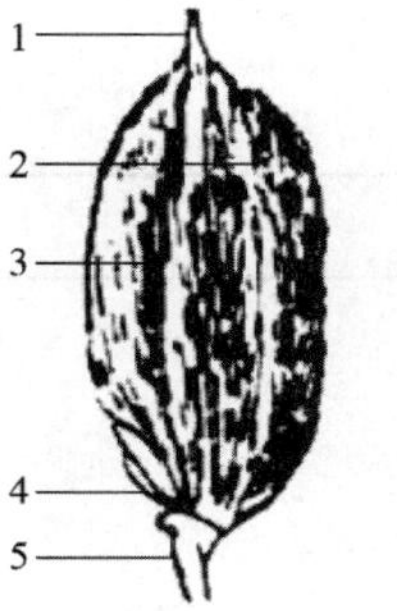

1.芒；2.外稃；3.内稃；
4.护颖；5.小穗柄

(a)籽粒外形

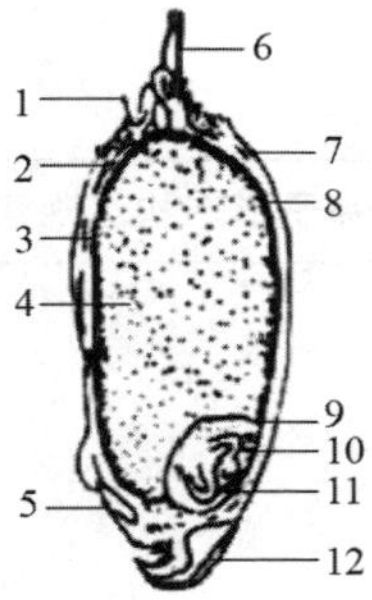

1.颖毛；2.内颖；3.胚乳糊粉层；
4.胚乳淀粉层；5.护颖；6.芒；7.外颖；
8.果皮；9.盾片；10.胚芽；
11.胚根；12.护颖

(b)籽粒纵切面

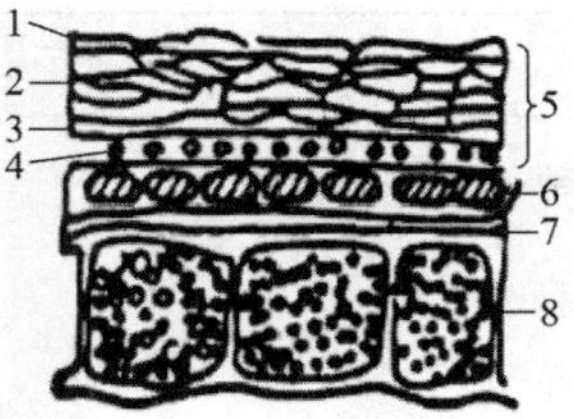

1.表皮；2.中层；3.横细胞；
4.管状细胞；5.果皮；6.种皮；
7.外胚乳；8.糊粉层

(c)籽粒横切面

图 1-3-4　水稻种子结构

5. 玉米种子结构

(1)取一粒玉米种子，观察它的外形，如图 1-3-5(a)所示。玉米属于单子叶植物。

(2)用镊子撕取种皮与果皮(厚的一层是种皮，薄的一层是果皮)。进行低温处理，可以将种皮与果皮分离开。

(3)用镊子夹取贴在胚乳上的呈薄片状的子叶，将其放在放大镜下观察。

(4)观察子叶里的胚芽、胚根和胚轴。先用刀片将子叶轻轻地纵切开，如图 1-3-5(b)所示，再用解剖针轻轻地挑起胚的两端。靠上部的是胚芽，靠下部的是胚根，中间挑不动的是胚轴。胚轴与这片子叶相连。

(5)观察胚乳。挑取子叶后剩下的大部分淡黄色的是胚乳。用稀释的碘酒染色，被染成蓝色的物质是淀粉。

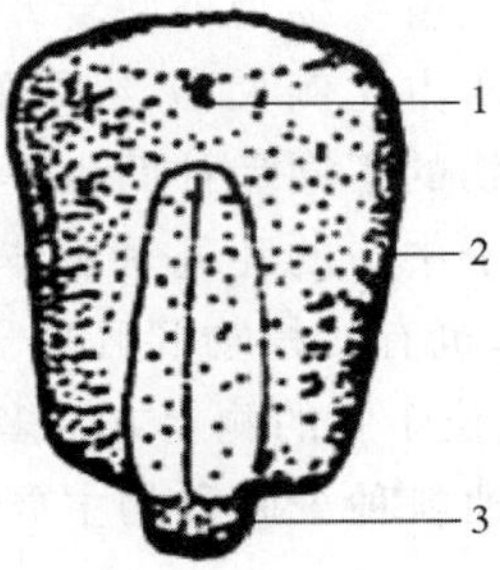

1.花柱；2.果皮；
3.果柄

(a)玉米籽粒外形

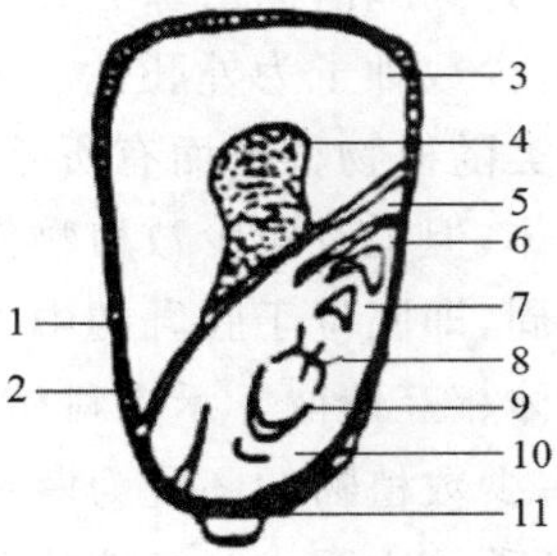

1.果皮；2.种皮；3.胚乳角质；4.胚乳粉质；
5.盾片；6.芽鞘；7.胚芽；8.维管束；
9.胚根；10.根鞘；11.基部褐色层

(b)玉米籽粒纵切面

图 1-3-5　玉米种子结构

五、注意事项

(1)解剖种子。

(2)对种子剖面观察并绘图。

六、实验结果记录

有胚乳的种子形态构造观察
绘制种子形态构造：

七、思考题

(1)小麦的胚根鞘和胚芽鞘有何作用?

(2)为什么糙米、粗面粉比白米、优质面粉的营养价值高?

(3)双子叶植物胚的构造和单子叶植物胚的构造有何不同?

八、知识补充

1. 胚乳

胚乳是有胚乳种子的储藏组织,根据起源不同,胚乳有内胚乳和外胚乳之分。极核受精发育而成的储藏组织称为内胚乳,而由珠心细胞发育成的储藏组织称为外胚乳。绝大多数种子的胚乳为内胚乳,只有少数种子为外胚乳。胚乳在种子中所占比例大小、组织的质地、细胞的形状及所含物质的种类随植物种类而有所差异,在同一植物的不同品种间也不尽相同。绝大多数植物的胚乳是固体,但也有极少数植物例外,例如,椰子中心的胚乳呈液体状态。有些种子的胚乳位于胚的四周,即胚位于胚乳的中央或基部中央,也有的植物胚乳位于胚的中央,还有些植物的胚乳与胚体相互镶嵌。禾本科植物种子的胚乳位于胚的侧上方。多数植物种子的胚乳为薄壁细胞,也有少数植物的胚乳为厚壁细胞。一般油料种子胚乳的主要成分是脂肪和蛋白质,而粉质种子胚乳的主要成分是淀粉和蛋白质。

一般认为,具有小胚和丰富胚乳的种子是原始的,并且在进化上显示向着带有很少胚乳或没有胚乳、胚占据种子绝大部分的成熟种子类型发展的总体趋势。

2. 有胚乳种子分类

有胚乳种子均具较发达的胚乳。

(1)按子叶的数目分类。根据子叶的数目不同,可分为单子叶有胚乳种子和双子叶有胚乳种子。单子叶有胚乳种子主要有禾本科、百合科、姜科、鸭跖草科、棕榈科、天南星科等,双子叶有胚乳种子主要有大戟科、蓼科、茄科、伞形科、藜科、苋科、番木瓜科等。

(2)按胚乳的来源分类。根据胚乳的来源,有胚乳种子又可分为以下 3 种类型。

①内胚乳发达型。在有些种子中，胚只占据种子的一小部分，其余大部分为内胚乳，如禾本科、大戟科、蓼科、茄科、伞形科、百合科、棕榈科等植物的种子。

②外胚乳发达型。有些植物的种子，在形成过程中消耗了所有的内胚乳，但由珠心层发育成的外胚乳保留了下来，如藜科、石竹科、苋科等植物的种子。

③内胚乳和外胚乳同时存在型。在同一种子中既有内胚乳又有外胚乳，这样的植物很少，只有胡椒、姜等植物的种子。

实验四　无胚乳的种子形态构造观察

一、实验目的

(1)掌握无胚乳的种子的基本形态和结构。

(2)了解无胚乳的种子的类型。

二、实验原理

双子叶植物多数为无胚乳种子，该类种子中储藏营养物质的结构主要为胚中的子叶。子叶多数为 2 片，胚乳退化。种子萌发的前期所需要的营养物质主要来自子叶，在此过程中，种子的胚由于子叶营养物质的消耗，干重会减少，如大豆、花生等。

三、实验材料

1. 材料

吸胀后的大豆种子、花生种子、蚕豆种子、棉花种子。

2. 仪器与用品

显微镜、载玻片、盖玻片、刀片、镊子、解剖针、培养皿、滴管、恒温箱。

3. 试剂

碘液、碘-碘化钾溶液、苏丹 IV 溶液。

四、实验方法

取浸水吸胀后的大豆种子(图 1-4-1)、花生种子(图 1-4-2)、棉花种子(图 1-4-3)、油菜种子(图 1-4-4)、蚕豆种子(图 1-4-5)进行观察。

如果用解剖针拨开幼叶，在放大镜下观察，可见胚芽的生长点和突起状的叶原基。在胚轴的下端有一条状物，叫作胚根。

五、注意事项

需轻轻地用解剖针拨幼叶，不要太用力。

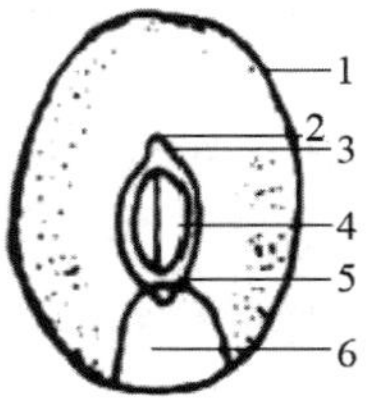

1.种皮；2.内脐；3.脐条；
4.脐；5.发芽口；6.胚根

(a)种子外形

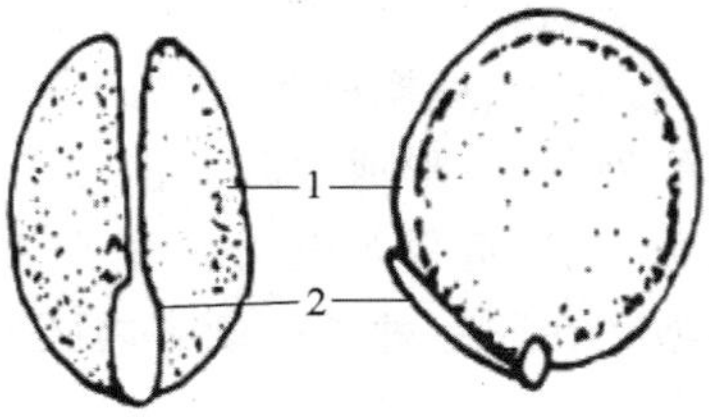

1.子叶；2.胚根

(b)剥去皮的种子

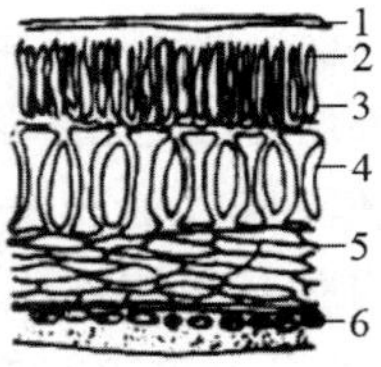

1.表皮；2.明线；3.栅状细胞；
4.柱状细胞；5.海绵组织；6.内胚乳残物

(c)种子纵切面

图 1-4-1　大豆种子

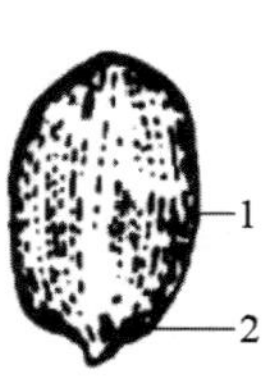

1.种皮；2.脐

(a)种子外形

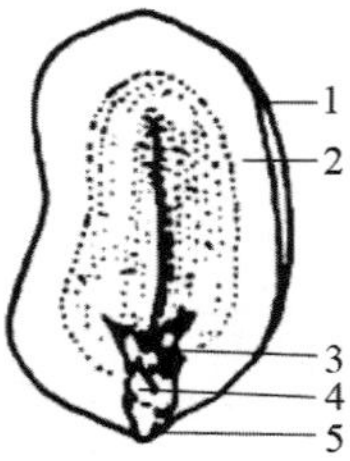

1.种皮；2.子叶；
3.胚芽；4.胚轴；5.胚根

(b)种子纵切面

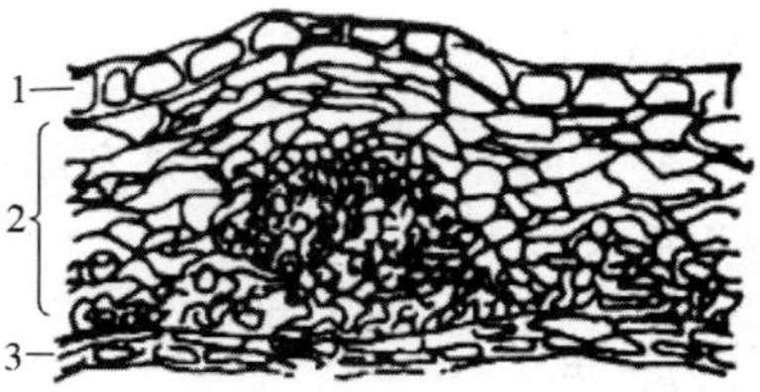

1.外表皮；2.柔组织；
3.内表皮

(c)种子横切面

图 1-4-2　花生种子

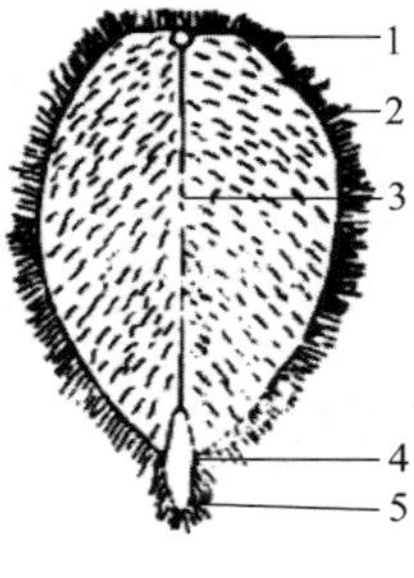

1.内脐；2.种毛；3.脐条；
4.脐、发芽口；5.种柄

(a)种子外形

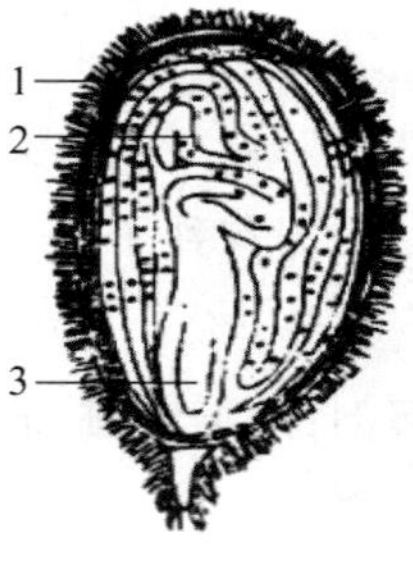

1.种皮；2.子叶；
3.胚根

(b)种子纵切面

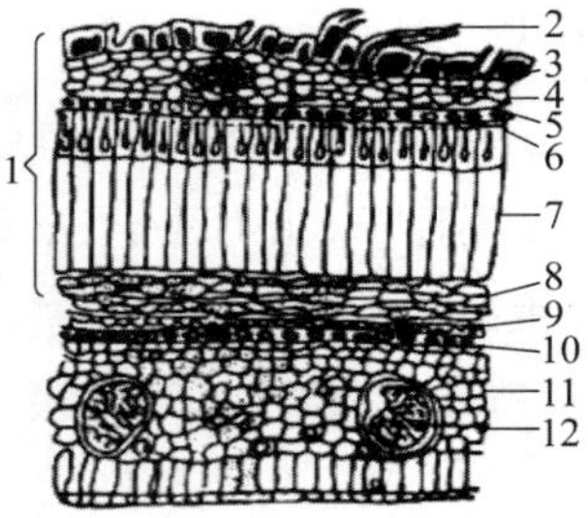

1.种皮；2.种毛；3.表皮；
4.外褐色层；5.无色层；6.明线；
7.栅状组织；8.内褐色层；9.外胚乳；
10.内胚乳；11.子叶；12.腺体

(c)种子横切面

图 1-4-3　棉花种子

(a)种子外形

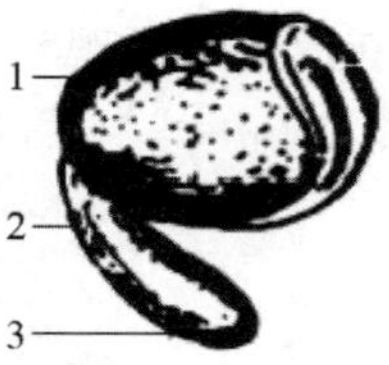

1.子叶；2.胚轴；3.胚根

(b)种胚

图 1-4-4　油菜种子

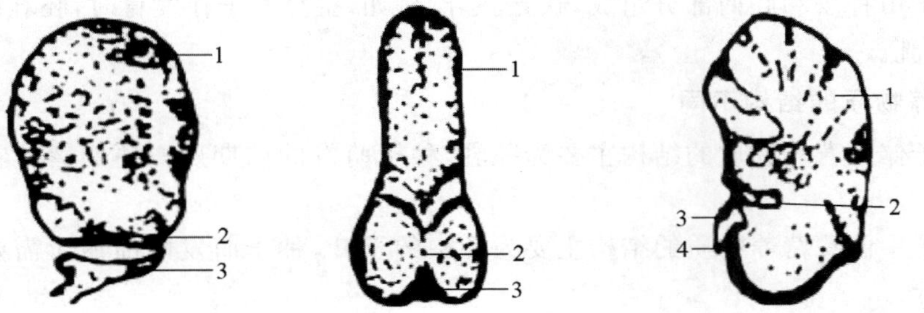

1.种皮；2.脐；3.脐褥　　1.种皮；2.发芽口；3.脐　　1.子叶；2.胚芽；3.胚轴；4.胚根

(a)种子外形正面　　(b)种子外形侧面　　(c)种子纵切面

图 1-4-5　蚕豆种子

六、实验结果记录

无胚乳种子形态构造的观察
实验结果记录：

七、思考题

(1)一般根据什么原则鉴别有胚乳种子和无胚乳种子？请举例说明。

(2)以大豆种子为例,说明豆科植物种子构造与萌发的特点。

八、知识补充

有胚乳种子和无胚乳种子的区别：

1. 种子结构不同

有胚乳种子由种皮、胚和胚乳组成。胚乳由糊粉层和淀粉层组成,糊粉层紧贴种皮,仅一层细胞。胚由胚芽、胚芽鞘、胚根、胚根鞘、胚轴和子叶组成。

无胚乳种子由种皮和胚两部分组成，缺乏胚乳，例如，蚕豆种子在发育时，胚乳已被消耗殆尽，所以没有胚乳。

2. 储藏营养物质的结构不同

有胚乳种子储藏营养物质的结构主要为胚乳，种子萌发的前期所需要的营养物质主要来自胚乳。

无胚乳种子中储藏营养物质的结构主要为胚中的子叶，种子萌发的前期所需要的营养物质主要来自子叶。

3. 子叶数量不同

有胚乳种子结构上多数只有一片子叶(盾片)。盾片与胚乳相接近的一面，有一层排列整齐的上皮细胞，在种子萌发时可分泌酶，分解蛋白和淀粉。

无胚乳种子子叶多数为两片，胚乳退化。双子叶结构能够保证在没有胚乳的情况下储存充足的营养物质。

实验五　种子蛋白质组分含量的测定

一、实验目的

(1)了解种子蛋白质含量测定的原理。

(2)学习和掌握本实验中所使用的测定方法和计算方法。

二、实验原理

蛋白质分简单蛋白质(仅由氨基酸组成)和复合蛋白质(由简单蛋白质和各种非蛋白质部分结合而成)两大类。简单蛋白质根据它们在不同溶剂——水、稀盐、稀酸、稀碱中的溶解性又分成不同类别，复合蛋白质则是蛋白质的难溶部分。根据蛋白质在不同溶剂中的溶解特性，分别提取水溶、盐溶、醇溶和碱溶部分的蛋白质，残留物中为复合蛋白质，分别测定其含量。

三、实验材料

1. 材料

被烘干的作物种子。

2. 设备

烘箱、烧杯、研钵、滤纸、试管、离心管、离心机、天平、凯氏定氮仪、玻璃棒。

3. 试剂

冰醋酸、1%醋酸、10% NaCl、0.2% NaOH、10%三氯醋酸、70%乙醇。

四、实验方法

1. 简单蛋白质测定

(1)水溶部分(清蛋白)分析。取磨碎的种子样品 0.5 g 置于研钵中，加少量水研磨至匀浆。移入离心管中，加入一定量的水，不超过 15 mL，用玻璃棒搅拌试管中样品，用数滴水淋洗玻璃棒，5 000 r/min 离心 3～5 min，取上清液并倒入烧杯中。向试管中沉淀加入 15 mL 水，用玻璃棒搅拌 3 min。5 000 r/min 离心 3～5 min，将上清液放到同一烧杯中，如此反复操作 3 次。加入 10 滴冰醋酸以沉淀收集液中的蛋白质，轻放在水浴上加热 8 min，直至分离出沉淀。然后，以直径为 7 cm 并已经称重的无灰滤纸过滤，集中全部沉淀于滤纸上，用 1%醋酸冲洗 4 次。将沉淀和滤纸一同放到烘箱中烘干后称重，以凯氏定氮法测氮。

(2)盐溶部分(球蛋白)的分析。向水溶液提取后的残渣中加入 15 mL 10%的 NaCl 溶液，用玻璃棒搅拌 5 min，然后用盐溶液冲洗玻璃棒，5 000 r/min 离心 3～5 min，溶液倾入烧杯中。如此反复操作 4 次。加入 10 滴冰醋酸沉淀蛋白质，在水浴上加热至沉淀出现。同样将全部残渣移到已称重的滤纸上，用同样的醋酸冲洗 2 次，烘干后称重，以凯氏定氮法测氮。

(3)碱溶部分(碱溶蛋白)的分析。向盐溶液提取后的残渣中加入 10mL 70%乙醇，玻璃棒搅拌 5 min，将混合液放在 50 ℃的热水中 5 min，随时搅拌。5 000 r/min 离心 3～5 min，取上清液倒入烧杯中。如此反复提取 4 次，离心沉淀收集在一起。向乙醇提取后的残渣中加入 15 mL 0.2% NaOH，用玻璃棒搅拌 5 min，5 000 r/min 离心 3～5 min，取上清液倒入烧杯中。如此反复提取 4 次，离心液收集在一起。加入 5 mL 10%的三氯醋酸以沉淀蛋白质，搅匀，在剧烈搅拌下一滴一滴地加入三氯醋酸，直至出现沉淀时为止。加热后过滤，用 1%醋酸将沉淀转移到已称重的滤纸上，烘干后称重，以凯氏定氮法测氮。

2. 复合蛋白质测定

用少量蒸馏水将分离简单蛋白质后的残渣从离心管中移到 50～100 mL 的凯氏瓶中，以凯氏定氮法测氮。凯氏定氮仪如图 1-5-1 所示。

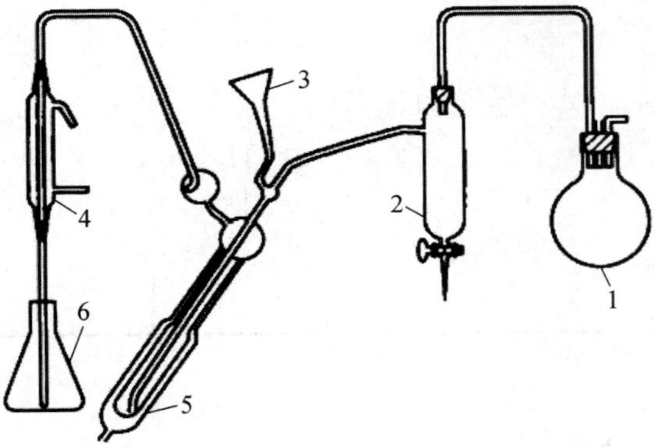

1. 蒸汽发生瓶；2. 导管；3. 样品入口；4. 冷凝管；5. 反应管；6. 收集瓶

图 1-5-1 凯氏定氮仪

3. 结果计算

每一部分的含氮量可按下面公式计算。

$$X=\frac{(A-B)\times M\times 14}{m}\times 100\%$$

式中，X 为以全部样品绝对干重计算的蛋白质的含氮量，%；A 为滴定样品时用去的滴定液体积(凯氏定氮法常用的滴定液是 0.01mol/L HCl)，mL；B 为滴定对照时用去的滴定液的体积，mL；M 为滴定液的浓度，mol/L；m 为样品的绝对干重(置于 105 ℃下烘干至恒重的样品)，

mg。将总蛋白质中总氮量定义为100，按下面公式计算各部分蛋白质的相对含量。

$$P=\frac{100\times X}{Q}\times 100\%$$

式中，P 为该部分蛋白质占总蛋白的比例，%；X 为按前式算出该部分蛋白氮的含量占样品的比例，%；Q 为各部分蛋白质总量占样品的比例，%。

五、注意事项

每类蛋白质的提取应完全，否则会影响测定结果。

六、实验结果记录

种子蛋白质组分含量的分析
实验结果记录：   结果计算：

七、思考题

(1)用凯氏定氮法测定蛋白质含量的原理是什么？

(2)还有哪些蛋白质测定方法？

八、知识补充

蛋白质是生物体的重要组成部分，是生命活动所依赖的物质基础，没有蛋白质便没有生命。蛋白质是种子中含氮物质的主要储藏形式，是种子的三大营养物质中最重要的物质。蛋白质是构成细胞质、细胞核、质体等的基础物质，在种子的生命活动和遗传机制中起着重要的作用。蛋白质具有很高的营养价值。

种子中的蛋白质种类很多，按其功能可分为复合(结构)蛋白、酶蛋白和简单(储藏)蛋白。

复合蛋白和酶蛋白含量较少，主要存在于种子的胚部。复合蛋白是组成活细胞的基本物质，而酶蛋白作为生物催化剂参与各种生物化学反应。简单蛋白在种子蛋白质中所占的比例很大（85％～90％），主要以糊粉粒或蛋白体的形式储藏在糊粉层、胚及胚乳中，其大小、形态结构和分布密度因种子不同部位而异。糊粉层中的糊粉粒为球形，外有膜包被，内部常含有1至数个晶体；胚中的蛋白体有着与糊粉层类似的结构。禾本科作物种子胚乳中的蛋白质别具特色，它中间有1个核，周围分布多层同心圆环，多数还形成放射状裂痕。种子中的蛋白体颗粒较淀粉粒小，直径一般在1.5～2.3 μm，其大小依存在部位不同而异，大小次序为子叶＞糊粉层＞胚乳。禾本科作物种子胚乳中的蛋白体密度由外向内依次递减，盾片中则是自上而下依次递减。糊粉层中的糊粉粒主要是脂蛋白和核蛋白，简单蛋白很少。

实验六 种子中粗脂肪的提取及测定

一、实验目的

脂肪广泛存在于油料植物的种子和果实中，测定脂肪的含量可以鉴别其品质的优劣。通过实验，掌握种子中粗脂肪的提取及测定方法。

二、实验原理

本实验采用索氏抽提法中的残余法，即用低沸点有机溶剂（乙醚或石油醚）回流抽提，除去样品中的粗脂肪，以样品与残渣重量之差，计算粗脂肪含量。由于有机溶剂的抽提物中除脂肪外，还或多或少含有游离脂肪酸、甾醇、磷脂、蜡及色素等类脂物质，因此抽提法测定的结果只是粗脂肪的测定结果。

三、实验材料

1. 材料

谷类、油菜作物种子。

2. 设备

索氏抽提器（图1-6-1）、研钵、烘箱、水浴锅、移液器、天平、磨口瓶。

3. 试剂

无水乙醚、苏丹Ⅲ-乙醚饱和溶液。

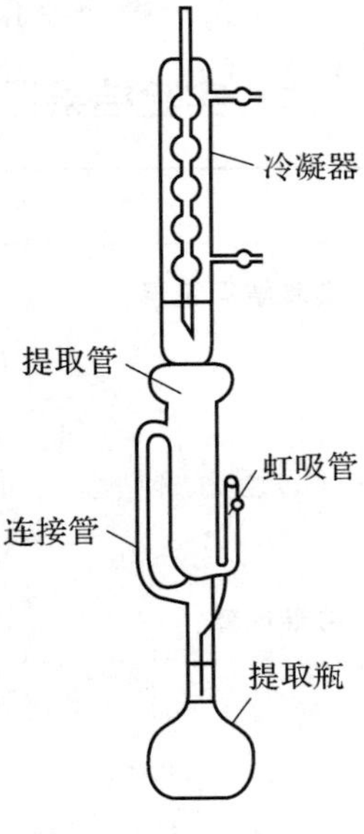

图1-6-1 索氏抽提器

四、实验方法

1. 样品制备

分取净样30～50 g，于105 ℃烘箱内烘干1h后粉碎，过滤后装入磨口瓶备用。

2. 试样称取

定量测定样品，从备用样品中精确称取试样（试验样品）2～5 g，置于研钵中研细，必要时可以加适量石英砂助研。将研细的试样用药匙小心放入已烘干的滤纸筒内，筒口塞上脱脂棉。定性测定样品，需称取试样 25～30 g，不必研磨，装入较大的滤纸筒。

3. 粗脂肪的提取

将装有试样的滤纸筒放入已安装好的抽提筒内，所用滤纸筒应高于抽提器的虹吸管，而试样应低于虹吸管。在已烘干并精密称量的抽提瓶内注入约瓶体 1/2 的乙醚，再将抽提器各部分安装好，借助漏斗从冷凝管口加入乙醚至虹吸管高度的 2/3 处。接通冷凝水，在预热 70 ℃的水浴上加热抽提。抽提过程中应保持恒温，使每分钟冷凝回滴的乙醚为 120～150 滴，约 10 min回流 1 次。抽提时间视试样含油量和测定项目而定，一般定量测定时间为 8～12 h，定性测定时间可适当缩短为 5～6 h。

4. 抽提试样的处理

抽取完毕，提高冷凝管，用长镊子取出滤纸筒，再放下冷凝管，继续蒸馏回收乙醚。然后取下抽提筒，在水浴上微热以逐出瓶中残留乙醚。定性测定样品即可置冰箱暂存备用；定量测定样品还需用脱脂棉蘸上乙醚将瓶外壁擦干净，放于 105 ℃的烘箱中烘 1 h，取出置干燥器中冷却，称重，再烘 30 min，冷却称重，直至恒重。抽提瓶增加的重量即粗脂肪重量。

5. 结果计算

$$粗脂肪含量(湿基)=\frac{粗脂肪重量(g)}{试样重量(g)}\times 100\%$$

$$粗脂肪含量(干基)=\frac{粗脂肪重量(g)}{试样重量(g)\times(1-水分含量)}\times 100\%$$

两次试验结果允许误差，油料不超过 0.4%，大豆不超过 0.2%，谷类不超过 0.1%。

五、注意事项

乙醚是一种神经麻醉剂，所以粗脂肪的抽提应在通风橱中进行。严禁明火接近实验装置。

六、实验结果记录

种子中粗脂肪的抽提及测定
实验结果记录：
结果计算：

七、思考题

(1)索氏抽提法提取的为什么是粗脂肪?

(2)做好本实验应该注意哪些事项?

八、知识补充

索氏抽提法利用溶剂回流和虹吸原理,使固体物质每一次都能被纯溶剂所萃取,所以萃取效率较高。萃取前应先将固体物质研磨细,以增加液体浸溶的面积。然后将固体物质放在滤纸套内,放置于萃取室中。按照图 1-6-1 安装仪器。当溶剂加热沸腾后,蒸汽通过导气管上升,被冷凝为液体滴入提取器中。当液面超过虹吸管最高处时,即发生虹吸现象,溶液回流进入烧瓶,因此可萃取出溶于溶剂的部分物质。就这样利用溶剂回流和虹吸作用,使固体中的可溶物富集到烧瓶内。如前所述,有机溶剂的抽提物中除脂肪外,还含有类脂物质,因而索氏抽提法测定的结果只是粗脂肪的测定结果。

实验七　种子物理性的测定

一、实验目的

通过实验,掌握主要作物种子的物理性及其测定方法。

二、实验原理

种子的物理性是指种子在移动、堆放过程中所反映出来的多种物理特性。种子的物理性包括种子的千粒重、密度、容重以及种子的孔隙度、自流角和静止角。根据种子的物理特性分别采用千粒法、百粒法测定种子的千粒重;采用量筒法、比重瓶法测定种子的密度等;采用容重器测定种子的容重。

三、实验材料

1. 材料

作物种子,如小麦、水稻、玉米、大豆等的种子。

2. 仪器、设备

容重器、天平、比重瓶、量角器、量筒等。

四、实验方法

1. 种子千粒重的测定

(1)千粒法。

①取试样。经净度分析,除去杂质,充分混合,随机数取试样 2 份(大粒种子各 500 粒,中、小粒种子各 1 000 粒)。

②称取重量。用天平(大粒种子 1/10 感量,中、小粒种子 1/100 感量)称重,取平均值,换算成千粒重。

③允许误差±5%,超过时取第 3 份试样,取差距最小的 2 份,计算平均值。

(2)百粒法。按国际种子检验规程,从经过净度分析的净种子中分取 8 份试样,每份 100 粒,分别称重,其精确度同千粒法,然后计算 8 个重复的方差、标准差及变异系数,最后换算成千粒重。

判断:以变异系数判断,无颖壳种子变异系数≤4.0,带颖壳种子变异系数≤6.0,超过限度,再取样 8 份,计算 16 份样品的标准差,凡与平均数之差超过 2 倍标准差的略去不计,最后将剩余试样取平均值乘以 10,即千粒重。

$$\text{国家标准水分种子千粒重}=\text{实测千粒重}\times\frac{(1-\text{实测千粒重})}{(1-\text{规定水分})}$$

2. 种子密度的测定

(1)量筒法。取有精细刻度的 5~10 mL 小量筒,内装 50%酒精(或水),记下液体所达到的刻度 V_1。称取净种子样品 3~5 g W,放入量筒中,再观察液体平面的刻度 V_2。根据公式求出种子密度 S。

$$\text{种子密度}(S)=\frac{\text{种子重量}}{\text{种子体积}}=\frac{W}{(V_2-V_1)}$$

重复 3 次,结果保留 2 位小数。

(2)比重瓶法。

①称净种子样品 2~3 g,精确度到毫克(W_1)。

②将二甲苯(也可用甲苯或 50%酒精)装入比重瓶,到标线为止,如有多余用吸水纸吸去。如果比重瓶配有磨口瓶塞,则把二甲苯装满到瓶塞处,再把溢出的揩干。

③把装好二甲苯的比重瓶称重(W_2)。

④倒出一部分二甲苯,将已称好的种子(W_1)投入比重瓶中,再用二甲苯装满到比重瓶的标线,用吸水纸吸去多余的二甲苯。投入后,注意种子表面应不附着气泡,否则会影响结果的准确性。

⑤将装好二甲苯和种子的比重瓶称重(W_3)。

⑥应用下式计算出种子密度(S)。G 代表二甲苯的相对密度,在 15 ℃时为 0.863。如用其他药液代替二甲苯,须查出该药液在测定种子密度时的温度条件下的密度。

$$\text{种子的密度}(S)=\frac{W_1G}{W_2+W_1-W_3}$$

3. 种子容重的测定

(1)简易测定法。取其中的试样,然后仔细将试样放入 1 000 mL 的量筒中,调整容积,直到正好达 1 000 mL 刻度为止。将样品从量筒中倒出并称重。反复测量 3 次,取平均值,即该种子的容重。

(2)排气式容重测定法。

①从箱内取出各部件,放平容重器底座的箱子,将秤杆支架装在箱盖的固定位置上,并装好秤杆。

②于容器筒内放入排气砣,挂于秤钩上,将游砣置于秤杆零点,调节至平衡。

③将容器筒安装在箱盖上面的容器座上，并将插片插入其缝口内，再把排气铊放在插片上，然后套上空筒。

④将大约 1.2 L 的种子倒入漏斗筒内，置于空筒上，用左手食指打开漏斗开关，使种子落入空筒内。

⑤用左手握牢容器，右手迅速拉出插片，这时排气铊落到容器筒底部，种子也随着落入容器筒内，再把插片立即插回。

⑥取下漏斗筒，从容器座上取下容器筒和空筒，用手指按住插片，倒去插片上多余的种子，然后取下空筒，再倒净留下的少量种子。

⑦拔去插片，将容器筒连同种子挂于秤钩进行称重，精确度为 0.5 g。

⑧每个样品重复测定 2 次，容许差距为±5 g/L。如在容许差距内，则求 2 次的平均值。否则须再测 1 次，取其中最接近的 2 次数值，求其平均容重。

4. 种子堆密度和孔隙度的测定

种子堆密度和孔隙度的测定方法与密度的测定方法相同，其计算公式如下：

$$\text{种子堆密度}=\frac{\text{容重(g/L)}}{\text{密度(g/mL)}}\times 100\%$$

$$\text{种子孔隙度}=1-\text{种子堆密度}$$

五、注意事项

在测量种子的千粒重、密度、容重时，要在误差范围以内进行计算，且需要重复测定 3 次以上，求平均值。

六、实验结果记录

种子物理性测定
实验结果记录：   结果计算：

七、思考题

(1)千粒重、密度、容重之间具有什么关系?
(2)测定千粒重、密度、容重时有哪些注意事项?

八、知识补充

种子装在一定容量的容器中,所占的实际容积仅仅是容器容积的一部分,其余部分为种子间隙,充满着空气或其他气体。容器内种子间隙的体积与容器的容积之比,用百分率表示,即种子孔隙度,二者之和恒为100%。

种子容重是指单位容积内种子的绝对重量,单位为"g/L"。种子容重的大小受多种因素的影响,如种子的颗粒大小、形状、整齐度、表面特性、内部组织结构、化学成分以及混杂物的种类和数量等。

实验八　种子萌发时淀粉酶的形成

一、实验目的

(1)了解淀粉酶的特点。
(2)学习淀粉酶的检测方法。

二、实验原理

当种子萌发时,水解酶的活性大大加强,子叶或胚乳中储藏的有机物,在它们的作用下降解为简单的化合物,供幼苗生长时的需要。淀粉酶在种子萌发过程中形成,可使淀粉水解成糖。利用淀粉对I-KI的蓝色反应,可检测淀粉酶的存在。

三、实验材料

1. 材料

萌发和未萌发的小麦种子。

2. 仪器

培养皿、烧杯、水浴锅、研钵、毛笔、刀片。

3. 试剂

琼脂、淀粉、稀碘-碘化钾溶液。

四、实验方法

(1)取部分小麦种子进行萌发,备用。

(2)称取琼脂2 g置于烧杯中,加蒸馏水100 mL,小火加热,不断搅拌,使琼脂溶解。另取淀粉1 g于小烧杯中,加水少许调匀。待琼脂溶解后,将淀粉悬液倒入,搅匀。趁热将琼脂倒在培养皿中使其成一薄层，冷却凝固后备用。

(3)取已萌发和未萌发的小麦种子各 20 粒，分别于研钵中加蒸馏水 5 mL 研磨，再用蒸馏水 5 mL 将研碎物全部洗于小烧杯中，静置 15 min。将上层清液倒入另一烧杯中，此为淀粉酶提取液。

(4)用毛笔蘸取少许提取液(萌发和未萌发的种子提取液)，分别在培养皿内淀粉琼脂平板上绘一字样，盖上皿盖，放于 25 ℃恒温箱中。经 20～30 min，用稀碘-碘化钾溶液浸湿整个平板，试比较两个皿中用提取液绘出字样的地方颜色的深浅。也可以直接将萌发和未萌发的种子切开，将切口处用水润湿后，直接放在平板上，进行比较。

五、实验结果记录

种子萌发时淀粉酶的形成
实验结果记录：

六、思考题

(1)实验过程中应该注意哪些问题？

(2)简述种子淀粉酶的形成过程。

七、知识补充

淀粉酶是一种酶类物质，它通常是指能够将淀粉分解为简单的糖分子的酶。淀粉是植物体内贮存能量的主要物质，而糖分子则是能够被植物吸收利用的能量来源。因此，淀粉酶对于植物营养的摄取来说至关重要。

1. 萌发的触发因素

萌发的触发因素包括温度、湿度、光照等环境因素。在适宜的温度和湿度下，种子内的细胞开始分裂，幼芽开始向外生长。随着幼芽的生长，种子内的淀粉和脂肪等物质开始分解，淀粉酶也随之产生。

2. 淀粉酶的合成

淀粉酶的主要作用是将淀粉分解为可溶性糖分子，如葡萄糖和半乳糖等。这些糖分子可以被幼芽吸收利用，提供足够的能量支持幼芽的生长和发育。同时，淀粉酶也可以帮助种子释放出内部的营养物质,促进种子的发芽和生长。

3. 淀粉酶的调节

淀粉酶的产生和活性水平都受到一些调节因素的影响,包括激素、环境压力等。通过调节淀粉酶的活性水平,可以调节植物基因表达、代谢物流和能量平衡等生理过程,进而适应不同的环境。

实验九　种子萌发时脂肪酸含量的变化

一、实验目的

(1)了解脂肪酸的特点。

(2)学习脂肪酸的检测方法。

二、实验原理

油菜籽等含油脂较多的种子,萌发时在脂肪酶的作用下,储藏的脂肪可水解成脂肪酸和甘油。生成的脂肪酸可用碱进行滴定。

三、实验材料

1. 材料

油菜籽。

2. 仪器

小型磨粉机、研钵、台式天平、水浴锅、漏斗、大试管和橡皮塞、培养皿、锥形瓶、移液管、碱式滴定管。

3. 试剂

95%乙醇、0.05 mol/L NaOH、1%酚酞试剂。

四、实验方法

(1)先将风干的油菜籽磨成粉备用,另取 1g 油菜籽于培养皿中的湿滤纸上萌发,待胚根长到 0.5～1 cm 即可用于试验。

(2)于台式天平上称取 1 g 油菜籽粉置于试管中,加 95%乙醇 25 mL,加盖;另取已萌发的油菜籽放于研钵中,加少许石英砂,加 95%乙醇 3 mL,研成匀浆,然后倒入另一试管中,再取 95%乙醇 22 mL 洗涤研钵,将洗液和多余 95%乙醇全部倒入试管中,加盖。将试管在 70 ℃水浴锅中保温 30 min。取出后静置数分钟,将上层清液在放有少量活性炭的滤纸中过滤脱色 1～2 次。吸取滤液 10 mL 置于锥形瓶中,加 1%酚酞试剂 2 滴,用 0.05 mol/L NaOH 滴定,以生成微红色、在 1 min 内不褪色为终点。记录用去 0.05 mol/L NaOH 的体积(mL),以 0.05 mol/L NaOH 体积(mL)表示脂肪酸总量。

五、实验结果记录

种子萌发时脂肪酸含量的变化
实验结果记录：

六、思考题

试比较萌发和未萌发或萌发不同天数的油菜籽的脂肪酸含量的变化。

七、知识补充

脂肪酸代谢由涉及脂肪酸或与脂肪酸密切相关的各种代谢过程组成，脂肪酸是属于脂质常量营养素类别的分子家族。这些过程主要可分为产生能量的分解代谢过程和合成代谢过程。在分解代谢中，脂肪酸代谢，从而产生能量，主要以三磷酸腺苷（ATP）的形式存在。与其他常量营养素类别（碳水化合物和蛋白质）相比，当脂肪酸通过β氧化和柠檬酸循环完全氧化为CO_2和水时，能以每克能量为基础产生最多的ATP。因此，脂肪酸（主要以甘油三酯的形式）是大多数动物最重要的燃料储存形式，在植物中的利用程度较低。在合成代谢中，完整的脂肪酸是甘油三酯、磷脂、第二信使、激素和酮体的重要前体。例如，磷脂形成磷脂双层，细胞的所有膜均由脂肪酸构成。磷脂包括质膜和其他包裹细胞内所有细胞器的膜，如细胞核、线粒体、内质网和高尔基体。在另一种类型的合成代谢中，脂肪酸被修饰，从而形成其他化合物，如一些第二信使和局部激素。

实验十　种子萌发时淀粉酶活性的测定

一、实验目的

掌握α-淀粉酶和β-淀粉酶的提取方法和测定方法。

二、实验原理

两种淀粉酶具有不同理化特性，α-淀粉酶不耐酸，在pH3.6以下迅速钝化；β-淀粉酶不耐热，在70 ℃下15 min则被钝化。据此，在测定时钝化其中之一，就可以测定出另一种酶的活性。本实验采用加热，钝化β-淀粉酶测出α-淀粉酶活性，再与非钝化条件下测得的总淀粉酶活性比较，求出β-淀粉酶活力。淀粉的水解产物麦芽糖及其他还原性糖能与3,5-二硝基水杨酸试剂反应，使其还原生成红色3-氨基-5-硝基水杨酸。在一定范围内，其颜色深浅与淀粉酶水解产物的浓度成正比，可用麦芽糖（或葡萄糖）浓度表示。用比色法测定淀粉生成的还原糖的量，以单位质量样品在一定时间内生成的麦芽糖的量表示酶活性。

三、实验材料

1. 材料

小麦种子。

2. 仪器

分光光度计，离心机，恒温水浴器，25 mL刻度试管，1 mL、2 mL、5 mL刻度吸管，50 mL容量瓶。

3. 试剂

(1)麦芽糖标准液(1 mg/mL)。称取100 mg麦芽糖，用蒸馏水溶解并定容至100 mL。

(2)DNS试剂(3,5-二硝基水杨酸)。精确称取3,5-二硝基水杨酸1 g，溶于20 mL的12 mol/L NaOH溶液中，加入50 mL蒸馏水，再加入30 g酒石酸钾钠，待溶解后用蒸馏水定容至100 mL。盖紧瓶塞，勿使CO_2进入。若溶液混浊，可过滤后使用。

(3)0.1 mol/L柠檬酸缓冲液(pH5.6)。A液(0.1 mol/L柠檬酸)：称取分析纯柠檬酸21.01 g，用蒸馏水溶解并定容至1 L。B液(0.1 mol/L柠檬酸钠)：称取柠檬酸钠29.41 g，用蒸馏水溶解并定容至1 L。取A液55 mL与B液145 mL混匀，即得到0.1 mol/L、pH5.6的柠檬酸缓冲液。

(4)1%淀粉溶液。称取1 g淀粉溶于100 mL的0.1 mol/L、pH5.6的柠檬酸缓冲液中。

四、实验方法

1. 酶液提取

称取25 ℃下萌发3～4 d的小麦种子1.0 g(芽长1.0～1.5 cm)，置于研钵中，加少量石英砂和2 mL蒸馏水，研磨成匀浆后转入离心管中。用7 mL蒸馏水分次将残渣洗入离心管，提取液在室温下放置，提取15～20 min，每隔数分钟搅动1次，使其充分提取。然后在3 000 r/min转速下离心10 min，将上清液倒入50 mL容量瓶中，加蒸馏水定容至刻度，摇匀，即得到淀粉酶原液。吸取上述淀粉酶原液5 mL，放入50 mL容量瓶中，用蒸馏水定容至刻度摇匀，即得到淀粉酶稀释液。

2. 麦芽糖标准曲线制作

取7支干净的具塞刻度试管，编号加入试剂：

试剂管号	1	2	3	4	5	6	7
麦芽糖标准液体积/mL	0	0.2	0.4	0.8	1.2	1.6	2.0
蒸馏水体积/mL	2.0	1.8	1.6	1.2	0.8	0.40	0
麦芽糖含量/mg	0	0.2	0.4	0.8	1.2	1.6	2.0
3.5-二硝基水杨酸体积/mL	2	2	2	2	2	2	2

摇匀，置沸水浴中煮沸 5 min。取出后流水冷却，加蒸馏水定容至 20 mL。将 1 号管作为空白调零点，在 540 nm 波长下进行比色测定。以麦芽糖含量为横坐标、吸光度值为纵坐标，绘制标准曲线。

3. 酶活力的测定

取 6 支干净的具塞刻度试管，编号加入试剂：

操作项目管号	I-1	I-2	I-3	Ⅱ-1	Ⅱ-2	Ⅱ-3
淀粉酶原液体积/mL	1.0	1.0	1.0	0	0	0

钝化 β-淀粉酶置于 70 ℃水浴中 15 min，取出后在流水中冷却，加入试剂：

淀粉酶稀释液体积/mL	0	0	0	1	1	1
DNS 试剂体积/mL	2.0	0	0	2.0	0	0

预保温，在 40 ℃恒温水浴中保温 10 min，加入试剂：

1%淀粉溶液体积/mL	1.0	1.0	1.0	1.0	1.0	1.0

保温，在 40 ℃恒温水浴中准确保温 5 min，加入试剂：

DNS 试剂体积/mL	0	2.0	2.0	0	2.0	2.0

摇匀，置沸水浴中 5 min，取出后冷却，加蒸馏水至 20 mL，摇匀。在 540 nm 波长下比色，记录测定结果。

4. 结果计算

用Ⅱ-2、Ⅱ-3 吸光度平均值与Ⅱ-1 吸光度值之差，在标准曲线上查出相应的麦芽糖含量(mg)，再按下式计算 α-淀粉酶的活性(A_α)，淀粉酶活性以每克鲜重麦芽糖含量[mg/(g · min)]表示：

$$A_\alpha = C_\alpha V_T F_W t V_1$$

Ⅱ-2、Ⅱ-3 吸光度平均值与Ⅱ-1 吸光度值之差，在标准曲线上查出相应的麦芽糖含量(mg)，按下式计算($\alpha+\beta$)淀粉酶的活性 A_T：

$$A_T = C_T V_T F_W t V_1$$

式中，A 为淀粉酶活性；A_α 为 α-淀粉酶的活性；A_T 为淀粉酶总活性，主要是 α、β-淀粉酶的活性；C_α 为 α-淀粉酶水解淀粉生成的麦芽糖量(查标准曲线求值，以下同)；C_T 为($\alpha+\beta$)淀粉酶共同水解淀粉生成的麦芽糖量；V_1 为显色所用酶液体积，mL；t 为酶作用时间，min；V_T 为样品稀释液总体积，α-淀粉酶为 50 mL，($\alpha+\beta$)淀粉酶为 500 mL；F_w 为样品鲜重，g。

五、实验结果记录

种子萌发时淀粉酶活性的测定
实验结果记录：

六、思考题

(1)萌发种子和干种子 α-淀粉酶和 β-淀粉酶活力有何差异？
(2)实验中设置对照的意义是什么？
(3)α-淀粉酶和 β-淀粉酶性质作用有何不同？特点有何不同？

七、知识补充

1. α-淀粉酶及其作用

α-淀粉酶又称内切淀粉酶，是一种需要钙离子的金属水解酶，钙离子与酶蛋白结合表现出活性，螯合剂 EDTA 处理可使其活性丧失。α-淀粉酶能随机水解淀粉内部的 α-1,4-糖苷键，但不能水解 α-1,6-糖苷键。若底物为直链淀粉，则水解产生葡萄糖、麦芽糖、麦芽三糖；若底物是支链淀粉，则水解产物是葡萄糖、麦芽糖、麦芽三糖和包含 α-1,6-糖苷键、含 3 个葡萄糖残基以上的 α-糊精。

另外，需要说明的一点是，α-淀粉酶和 β-淀粉酶中的 α 和 β 不表示任何构象关系，只是编号而已。自然界中产生 α-淀粉酶的方式有很多种，微生物发酵是最常用的一种方式。另外，从植物或动物体内也可以提取这种酶，以不同方式获得的淀粉酶的性质有所不同。在工业生产过程中，由于 α-淀粉酶的需求量较大，一般采用真菌和细菌发酵而成。枯草杆菌、芽孢杆菌、吸水链霉菌等都能产生 α-淀粉酶。

2. β-淀粉酶及其作用

β-淀粉酶又称外切淀粉酶，是一种含有巯基的水解酶。该酶从淀粉的非还原端开始，以 2 个葡萄糖残基为单位，依次水解 α-1,4-糖苷键，产生麦芽糖。它不能水解 α-1,6-糖苷键，也就不能越过分枝点而剩下 1 个很长的糊精，即 β-糊精。所以，当 β-淀粉酶作用于直链淀粉时，几乎只产生麦芽糖；当作用于支链淀粉时，则产物有麦芽糖、β-糊精。

实验十一　种子中脂肪酸含量的测定

一、实验目的

测定大豆种子的脂肪含量及分析其含量的差异。

二、实验原理

采用脂肪酸甲酯化法并应用气相色谱仪进行测定。油料作物中的脂肪酸多以甘油酯的形式存在，不适宜采用气相色谱法测定，但是在氢氧化钾-甲醇溶液中、室温条件下脂肪酸可迅速酯化为脂肪酸甲酯，通过测定脂肪酸甲酯可以间接测定脂肪酸含量。

三、实验材料

1. 材料

大豆种子。

2. 仪器

岛津 GC-14C 型气相色谱仪、通风橱。

3. 试剂

乙醚、甲醇、正己烷、氢氧化钾、乙酸乙酯。

四、实验方法

1. 样品提取

(1)将待测的大豆种子样品研磨成粉末，称取 0.4～0.5 g 粉末装于磨口锥形瓶中，加入 5 mL乙醚进行油分的提取，放置过夜。

(2)过夜后，将上层液倒入广口锥形瓶或小烧杯中，在通风橱中通风，挥发去掉乙醚。

(3)取油 100 μL 于 15 mL 的磨口刻度试管中，加入 2 mL 乙醚-正已烷(体积比为 2∶1)的混合液，充分振荡。再加入 2 mL 甲醇，充分振荡。然后向试管中加入 2 mL 0.8 mol/L 的氢氧化钾-甲醇溶液，充分振荡。

(4)混匀，静置 10～20 min，加入 2 mL 蒸馏水，充分振荡，混匀，静置 10 min。吸取上层液 100 μL 于小瓶中，加入 1 mL 的乙酸乙酯。

(5)取 1 μL 溶液进行上机测试，每测定一个样品需 10 min。

2. 气谱条件

FFAP 弹性石英毛细管柱：30 m×0.125 mm×0.13 μm。

FID 检测器温度：250 ℃。

柱温：210 ℃。

进样温度：250 ℃。

空气流速：400 mL/min。

氢气流速：40 mL/min。

进样量：1 μL。

分流比：1∶50。

3. 分析结果

脂肪酸含量测定气相色谱如图 1-11-1 所示。

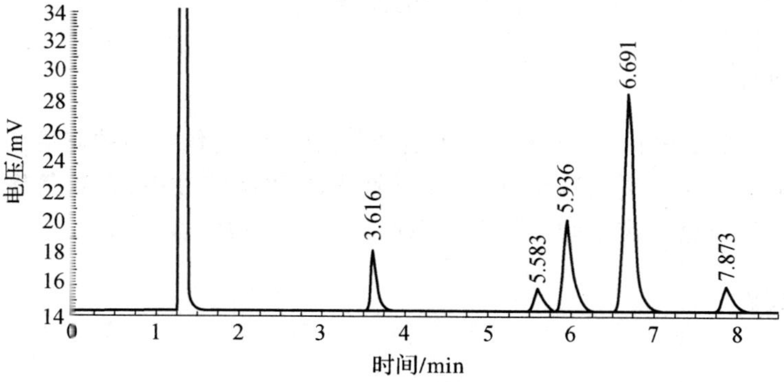

图 1-11-1　脂肪酸含量测定气相色谱

五、注意事项

（1）安装、拆卸色谱柱必须在常温下。

（2）填充柱有卡套密封和垫片密封 2 种。卡套分金属卡套、塑料卡套、石墨卡套 3 种，安装时不宜拧得太紧。垫片式密封，每次安装色谱柱都要换新的垫片（岛津色谱是垫片密封）。

（3）色谱柱两头应用玻璃棉塞好。要防止玻璃棉和填料被载气吹到检测器中。

（4）毛细管色谱柱安装插入的长度要根据仪器的说明书而定，不同的色谱汽化室结构不同，所以插进的长度也不同。需要说明的是，如果毛细管色谱柱采用不分流，汽化室采用填充柱接口，那么这时与汽化室连接的毛细管柱不能探进太多，略超出卡套即可。氢气和空气的比例对 FID 检测器有影响，氢气和空气的比例应为 1∶10。当氢气比例过大时，FID 检测器的灵敏度会急剧下降。在使用色谱、其他条件不变的情况下，灵敏度下降要检查一下氢气和空气流速。

六、实验结果记录

种子脂肪酸含量的测定
实验结果记录：

七、思考题

(1)简述气相色谱法的原理、适用范围。

(2)简述检测某一样品脂肪酸组成常用的分离、分析方法。

八、知识补充

脂肪酸的检测方法主要有以下几种。

(1)毛细管气相色谱法(CGC)。通过气相色谱仪分离和定量脂肪酸。首先,脂肪酸样品被甲醇和硫酸甲酯化,生成甲酯化产物。然后将甲酯化产物通过气相色谱柱分离,并通过检测器进行定量测量。

(2)高效液相色谱法(HPLC)。先将脂肪酸样品经过酯化反应,生成酯化产物。然后将酯化产物通过高效液相色谱柱进行分离,并通过紫外检测器或荧光检测器进行定量。

(3)核磁共振(NMR)。利用核磁共振技术对脂肪酸样品进行分析。通过分析样品中的脂肪酸的质谱图谱、化学位移和峰面积等信息,可以定量和鉴定脂肪酸。

(4)质谱法(MS)。将脂肪酸样品经过适当的前处理后,通过质谱仪进行分析。质谱仪可以测定样品中脂肪酸的分子量、分子结构和相对丰度等信息。

实验十二　种子中维生素 E 含量的测定

一、实验目的

(1)识别和鉴定维生素 E。

(2)测定维生素 E 的含量及其稳定性。

二、实验原理

维生素 E 又称为抗不生育维生素或生育酚,主要存在于油料作物中。维生素 E 是一种透明、淡黄色、黏稠油状物,不溶于水,溶于有机溶剂,酸碱氢化过程及高温均不会破坏维生素 E。维生素 E 有许多同系物,具有相似的生物活性,一般分生育酚(Toc)和生育三烯酚(Toc-3)两类,根据苯环上甲基位置和数量的不同,可分为 8 种维生素 E 的异构体,即 α-生育酚、β-生育酚、γ-生育酚、δ-生育酚、α-生育三烯酚、β-生育三烯酚、γ-生育三烯酚、δ-生育三烯酚,如图 1-12-1 所示。

维生素 E 的应用非常广泛,是细胞内抗氧化剂及营养强化剂,能够抵制有毒的脂类过氧化物的生成,使不饱和脂肪酸稳定。天然维生素 E 营养丰富、安全性高,适用于生产各种功能保健强化食品。

三、实验材料

1. 材料

大豆种子。

2. 仪器

高效液相色谱仪、超声波清洗机、离心机。

3. 试剂

维生素 C、乙醚、正己烷、乙醇。

四、实验方法

1. 样品的提取和萃取

(1)称取大豆粉 0.1 g,加入 0.05 g 维生素 C、3 mL80%乙醇,振荡混匀 10 s。

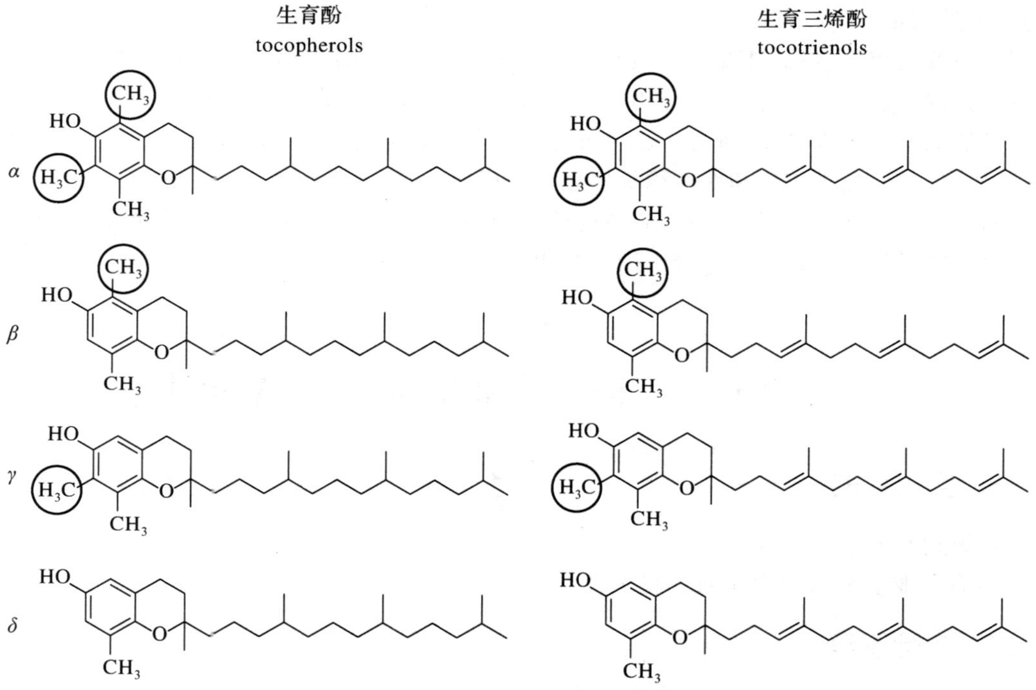

图 1-12-1 生育酚和生育三烯酚的结构式

(2)置于超声波清洗机中提取 15 min,加入 6 mL 正己烷,振荡混匀 20 s。

(3)置于超声波清洗机中提取 10 min,取出后在 13 000 r/min 下离心 15 min,上清液经 0.45 μm滤膜过滤后在设定色谱条件下测定。

2. 维生素 E 定性和定量

(1)利用高效液相色谱技术,采用外标法对生育酚各异构体进行定性和定量分析。以 α-生育酚、γ-生育酚、δ-生育酚标样的保留时间定性,将样品生育酚峰面积代入回归方程定量。

(2)色谱条件:色谱柱为 DIKMA 公司产品,色谱柱填料为 Diamonsil(TM)钻石 C18,5 μm;色谱柱规格为 250 mm×4.6 mm;荧光检测器激发波长为 295 nm,发射波长为 330 nm;流动相为甲醇,流速为 1.5 mL/min;柱温为 40 ℃;进样量为 20 μL;检测时间为 10 min。

(3)生育酚 HPLC 色谱如图 1-12-2 所示。

五、注意事项

(1)使用高效液相色谱时，液体待检测物被注入色谱柱，通过压力在固定相中移动，由于待检测物不同物质与固定相的相互作用不同，因此不同的物质顺序离开色谱柱，通过检测器会得到不同的峰信号，最后通过分析比对这些信号来判断待检测物所含有的物质。

(2)高效液相色谱作为一种重要的分析方法，广泛地应用于化学和生化分析中。高效液相色谱采用了高压输液泵、高灵敏度检测器和高效微粒固定相，适合分析高沸点、不易挥发、分子量大、不同极性的有机化合物。

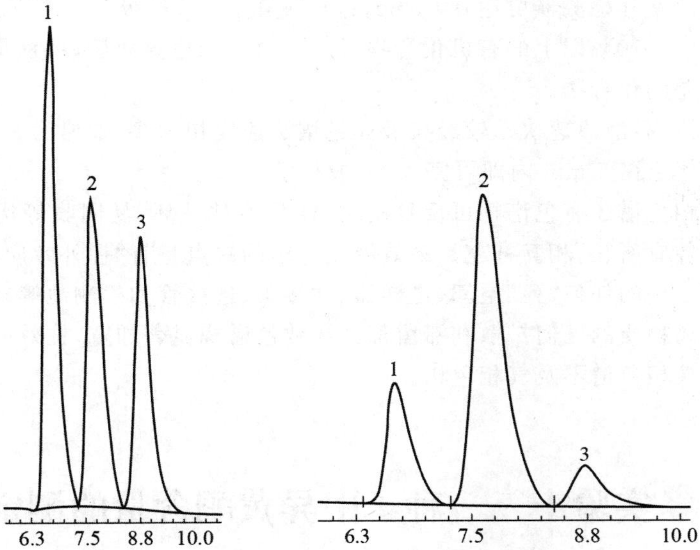

1.δ-生育酚；2.γ-生育酚；3.α-生育酚

(a)生育酚标准品　　(b)大豆样品

图 1-12-2　生育酚 HPLC 色谱

六、实验结果记录

种子中维生素 E 含量的测定
实验结果记录：

七、思考题

(1)简述高效液相色谱的原理。

(2)简述高效液相色谱的适用范围。

八、知识补充

高效液相色谱法有“三高一广一快”的特点：

(1)高压。流动相为液体，流经色谱柱时，受到的阻力较大，为了能迅速通过色谱柱，必须对载液加高压。

(2)高效。分离效能高。可选择固定相和流动相以取得最佳分离效果，比工业精馏塔和气相色谱的分离效能高出许多倍。

(3)高灵敏度。紫外检测器可达 0.01 ng，进样量在 μL 数量级。

(4)应用范围广。70%以上的有机化合物可用高效液相色谱分析，特别是高沸点、大分子、强极性、热稳定性差的化合物。

(5)分析速度快、载液流速快。较经典液体色谱法速度快得多，通常分析一个样品在 15～30 min，有些样品甚至在 5 min 内即可完成，一般小于 1 h。

此外，高效液相色谱还有色谱柱可反复使用、样品不被破坏、易回收等优点，但也有缺点，与气相色谱相比，各有所长，相互补充。高效液相色谱的缺点是有“柱外效应”。在从进样到检测器之间，除柱子以外的任何“死”空间(进样器、柱接头、连接管和检测池等)中，如果流动相的流型有变化，被分离物质的任何扩散和滞留都会导致色谱峰显著加宽，柱效率降低。检测器的灵敏度方面，高效液相色谱不及气相色谱。

实验十三　种子中异黄酮含量的测定

一、实验目的

(1)了解异黄酮的化学结构。

(2)掌握异黄酮的分离、提取与测定方法。

二、实验原理

异黄酮是植物苯丙氨酸代谢过程中，由肉桂酰辅酶 A 侧链延长、环化形成的以苯色酮环为基础的酚类化合物，属于植物次生代谢产物。有些异黄酮是植保素，有些可用于心血管疾病的治疗。反应过程如下：

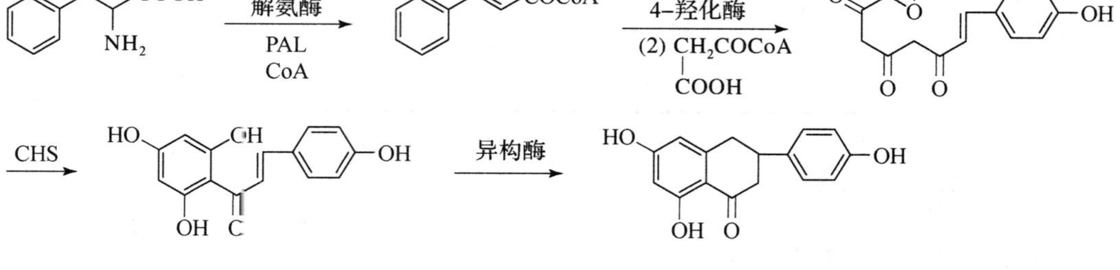

三、实验材料

1. 材料

大豆种子。

2. 仪器

高效液相色谱仪、超声波、离心机。

3. 试剂

乙醇、甲醇、异黄酮标样。

四、实验方法

1. 异黄酮的标准曲线

(1)准确称取标准样品大豆苷、大豆苷元和染料木素各 1.50 mg,加入 10 mL 容量瓶中,用 80%的色谱甲醇溶解,定容至刻度,作为标准储存液。

(2)将各标准储存液进行一系列的梯度稀释,准确吸取稀释后的梯度标准液 10 μL 进行 HPLC 分析,每个样品、每个梯度重复 3 次,计算峰面积的平均值。如图 1-13-1 所示,以进样浓度(x)和峰面积(y)进行线性回归分析,其线性方程如下:

大豆苷　$y=36672x-4059.7$　$R^2=0.9992$

大豆苷元　$y=47945x-19107$　$R^2=0.9985$

染料木素　$y=65322x-44982$　$R^2=0.9948$

2. 大豆异黄酮的提取及测定

(1)准确称取大豆粉样品 0.100 0 g,加入 80%的乙醇提取液 8 mL 于 10 mL 离心管中,室温下超声波振荡 1~2 h。

(2)水解大豆异黄酮。水解液中和后用 0.45 μm 滤膜过滤,加入色谱专用小瓶中封口,在 4 ℃下保存待测。

(3)采用高效液相色谱仪系统定量测定样品中的异黄酮含量。色谱系统包括:UVD170 紫外检测器、AT330 柱温箱、AXW-5 温度控制器、ASI-100 自动进样注射仪、P680 高效液相色谱泵、CHROMELEON 操作系统。

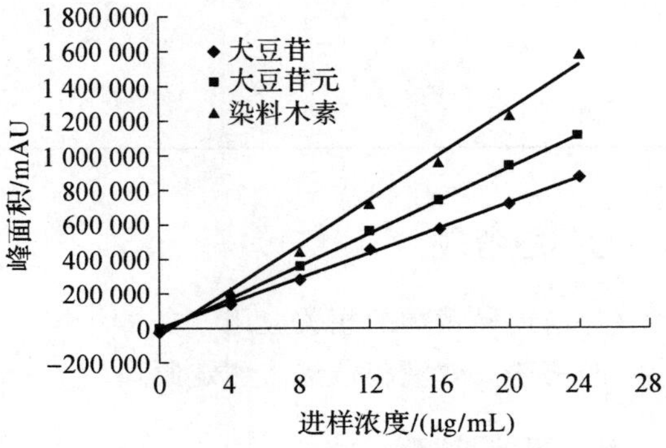

图 1-13-1　3 种大豆异黄酮进样浓度与峰面积的标准曲线

(4)色谱分析条件:色谱柱,Hichrcm *C*18(150 mm×46 mm×5 μm);流动相,水溶液:色谱级甲醇为 50 : 50;流速,1 mL/min;检测波长,254 nm;柱温,50 ℃;进样量,10 μL;分析时间,20 min/样品。

3. HPLC 测定大豆异黄酮

将制备好的大豆异黄酮的水解溶液置于液相色谱用的小瓶中,吸取 10 μL 溶液进行测量。

水解后的大豆异黄酮提取液共有5个峰，根据标准样品的出峰顺序和出峰时间进行定性分析，可以断定第3个、第4个和第5个峰所对应的物质分别为大豆苷、大豆苷元和染料木素，第1个和第2个峰有可能是水解后的两种大豆皂苷苷元。

4. 数据处理

$$大豆苷类异黄酮含量=大豆苷含量(\mu g/g)\times 1.64$$

$$大豆苷元类异黄酮含量=大豆苷元含量(\mu g/g)\times 1.54$$

$$染料木素类异黄酮含量=染料木素含量(\mu g/g)\times 1.60$$

$$大豆异黄酮总含量=大豆苷含量(\mu g/g)\times 1.64+大豆苷元含量(\mu g/g)\times 1.54+染料木素含量(\mu g/g)\times 1.60$$

五、注意事项

(1)异黄酮结构组成复杂，测定时注意区分。

(2)所选用的流动相溶剂要有一定的化学稳定性，不与固定相和样品组分起反应，其纯度和化学特性必须满足色谱过程的稳定性和重复性的要求。

六、实验结果记录

种子中异黄酮含量的测定
实验结果记录：

七、思考题

(1)简述异黄酮的相关应用。

(2)简述高效液相色谱法测定原理。

八、知识补充

异黄酮在自然界中的分布只局限于豆科的蝶形花亚科等极少数植物中，如大豆、墨西哥小白豆、苜蓿和绿豆等，其中，异黄酮含量较高的有苜蓿和大豆，一般苜蓿中异黄酮的含量为0.5%～3.5%，大豆中异黄酮含量为0.1%～0.5%。

大豆异黄酮是大豆生长中形成的一类次生代谢产物，是生物黄酮中的一种，也是一种植物雌激素。它主要分布于大豆种子的子叶和胚轴中，种皮中含量极少。80%～90%的异黄酮存在于子叶中，浓度为0.1%～0.3%。胚轴中所含异黄酮种类较多且浓度较高，为1%～2%，但由于胚只占种子总重量的2%，因此尽管浓度很高，所占比例却很少(10%～20%)。品种和栽培环境对大豆中异黄酮含量和种类分布的影响如下：

(1)不同品种中的异黄酮含量和种类分布有很大的差别,异黄酮总含量变幅为 0.1%～0.5%。日本和美国大豆品种的异黄酮含量分别为 1.2%～2.3%和 2.1%～4.2%,异黄酮总量表现为美国品种大于日本品种。我国大豆品种的异黄酮含量一般为 1.2%～2.5%,其中,东北大豆中的异黄酮含量较高,一般在 1.8%～2.3%。

(2)栽培环境对大豆中异黄酮含量和种类分布的影响主要通过栽培时期和生长地来反映,其中,栽培时期对异黄酮含量和种类分布的影响更为显著。研究者分别在 1989、1990 和 1991 年种植了同一品种的大豆,测得收获大豆中的异黄酮总含量分别为 3.3%、2.8%和 1.2%,1989 年种植的大豆收获豆品中异黄酮总含量为 1991 年的 3 倍,这很可能是由气候变化所致的。生长地对大豆异黄酮含量和各类分布有影响,一般来说,纬度越高,日照时间越长,大豆中异黄酮的含量越高。

实验十四　种子中赖氨酸含量的测定

一、实验目的

(1)测定赖氨酸含量。

(2)掌握常见氨基酸含量的测定方法。

二、实验原理

谷物蛋白中赖氨酸残基有自由的 ε-NH_2,它与茚三酮试剂可发生颜色反应,生成紫红色物质,其颜色与赖氨酸残基的数目成正相关。选用碳原子数目与赖氨酸相同的亮氨酸,配成标准溶液,做出标准曲线,可用来测定谷物蛋白内赖氨酸的含量。反应如下:

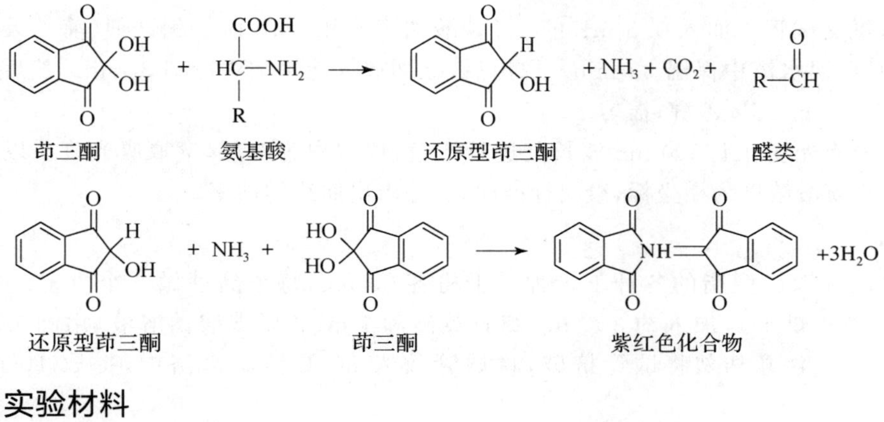

三、实验材料

1. 材料

玉米种子。

2. 仪器设备

分光光度计、水浴锅、试管、圆头玻璃棒(圆头大小要与试管大小配套)。

3. 试剂

甲酸钠、甲酸、茚三酮试剂、氯化镉($CdCl_2 \cdot H_2O$)、乙二醇、无水碳酸钠、亮氨酸、稀盐酸、石油醚。

四、实验方法

1. 种子脱脂样品准备

玉米种子用粉碎机粉碎，过 100 目筛子，收集过筛后的细粉，放入广口瓶内，加入沸程60～90 ℃的石油醚，使其淹过粉面，浸泡 8 h，不时搅动进行脱脂。

过滤，并用石油醚淋洗沉淀若干次，弃去滤液。将脱脂玉米粉晾在干净的滤纸上，置阴凉通风处吹干石油醚。收集干粉，置干燥器内，保存备用。

2. 制备溶液

(1)缓冲溶液。称取 30 g 甲酸钠，溶解于约 60 mL 蒸馏水中，加入 10 mL 8%的甲酸，最后加水到 100 mL。

(2)茚三酮试剂。称取 1 g 茚三酮和 1 g 氯化镉($CdCl_2 \cdot H_2O$)，加入 25 mL 上述缓冲溶液和 75 mL 乙二醇，室温下放置 1 天，第 2 天使用。若出现沉淀，则过滤后使用。该溶液一定要前 1 天配制，第 2 天使用，不宜放置过久，也不能现用现配。

(3)4%和 2%无水碳酸钠溶液各 50 mL。

(4)标准亮氨酸溶液。准确称取 25 mg 亮氨酸，加数滴稀盐酸，待溶解后定容至 50mL，该溶液亮氨酸浓度为 500 μg/mL。准确吸取上述母液 1 mL、3 mL、5 mL、7 mL、9 mL，分别稀释至 25 mL，待用。

3. 绘制标准曲线

(1)准确吸取已配好的标准浓度系列的亮氨酸溶液各 0.5 mL，分别放入 5 支试管中，每种浓度做 3 个重复。再取 1 支试管加入 0.5 mL 蒸馏水做空白对照。

(2)向每支试管中加入 0.5 mL 的 4%碳酸钠溶液和 2mL 茚三酮试剂(前 1 天配好)，混匀，在 80 ℃恒温水浴中保温 30 min。取出后，立即放入冷水浴中冷却 3 min。然后向每支试管内加入 5 mL 的 95%乙醇，摇匀。

(3)在分光光度计上 500 nm 波长处进行比色，以空白为对照，读取吸光度。以吸光度值为纵坐标，亮氨酸浓度为横坐标，绘出标准曲线，并求出曲线的斜率。

4. 测定

(1)准确称取已脱脂的各种玉米种子干粉各 25 mg，每个品种做 3 个重复。放入试管中(试管应预先烘干)，加入约 300 mg 细石英砂和 1 mL 2%碳酸钠溶液，用圆头玻璃棒充分搅拌 2 min。注意切勿将试管挤破，将试管放入 80 ℃恒温水浴中，提取 10 min，应常搅动。

(2)取出试管，向每管内按顺序加入 2 mL 茚三酮试剂，混匀。放入 80 ℃恒温水浴中，保温显色 30 min，同时以蒸馏水做空白对照。取出后，立即放入冷水浴中冷却 3 min，以下步骤与标准曲线绘制方法相同。

(3)加完乙醇后进行过滤，用滤液进行比色，读取吸光度。若样品颜色过深，则可取一定量的滤液用 95%乙醇稀释后比色，吸光度的数值以在标准曲线范围内为宜。

(4)在标准曲线上查出相应的亮氨酸含量。一般作物的籽粒中，蛋白质含量约为干重的10%～20%，富含蛋白质的种子中则为30%～50%；每16 g氮赖氨酸含量为3～7 g。

五、结果计算

$$\text{赖氨酸含量}=G\times 2\times \frac{N}{W}$$

式中，G为标准曲线上查出的亮氨酸含量，μg/0.5 mL；N为样品稀释倍数；W为样品的重量，mg。

六、实验结果记录

种子中赖氨酸含量测定
实验结果记录：

七、思考题

茚三酮可否用于氨基酸和蛋白质的定性鉴定？请简述理由。

八、知识补充

茚三酮是一种用于检测氨或一级胺、二级胺的试剂。当与这些游离胺反应时，能够产生深蓝色或紫色的物质，叫作Ruhemann紫。

茚三酮常用来检测指纹，这是由于指纹表面所脱落的蛋白质和肽中含有赖氨酸残基，其上的一级胺可以被茚三酮检测出来。在室温条件下，它是一种白色的固体物质，溶于乙醇和丙酮。茚三酮可以看作二氢茚-1,2,3-三酮的水合物。

茚三酮可以用来监测固相肽合成中的脱保护作用(Kaiser测试)。肽链通过C端与固相基质连接，利用N端扩展肽链，当N端脱保护后，茚三酮测试呈蓝色。

氨基酸残基是在N端被保护的情况下接入肽链的，因此如果下一个氨基酸残基成功地连接到肽链上，茚三酮测试会给出无色或黄色的结果。

茚三酮也可以用于蛋白质的氨基酸分析。除去脯氨酸之外的大多数氨基酸，水解之后可与茚三酮反应。水解中某些氨基酸的侧链也会被降解。因此对于那些与茚三酮不反应或者发生其他反应的氨基酸需要另作分析。

实验十五　赤霉素对种子α-淀粉酶的诱导形成

一、实验目的

(1)验证赤霉素对α-淀粉酶诱导形成的生理作用。

(2)掌握对该酶活性定性、定量测定的原理和方法。

二、实验原理

淀粉性种子在萌发过程中,胚释放出来的赤霉素能诱导糊粉层细胞中α-淀粉酶基因的表达,引起α-淀粉酶生物合成,并分泌到胚乳中催化淀粉水解为糖。通过碘试法比色测定淀粉在酶催化反应过程中的消耗量,可以定量分析α-淀粉酶的活力。

三、实验材料

1. 材料

大麦、小麦种子。

2. 仪器

分光光度计、恒温箱、水浴锅、移液管、烧杯、试管、青霉素小瓶、镊子、刀片。

3. 试剂

1%次氯酸钠溶液,0.1%淀粉溶液,2×10^{-5} mol/L、2×10^{-6} mol/L、2×10^{-7} mol/L、2×10^{-8} mol/L 赤霉素溶液,10^{-3} mol/L 醋酸缓冲液,碘-碘化钾溶液。

四、实验方法

(1)选取大小一致、健康的大麦种子 50 粒,用刀片将每粒种子横切成两半,使其成为无胚的半粒和有胚的半粒,分别置于新配制的1%次氯酸钠溶液中,消毒 15 min,取出用无菌水冲洗数次,备用。

(2)取青霉素小瓶 6 只编好号码,按表 1-15-1 分别加入各种溶液和材料,于 25 ℃下培养 24 h(最好进行振荡培养,如无条件,则必须经常摇动小瓶)。

表 1-15-1　处理浓度及方法

编号	赤霉素溶液		醋酸缓冲液体积/mL	实验材料
	浓度/(mol/L)	体积/mL		
1	0	0	1	10 个无胚半粒
2	0	1	1	10 个有胚半粒
3	2×10^{-5}	1	1	10 个无胚半粒

续表 1-15-1

编号	赤霉素溶液		醋酸缓冲液体积/mL	实验材料
	浓度/(mol/L)	体积/mL		
4	2×10^{-6}	1	1	10 个无胚半粒
5	2×10^{-7}	1	1	10 个无胚半粒
6	2×10^{-8}	1	1	10 个无胚半粒

(3)淀粉酶活性分析，从每个小瓶中吸取培养液 0.1 mL，分别置于事先盛有 1.9 mL 淀粉醋酸缓冲液的溶液中，摇匀，在 30 ℃恒温箱或水浴中精确保温 10 min。然后加碘-碘化钾溶液 2 mL、蒸馏水 5 mL，充分摇匀，于波长 580 nm 下测定吸光度，以蒸馏水为空白校正仪器零点。读数，从标准曲线中查得淀粉含量，以被分解的淀粉量为淀粉酶的活性。

(4)以不同淀粉浓度(0～7 μg/L)或淀粉量(0～100 μg)及其吸光度绘制标准曲线。

五、结果计算

(1)第 1 瓶为淀粉的原始量(X)。

(2)第 2～6 瓶分别为反应后淀粉的剩余量(Y)。

计算公式如下：

$$淀粉水解量=\frac{X-Y}{X}\times100\%$$

六、实验结果记录

赤霉素对种子 α-淀粉酶的诱导形成
实验结果记录：

七、思考题

为何要将大麦种子分成有胚和无胚的半粒？

八、知识补充

赤霉素在种子发芽中起调节作用。许多禾谷类植物，例如，大麦种子中的淀粉会在发芽时迅速水解，如果把胚去掉，淀粉就不水解。用赤霉素处理无胚的种子后，淀粉就又能水解，证明赤霉素可以代替胚引起淀粉水解。赤霉素对 α-淀粉酶活性的促进涉及酶的从头合成，而非已存在酶的活化。其促进 α-淀粉酶 mRNA 的形成，并能提高 α-淀粉酶的 mRNA 水平，原因是 α-淀粉酶基因转录的增强，而非 mRNA 降解速度的减小。赤霉素对 α-淀粉酶基因表达的刺激是通过转录因子介导进行的，该转录因子可结合在 α-淀粉酶基因的启动子上。启动子上参与该转录因子结合的 DNA 序列称为赤霉素响应因子。相同的赤霉素响应因子存在于所有的禾谷类 α-淀粉酶基因的启动子上，而且它们的存在对赤霉素引起的 α-淀粉酶基因转录诱导是必须的。α-淀粉酶基因启动因子上的赤霉素响应因子序列与 MYB 转录因子的结合位点序列相似，MYB 转录因子在光敏色素反应中起调节生长发育的作用。

实验十六　类似生长素对种子萌发的影响

一、实验目的

(1)了解类似生长素对种子萌发的影响。

(2)观察不同浓度的萘乙酸在种子萌发过程中对植物不同器官生长的影响。

二、实验原理

生长素及人工合成的类似物质，如萘乙酸等，对植物生长有很大的调节作用，在不同浓度下对植物生长的作用也不同。一般来说，低浓度的生长素促进生长，高浓度时则抑制生长。不同的植物器官对生长素的反应也不同，通常根比芽、茎对生长素更敏感。本实验据此观察不同浓度的萘乙酸在种子萌发过程中对植物不同器官生长的影响。

三、实验材料

1. 材料

小麦种子。

2. 仪器设备

恒温箱、培养皿、移液管、镊子、滤纸、尺子。

3. 试剂

10 mg/L 萘乙酸、0.1%升汞。

四、实验方法

(1)取小麦种子，用 0.1%升汞消毒 15 min，再用自来水和蒸馏水各冲洗 3 次，置于 22 ℃的恒温箱中催芽 2 d。

(2)取 9 cm 的洁净培养皿 7 套，编号。在 1 号培养皿中加入 10 mg/L 萘乙酸 10 mL，然后从中吸取 1 mL 放入 2 号培养皿中，加 9 mL 蒸馏水混匀，即 1 mg/L 萘乙酸溶液。如此依次稀释到 6 号培养皿(最后从 6 号培养皿中取出 1 mL 弃去)，则 1～6 号培养皿中的萘乙酸浓度依次为 10 mg/L、1 mg/L、0.1 mg/L、0.01 mg/L、0.001 mg/L、0.000 1 mg/L。7 号培养皿中则加入 9 mL 蒸馏水作为对照。

(3)在各培养皿中放入 1 张与培养皿皿底大小一致的滤纸。选取已萌发的小麦种子 10 粒，用镊子将其整齐地排列在培养皿中，使芽尖朝上并使胚的部位朝向同一侧。盖上皿盖后，放在 22 ℃的恒温箱中暗培养 3 d。

(4)测量培养皿内小麦幼芽和幼根的平均长度以及根的数目。

五、结果计算

以蒸馏水中的材料为对照，计算不同浓度萘乙酸溶液中小麦幼芽及幼根长度的增加或减少值，记录并进行比较分析。

六、实验结果记录

类似生长素对种子萌发的影响
实验结果记录：

七、思考题

(1)常见的类似生长素有哪些？

(2)简述生长素与类似生长素的区别。

八、知识补充

生长素和类似生长素的不同主要表现在以下几个方面：

(1)来源。生长素是植物自身合成的，具有促进植物细胞生长、发育、分裂、分化，同时也具有抑制生长的作用。而类似生长素是人为加工而成的，具有生长素的某些功能，但不全面。

(2)成分。生长素的主要成分是吲哚乙酸(IAA)，植物内具有生长素效应的物质除 IAA 外还有苯乙酸(PAA)、吲哚丁酸(IBA)等。类似生长素则是人类在多年的研究和实践中发现的一些人工合成的化学物质，如 NAA、2,4-D、IPA、IBA 等。

(3)作用。生长素具有双重性，既能促进生长，也能抑制生长；既能促进发芽，也能抑制发芽；既能防止落花、落果，也能疏花、疏果。类似生长素可以为达到某一单个或几个目的而发挥其与生长素类似的功能。

实验十七　种子过氧化物酶活性的测定

一、实验目的

(1)了解过氧化物酶的作用。

(2)掌握愈创木酚法测定过氧化物酶活性的方法。

二、实验原理

过氧化物酶是植物体内普遍存在的、活性较高的一种酶,它与呼吸作用、光合作用及生长素的氧化等都有密切关系,在植物生长发育过程中,它的活性不断发生变化,因此测定这种酶的活性,可以反映植物体内某一时期代谢的变化。

在过氧化物酶(POD)催化下,H_2O_2 可以将愈创木酚氧化成茶褐色产物。此产物在470 nm处有最大光吸收值,故可通过测 470 nm 下的吸光度变化测定过氧化物酶的活性。

三、实验材料

1. 材料

马铃薯块茎。

2. 仪器

分光光度计、TDL-5000B 型低速冷冻多管离心机(R=18 cm)、研钵、容量瓶、量筒、试管、吸管。

3. 试剂

0.05 mol/L 的磷酸缓冲液(pH5.5)、0.05 mol/L 愈创木酚溶液、2% H_2O_2。

四、实验方法

1. 酶液的制备

取 1.0～5.0 g 洗净去皮的马铃薯块茎,切碎,放入研钵中,加适量的磷酸缓冲液研磨成匀浆。将匀浆液全部转入离心管中,于 3 000 g 离心 10 min,将上清液转入 25 mL 容量瓶中。沉淀用 5 mL 磷酸缓冲液再提取 2 次,将上清液转入容量瓶中,定容至刻度,低温下保存备用。

2. 过氧化物酶活性的测定

酶活性测定的反应体系:依次加入 2.9 mL 0.05 mol/L 磷酸缓冲液、1.0 mL 2% H_2O_2、1.0 mL 0.05 mol/L 愈创木酚溶液和 0.1 mL 酶液。用加热煮沸 5 min 的酶液作为对照,反应体系加入酶液后,立即于 34 ℃水浴中保温 3 min,然后迅速稀释 1 倍。在 470 nm 波长下比色,每隔 1 min 记录 1 次吸光度 A_{470},共记录 5 次。

五、结果计算

以每分钟内 A_{470}变化 0.01 为 1 个过氧化物酶活性单位(U)。

$$过氧化物酶活性=\frac{\Delta A470\times V_T}{W\times V_S\times 0.01\times t}$$

式中，A_{470}为反应时间内吸光度的变化；W 为马铃薯鲜重，g；T 为反应时间，min；V_T 为提取酶液总体积，mL；V_S 为测定时取用酶液体积，mL。

六、实验结果记录

种子过氧化物酶活性测定
实验结果记录：

七、思考题

(1)过氧化物酶活性的测定原理是什么？
(2)简述过氧化物酶体的功能。

八、知识补充

过氧化物酶体有以下几个作用。

1. 使毒性物质失活

这种作用是过氧化氢酶利用过氧化氢氧化各种底物，如酚、甲酸、甲醛和乙醇等，使这些有毒性的物质变成无毒性的物质，其能有效分解甲醛、甲苯，也能使 H_2O_2 分解为无毒的 H_2O。这种解毒作用对肝、肾特别重要，例如，人们饮入的乙醇几乎有一半是以这种方式被氧化成乙醛的，从而解除了乙醇对细胞的毒性作用。

2. 对氧浓度的调节

过氧化物酶体与线粒体对氧的敏感性是不一样的，线粒体氧化所需的最佳氧浓度为 2%左右，增加氧浓度，并不能提高线粒体的氧化能力。过氧化物酶体的氧化率是随氧张力增强而呈正比提高的。因此，在低浓度氧时，线粒体利用氧的能力比过氧化物酶体强，但在高浓度氧条件下，过氧化物酶体的氧化反应占主导地位。这种特性使过氧化物酶体具有使细胞免受高浓度氧损害的作用。

3. 脂肪酸的氧化

动物组织中有 25%～50%的脂肪酸是在过氧化物酶体中氧化的，其他则是在线粒体中氧化的。另外，由于过氧化物酶体中有与磷脂合成相关的酶，因此过氧化物酶体也参与磷脂的合成。

4. 含氮物质的代谢

在大多数动物细胞中，尿酸氧化酶对尿酸的氧化是必需的。尿酸是核苷酸和某些蛋白质降解代谢的产物，尿酸氧化酶可将这种代谢废物进一步氧化去除。另外，过氧化物酶体还参与其他的氮代谢，例如，转氨酶催化氨基的转移。

实验十八　光对需光种子发芽的影响

一、实验目的

了解需光种子对光的要求及光对需光种子发芽的影响。

二、实验原理

种子播到土壤后能否正常萌发，一方面取决于其内部因素（种子活力、种子生活力）；另一方面需有适宜的外界环境条件，主要包括充足的水分、适宜的温度和足够的氧气，有些种子的萌发还受光的影响。

大多数种子的萌发对光无反应。但有些植物（如莴苣、烟草、拟南芥等）的种子需要光的刺激才能萌发，称为需光种子。相反，茄子、番茄等作物种子在光下受到抑制，这类种子称为嫌光种子或需暗种子。

对需光种子而言，白光和红光（660 nm）有促进萌发的作用，而红光效应可被远红光（730 nm）所抵消。如果用红光和远红光交替照射处理，该种子萌发状况则取决于最后一次照射光的种类，这种反应是由光敏色素介导的。

光敏色素是一类水溶性色素蛋白，由蛋白质和色素基团两部分组成。光敏色素在植物体中主要以两种形式存在，一种是红光吸收型（Pr）；另一种是远红光吸收型（Pfr）。一般认为，Pr处于不具活性的状态，它吸收红光后转化为 Pfr；Pfr 处于具活性的状态，能引起生物反应，它吸收远红光后转化为 Pr。由于种子内部的光敏色素吸收红光或远红光后，能够发生可逆的光化学反应，引起一系列生理生化变化，因此可以促进或抑制种子的萌发。

三、实验材料

1. 材料

烟草种子、莴苣种子。

2. 仪器

培养皿、黑纸或黑布、圆形滤纸。

四、实验方法

1. 编号

取 4 个直径为 10 cm 的培养皿，并将培养皿按序编号（①、②、③、④），分别于皿内垫上 2

层圆形滤纸。

2. 处理种子

于①、②号培养皿中各放入 50 粒烟草种子，③、④号培养皿中各放入 50 粒莴苣种子。向各培养皿中加入 35 mL 蒸馏水(加水不宜太多，以打湿滤纸和种子为限)，随即将单号培养皿用黑纸或黑布包好放入柜内，双号培养皿置于光下，于 26 ℃恒温下放置 72 h。

3. 统计发芽率

以胚根突破种皮为种子萌发标志，分别统计每个培养皿中萌发的种子数，然后计算光、暗条件下种子萌发百分率。

五、注意事项

在用黑纸或黑布包扎培养皿、将培养皿放入柜内等过程及存放期间，应避光。

六、实验结果记录

光对种子发芽的影响
实验结果记录：

七、思考题

(1)简述需光种子和嫌光种子的划分标准。

(2)简述影响种子萌发的因素有哪些。

八、知识补充

影响种子萌发的因素有以下几个：

(1)水分条件。种子吸水使种皮变软开裂，透气性增加。酶活化起来，增强了胚的代谢活动，原生质由凝胶变成溶胶态，大分子储藏养分分解，促进了胚生长发育。

(2)温度条件。适宜的温度能够促进种子迅速萌发，变温处理有利于种子的萌发和幼苗的生长。

(3)通气条件。种子发芽时要摄取空气中的氧气并释放出二氧化碳。

(4)光照条件。不同作物种子发芽对光反应不同，一般分为需光种子、需暗种子和光不敏感种子。多数大田作物和蔬菜种子对光不敏感，在光照或黑暗条件下均能良好发芽。

(5)外部因素。除了以上几点外，不同的作物由于起源和进化的生态环境不同，其发芽所要求的条件也有所差异。

实验十九　种子脱氢酶活性的测定

一、实验目的

(1)掌握氯化三苯基四氮唑(TTC)法测定种子脱氢酶活性的原理和方法。

(2)掌握脱氢酶活性与种子活力的关系。

二、实验原理

TTC是标准氧化电位为80 mV的氧化还原色素，溶于水中成为无色溶液，但还原后即生成红色且不溶于水的三苯基甲臜(TTF)，反应如下：

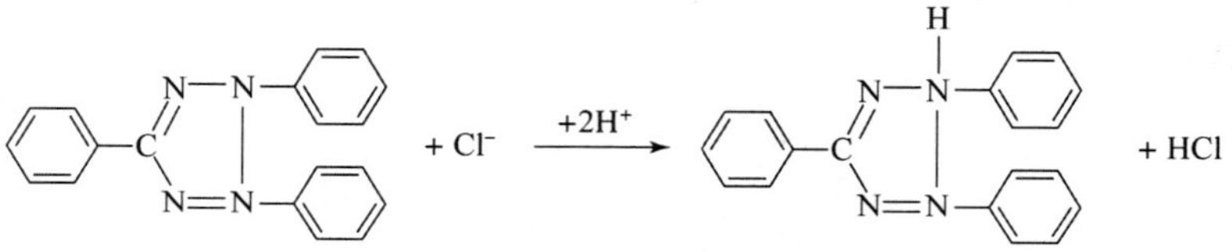

TTC(无色)　　TTF(无色)

凡有生命活力的种子胚部，在呼吸作用过程中都有氧化还原反应，其中的脱氢酶就可以将TTC作为氢受体使之还原成TTF。而氧化还原反应生成的TTF呈红色，比较稳定，不会被空气中的氧自动氧化，所以TTC被广泛用作酶试验的氢受体，其还原量能表示脱氢酶活性，并作为种子活力的指标。

三、实验材料

1. 材料

小麦种子。

2. 仪器设备

分光光度计、恒温箱、滤纸、试管、分析天平、托盘天平、容量瓶。

3. 试剂

0.1% TTC溶液：取1 g TTC溶于1 L蒸馏水或冷开水中，配制成0.1%的TTC溶液，药液pH应在6.5～7.5(如不易溶解，可先加少量酒精，使其溶解后再加水)。95%乙醇，乙酸乙酯(分析醇)，连二亚硫酸钠粉末($Na_2S_2O_4$)。

四、实验方法

1. TTC标准曲线的绘制

吸取0.1% TTC溶液0.2 mL放入10 mL容量瓶中，加少许$Na_2S_2O_4$粉末，摇匀后即产生红色的 TTF。再用乙酸乙酯定容至刻度，摇匀。从上述溶液中分别吸取 0.25 mL、0.50 mL、1.00 mL、1.50 mL、2.00 mL 置于 5 个 10 mL 容量瓶中，用 95%乙醇定容至刻度。此时还原的 TTF 含量分别为 5 μg/mL、10 μg/mL、20 μg/mL、30 μg/mL、40 μg/mL。

以 95%乙醇为空白，用分光光度计在 490 nm 波长下测定吸光度。以吸光度为横坐标，以还原的 TTF 含量为纵坐标，绘制标准曲线。

2. 样品测定

将小麦种子于 20 ℃恒温箱中发芽 48 h，随机取萌发的种子 20 粒。将种胚剥下，放入试管中，加入 10 mL 0.1% TTC 溶液，于 38 ℃黑暗条件下染色 3 h。到达反应时间后，迅速倒出试管中的 TTC 溶液，用蒸馏水冲洗种胚数遍，再用滤纸吸干表面水分。将染色胚放入具塞试管中，准确加入 10 mL 95%乙醇。盖上试管塞，将试管置于 35 ℃恒温箱中浸提 24 h。到达预定浸提时间后，将试管内的浸提液摇匀，用分光光度计于 490 nm 下比色，以空白实验做对照测出吸光度，查标准曲线即可求出 TTC 还原量。

五、注意事项

TTC 法染色结束后要立即进行鉴定，因为放久会褪色。0.1% TTC 溶液见光分解，应避光。最好现配现用。如果需要储藏则应储藏于棕色瓶中，放在阴凉黑暗处。如溶液变红则不可再用。

六、实验结果记录

种子脱氢酶活性测定
实验结果记录：

七、思考题

(1)简述 TTC 法测定种子脱氢酶活性的原理。

(2)简述脱氢酶活性与种子活力的关系。

八、知识补充

脱氢酶，是指一类能催化物质(如糖类、有机酸、氨基酸等)进行氧化还原反应的酶，在酶学分类中属于氧化还原酶类。反应中被氧化的底物称为氢供体或电子供体，被还原的底物称为氢受体或电子受体。当受体是氧气时，催化该反应的酶称为氧化酶，其他情况下都称为脱氢酶。不同的脱氢酶几乎都根据其底物的名称命名。生物体中绝大多数氧化还原反应都是在脱氢酶及氧化酶的催化下进行的。物质经脱氢酶催化氧化，最后通过电子传递链而被氧化，此时通过氧化磷酸化作用生成三磷酸腺苷(ATP)，是异养生物体取得能量的主要途径。土壤脱氢酶活性易被存在于土壤中的胞外酚氧化酶或能催化脱氢酶反应的无机化合物所掩盖。铜可与反应最终产物进行非生物反应，导致污染土壤中脱氢酶活性的测定结果偏低。虽然脱氢酶易受土壤环境的影响，但由于它不能以复杂的形态积累于土壤中，因此不适合作为指示土壤质量变化的指标，其与土壤呼吸、微生物生物量无显著的相关性。

实验二十　种子中苯丙氨酸解氨酶活性的测定

一、实验目的

掌握种子中苯丙氨酸解氨酶活性的测定方法。

二、实验原理

苯丙氨酸解氨酶(PAL)催化苯丙氨酸的脱氨反应，会形成反式肉桂酸并释放 NH_3。此酶在植物体内次生物质(如木质素等)代谢中起重要作用。根据其产物，可通过紫外分光光度计在 290 nm 处测定反式肉桂酸吸光度变化，进而测定该酶的活性。

三、实验材料

1. 材料

马铃薯块茎。

2. 设备

紫外分光光度计、离心机、研钵、吸滤瓶、红光装置、打孔器、天平。

3. 试剂

0.05 mol/L 硼酸盐缓冲溶液(pH8.8)、0.02 mol/L 苯丙氨酸溶液(用 0.1 mol/L、pH8.8 硼酸缓冲液配制)、5 mmol/L 巯基乙醇硼酸缓冲液、聚乙烯吡咯烷酮(PVP)。

四、实验方法

1. 马铃薯圆片制备

将马铃薯块茎洗净、削皮，用打孔器(直径 1.5 cm)在块茎上取出圆柱体，切除两头近表皮处，中间部分切成 2 mm 厚的圆片。先用自来水漂洗，最后用蒸馏水洗一次，用纱布吸干表面的水。

2. 光诱导

将圆片平铺在湿润滤纸的培养皿中，置于20～30 ℃红光下处理24 h，以诱导PAL。

3. 酶粗提液的制备

经诱导处理的马铃薯圆片5 g，加10 mL 5 mmol/L 巯基乙醇硼酸缓冲液、0.5 g 聚乙烯吡咯烷酮、少量石英砂在研钵中研磨。匀浆、抽气、过滤，滤液10 000 r/min离心15 min，上清液为酶粗提液。上述操作均在0～4 ℃下进行。

4. 活性测定

1 mL 酶液加1 mL 0.02 mol/L 苯丙氨酸、2 mL 蒸馏水，总体积为4 mL。对照不加底物，多加1 mL 蒸馏水。反应液置恒温水浴30 ℃中保温，0.5 h后用紫外分光光度计在290 nm处测定吸光度。

5. 结果计算

以每小时吸光度变化0.01所需的酶量为1个单位。

五、注意事项

研磨时一定要加入聚乙烯吡咯烷酮，可除去酚类物质毒害，防止颜色的干扰。

六、实验结果记录

种子中苯丙氨酸解氨酶活性的测定
实验结果记录：

七、思考题

(1)简述苯丙氨酸解氨酶对植物的作用。

(2)PAL活性测定过程中需要注意哪些问题？

八、知识补充

苯丙氨酸解氨酶(PAL)催化苯丙氨酸合成反式肉桂酸，是连接初级代谢和苯丙烷类代谢、催化苯丙烷类代谢第一步反应的酶，也是苯丙氨酸代谢途径的关键酶和限速酶。莽草酸途径产生的莽草酸通过分支酸、预苯酸经转氨作用生成苯丙氨酸，从而进入苯丙烷类代谢途径，苯丙烷类代谢可生成反式肉桂酸、香豆酸、阿魏酸、芥子酸等中间产物，这些中间产物可进一步转化为香豆素、绿原酸，也可以形成 CoA 酯，再进一步转化为木质素、黄酮、异黄酮、生物碱、苯甲酸酯糖苷等次生代谢产物。一切含苯丙烷骨架的物质都由该代谢途径直接或间接生成。在生物次生物质代谢中具有防紫外线伤害、抵抗病原体的侵害、保持花粉生活力及形成植物花青素等多种重要作用。该酶在不同组织中、不同的内外因素调节下，含量水平及其基因表达的时空方式均有所不同。

1. PAL 对植物生理代谢的意义

植物的代谢分为初级代谢和次级代谢。植物的次级代谢有多条途径，苯丙烷类代谢途径是其中很重要的一条途径。苯丙烷类途径生成的黄酮、异黄酮、生物碱等次生代谢产物在植物的生长发育过程中起着重要的作用，所以 PAL 对植物的生理意义非常重大。

2. PAL 在植物抗逆境中的作用

(1)参与植保素合成。

植保素是参与植物防御反应的重要生理活性物质之一，主要包括酚类植保素(绿原酸、香豆素和儿茶酚等)、异黄酮类植保素(豌豆素、菜豆素、大豆素、苜蓿黄素等)和萜烯类植保素，它们能直接防止病原物的生长发育和侵染。其中，前两类都是苯丙烷类代谢的直接或间接产物，其生成量与 PAL 活性成正相关。当用 PAL 抑制剂 L-2-氨氧基-3-苯丙酸和 α-氨氧基-乙酸处理植物幼苗时，植物体内植保素的合成和累积会受到抑制。

(2)参与木质素合成。

木质素可加强细胞壁，增加组织木质化程度，形成防止病原菌入侵的机械屏障，木质素的合成也来自苯丙烷类代谢途径中的苯丙氨酸。PAL 是这条途径的第一个也是最重要的酶。研究表明，在植物与病原物互作中，PAL 参与木质素的合成和累积。例如，棉花受枯萎病菌侵染后，随着 PAL 活性的提高，木质素也会积累。PAL 受抑制，木质素合成亦受到抑制。不同抗病性的杉木接种炭疽菌后，PAL 比活力上升，且抗病性强的杉木 PAL 比活力比抗病性弱的杉木高。

(3)参与酚类物质合成。

酚类化合物也是苯丙烷类代谢产物。PAL 活性增高与酚类物质的合成亦有一致性，例如，感染灰霉病的黄瓜组织中，伴随 PAL 活性升高，总酚积累；在用多糖组分处理后，提高红豆杉中酚类物质和可溶性蛋白含量的同时，过氧化物酶和 PAL 的活性也被激活。

(4)参与抗虫过程。

苯丙烷类代谢途径与植物抗虫性的报道已有很多，主要集中在这一代谢途径的产物(木质素、植保素)与植物抗虫性的关系方面。木质素的积累，可使细胞壁加厚，成为食草类动物取食的机械障碍，而植保素对草食性昆虫具有毒害作用和趋避作用，这些化合物的生成与 PAL 含量存在着间接的关系。许多试验证明，PAL 活性高低与植物的抗虫性有很大关系，例如，在研究 5 种山羊草对禾谷缢管蚜取食的诱导性抗性机理时发现，PAL 酶活提高率与蚜虫取食诱导有关，而且食草类动物的取食也可诱导 PAL 活性升高。

实验二十一 种子萌发时氨基酸含量的变化

一、实验目的

观察种子萌发时氨基酸的吸光度，探究种子萌发时氨基酸的光谱特性和影响因素。

二、实验原理

种子萌发时氨基酸的含量会发生变化，氨基酸的氨基可与水合茚三酮反应，产生蓝紫色化合物，其颜色的深浅与氨基酸的含量成正比。因此，可以通过紫外分光光度计在 570 nm 处测定化合物的吸光值来测定氨基酸含量的变化。

三、实验材料

1. 材料

小麦种子。

2. 设备

紫外分光光度计、天平、刻度试管、电磁炉、容量瓶。

3. 试剂

3%茚三酮试剂、氰酸盐缓冲液、标准氨基酸液。

四、实验方法

1. 试剂的配制

(1)3%茚三酮试剂。称 3 g 茚三酮，用 95%乙醇溶解定容到 100 mL 容量瓶里，贮存于棕色瓶中。此试剂应放在阴凉处，不宜久放，使用期约 10 d。

(2)氰酸盐缓冲液。

①NaCN，贮备液 0.01 mol/L(490 mg/L)。

②醋酸缓冲液，称 360 g 醋酸钠(含三分子结晶水)溶于约 300 mL 无氨蒸馏水中，加 66.67 mL冰醋酸，再用无氨蒸馏水稀释至 1 L。

取溶液①20 mL，用溶液②定容到 1 L。

(3)标准氨基酸液。精确称取在 80 ℃下烘干的亮氨酸 13.1 mg(或 α-丙氨酸 8.9 mg)溶于 10%的异丙醇中，并在 100 mL 容量瓶中用 10%异丙醇稀释至刻度混匀，即得到 1 mmol/L 的标准氨基酸贮备液，置于冰箱中保存。为了制备工作液，可取贮备液与等量无氨蒸馏水混合，此液浓度为 0.5 mmol/L，即 1 mL 含氨基酸 0.5 μmol 或氨基氮 7 μg。

2. 标准曲线的制作

取 20 mL 刻度试管 18 支，按表 1-21-1 加入各试剂。加完试剂后混匀，在 100 ℃水浴中加热 12 min(加热时封口)，取出在冷水中迅速冷却，立即于每管中加入 5 mL 95%乙醇，塞好塞子，猛摇试管，使加热时形成的红色产物被空气中的氧所氧化而褪色，此时溶液呈蓝紫色。于

570 nm 波长下测其光密度(以空白管为参比),以氨基酸浓度为横坐标、光密度为纵坐标,绘制标准曲线,求出直线方程。

表 1-21-1 各试管加入试剂量

管号	1～3	4～6	7～9	10～12	13～15	16～18
标准氨基酸/mL	0.1	0.2	0.3	0.4	0.5	0
无氨蒸馏水/mL	0.4	0.3	0.2	0.1	0	0.5
醋酸-氰酸盐缓冲液/mL	0.5	0.5	0.5	0.5	0.5	0.5
3%茚三酮溶液/mL	0.5	0.5	0.5	0.5	0.5	0.5
每管氨基酸含量/μmol	0.05	0.1	0.15	0.2	0.25	0

3. 种子的萌发

小麦种子经挑选去杂,在 15 ℃下用自来水浸渍,当水分含量达 40%时停止浸渍,在相对湿度 100%下让其发芽。

4. 样品的提取

将发芽的种子通风进行芽的萎缩,然后在 50 ℃条件下干燥 24 h,粉碎,过 50 目筛。将粉碎后的种子称取 0.5 g,共称 3 份,分别加入 20 mL 刻度试管中,再加蒸馏水 10 mL 盖塞。置沸水浴中 20 min 以提取游离氨基酸,到时取出,在自来水中冷却。把上清液滤入 25 mL 容量瓶中,然后再往试管中加 5 mL 蒸馏水,置沸水浴上再加热 10 min。过滤并反复冲洗残渣,最后定容至刻度,摇匀。

5. 样品测定

另取 4 支洁净、干燥的试管,其中 3 支分别加入 0.5 mL 提取液,最后一支加入 0.5 mL 蒸馏水。然后在上述 4 支试管中分别加入 NaCN 缓冲液、水合茚三酮各 0.5 mL,加完试剂后盖塞,置沸水浴上加热 12 min。冷却后,再分别加入 5 mL 95%乙醇,摇匀。以空白为参比,在波长 570 nm 下测其吸光值。

6. 结果计算

根据氨基酸标准曲线方程即可计算出氨基酸的浓度。

五、注意事项

称取粉碎的种子时要迅速,防止粉末吸收空气中的水分而影响氨基酸含量的测定。

六、实验结果记录

种子萌发时氨基酸含量的变化
实验结果记录:

七、思考题

(1)简述种子氨基酸的光谱特性。

(2)种子萌发时氨基酸含量如何变化。

八、知识补充

氨基酸作为构成蛋白质的最小分子存在于肥料中，有易于被作物吸收的特点，亦有提高施肥对象抗病性，改善施肥作物品质的功能：补充植物必需的氨基酸，刺激和调节植物快速生长，促使植物生长健壮，促进对营养物质的吸收；增强植物的代谢功能，提高光合作用，促进植物根系发达，加快植物生长、繁殖。

1. 提早发芽，出苗率高

施用氨基酸腐殖酸，可加速种子发芽，提高出苗率，在早春、低温条件下效果尤为显著(一般可提早1～3 d发芽，出苗率提高10%～30%)。

2. 根系发达，吸收力强

氨基酸对作物的根系发育有特殊的促进作用，许多农技员称氨基酸为“根系肥料”。对根系的影响主要表现在，刺激根端分生组织细胞的分裂与增长，使幼苗发根快，次生根增多，根量增加，根系伸长，使作物吸收水分和养分的能力大大增强。

3. 对地上部分营养体生长的影响

在养分供应充足的基础上，氨基酸的刺激作用可使植株地上部分营养体生长旺盛，表现在株高、茎粗、叶片数、干物质积累等方面。

4. 对产量和构成因素的影响

氨基酸对不同作物的产量、构成因素的影响是不同的，可以使粮食作物穗多、粒多，起增产作用，前期对分蘖、减少空秕率均有良好的效果。

5. 对作物生理代谢及酶活动的影响

氨基酸进入植物体内后，对植物起到刺激作用，主要表现在呼吸强度的增加、光合作用的增加、各种酶的活动增强，从而使果实提前着色、成熟，取得高产、提高产值。

实验二十二　种子体内脱落酸、赤霉素的分离和测定

一、实验目的

(1)了解脱落酸、赤霉素对种子的影响。

(2)掌握脱落酸、赤霉素的分离和测定方法。

二、实验原理

利用脱落酸(ABA)和赤霉素(GA)能溶解于有机溶剂(如丙酮、甲醇)的特性进行提取，将粗提物经过一系列的分离技术(如萃取、薄层色谱或纸色谱等)，使ABA、GA与其他成分分

离。再对纯化的ABA和GA进行生物学鉴定或物理化学鉴定。

(1)ABA能抑制植物器官的生长，在一定的浓度条件下，其抑制程度与浓度呈线性关系。利用这一线性关系就可确定组织中ABA的含量。

(2)GA能强烈促进水稻幼苗叶片伸长，幼苗株高在一定范围内同外加赤霉素浓度的对数呈直线关系，因此可用生物鉴定方法测定赤霉素含量。

三、实验材料

1. 材料

水稻种子及幼苗等。

2. 仪器设备

气相色谱仪、分液漏斗、组织匀浆器、旋转蒸发干燥器、层析缸、华特曼3号层析纸、微量注射器。

3. 试剂

100%甲醇、80%甲醇、石油醚、乙酸乙酯、1 mol/L HCl、硅胶GF254、氯仿、GA、ABA、乙醇、正丁醇、异丙醇、3 mol/L氨水。

四、实验方法

1. 脱落酸和赤霉素的提取与分离

(1)样品提取。

①取新鲜种子或贮存种子(用100%甲醇固定，放置-10 ℃冰箱中至待测时)10 g，剪碎，加入60 mL预冷(<0 ℃)的80%甲醇溶液，匀浆5 min。匀浆液在4 ℃下振荡(或搅拌)24 h，过滤。残渣再用20 mL甲醇液振荡1 h。反复2次，滤液混合。

②将滤液在旋转蒸发干燥器上干燥，减压、蒸发(36～38 ℃)至原体积的一半，再加入10 mL石油醚提取部分色素。将下层甲醇液取出，弃掉石油醚层，浓缩至水溶液。此水溶液中含有IAA(吲哚乙酸)、ABA、GA和CTK(细胞分裂素)等。

(2)样品萃取。将水溶液用1 mol/L HCl调pH至2.5～2.8，并以与水溶液等体积的乙酸乙酯萃取。将混合溶液装入分液漏斗，分离水相和乙酸乙酯相。取水相再用乙酸乙酯萃取2次，合并乙酸乙酯溶液。此时，CTK存在于水相中，而ABA、GA、IAA存在于乙酸乙酯中。

(3)样品的纯化。

①将乙酸乙酯溶液用干燥器浓缩。用2 mL 100%甲醇溶解残留物。

②点样，取100 μL甲醇溶液点在涂有硅胶GF254玻板下端1 cm处(或点在华特曼3号层析纸上)，并在同一水平上分别点上标准GA溶液和ABA溶液100 μL。

③层析，用异丙醇、28%氨水、水(10∶1∶1，体积比)作为展开剂层析。前沿至玻板顶端0.5 cm处即停止展层。

④定位，层析完毕后，吹干玻板并在紫外灯下观察色带，与标准ABA和GA R_f值相同或相近的色带，就作为纯化后的ABA和GA。

⑤洗脱，将ABA和GA带分别刮下(或剪下)，用95%乙醇浸提3次。溶液经减压蒸干后，即可分离开脱落酸和赤霉素。

2. 脱落酸和赤霉素的测定

(1)脱落酸的生物学鉴定。

①精选小麦种子，25 ℃黑暗下浸种 2 h，排于培养皿湿滤纸上，在 25 ℃下发芽。待胚根出现后，移入培养缸中的塑料网上，继续在 25 ℃暗中培养。约 72 h 后，选取胚芽鞘 2.8～3.0 cm 的幼苗，用刀片自顶端分别切成 3 mm、5 mm、5 mm 3 小段，取中间 5 mm 切段置蒸馏水中 2～3 h，备用。

②ABA 母液（200 μg/mL）的配制：称取 20 mg ABA，溶于少量酒精，用无离子水定容至 100 mL。

③标准溶液的配制：吸取 5 mL 母液，用无离子水定容至 100 mL，即 10 μg/mL ABA 溶液。吸取 5 mL10 μg/mLABA 溶液，用 2%蔗糖－0.01 mol/L 磷酸缓冲液（pH5.0）定容至 50 mL，即 1 μg/mL ABA 标准液。依此类推，分别配成 0、0.001 μg/mL、0.01 μg/mL、0.1 μg/mL、1 μg/mL 标准液。

④标准曲线的绘制：取 2 mL 各种浓度的 ABA 标准液分别置于 10 mL 具塞试管中。每管加入小麦芽鞘切段 10 根。各浓度均需 3～4 个重复。加塞后，置暗处 25 ℃摇床上振荡 20 h。将 10 个切段取出，测定其总长度（cm），然后按下列公式计算处理后减少的百分比：

$$R=\frac{(D_{空}-D_{处理})}{D_{原}}\times 100\%$$

式中，$D_{空}$ 为空白总长度；$D_{处理}$为处理总长度；$D_{原}$ 为原始总长度（5.0 cm）。用 R 与 ABA 浓度的相关性绘制标准曲线。

⑤将待测样品溶于 2 mL 2%蔗糖－0.01 mol/L 磷酸缓冲液（pH5.0），置于具塞试管中，按上述步骤操作，算出 R 值，再查标准曲线，就得到 ABA 浓度 c，依下式计算出样品中 ABA 含量：

$$\text{ABA 含量}=\frac{c\times 2\times 10^{-1}}{W}$$

式中，C 为 ABA 浓度，μg/mL；W 为样品鲜重，g。

(2)赤霉素的生物学鉴定。

①精选水稻种子 100～200 粒，用饱和漂白粉溶液灭菌 20～30 min，再用冷开水充分洗净，放在铺有洁净滤纸的培养皿中，加冷开水至约浸没种子厚度的一半，放在 25～29 ℃的室内催芽。经 4～5 d，精选芽长 5 mm、高度一致的幼苗 60 株待用。

②取 100 mL 高型烧杯 12 只，每 2 只为一组，共分 6 组。按组依次加入蒸馏水和 0.1 mg/L、1.0 mg/L、10 mg/L、100 mg/L 标准赤霉素溶液各 2 mL，第 6 组加入 2 mL 待测液（待测样品的赤霉素浓度如果很高，应根据估计的浓度范围适当稀释，使稀释液的赤霉素浓度在 0.5～50 mg/L 范围内）。然后在每一烧杯中放入 5 株水稻幼苗，烧杯上覆盖培养皿盖，放置在 27 ℃左右的散射光下（或日光灯照明下）培养，培养期间可适当补充蒸发掉的水分。当苗高与烧杯高度相近时，将培养皿盖除去。

③经 5～6 d 后，当对照的第 3 片叶子开始伸出时，用米尺测量各幼苗第 2 叶的叶鞘长度，求出平均值。以叶鞘长度为纵坐标、赤霉素浓度的对数为横坐标作图，画出标准曲线。将未知样品培养的稻苗第 2 叶叶鞘长度与标准曲线相比，可大体确定未知样品赤霉素的浓度。

五、注意事项

在进行赤霉素和脱落酸分离实验时，会使用甲醇、石油醚等易挥发有毒害物质，因此应注意通风。

六、实验结果记录

种子体内脱落酸、赤霉素的分离和测定
实验结果记录：

七、思考题

(1)简述脱落酸、赤霉素对种子的影响。
(2)简述萃取、薄层色谱或纸色谱等分离技术的优缺点。

八、知识补充

脱落酸的作用：
(1)促进种子成熟和休眠，抑制种子萌发。
(2)作为干旱信号，提高植物对干旱的适应能力。
(3)诱导芽休眠。
赤霉素的作用：
(1)促进茎伸长。
(2)促进种子萌发。
(3)促进莲座状植物的开花。
(4)促进坐果和果实生长。

实验二十三　种子中主要不饱和脂肪酸的分离

一、实验目的

掌握使用反向纸色谱法分离不饱和脂肪酸的方法。

二、实验原理

在纸色谱中，通常支持相是含水的，移动相是有机溶剂。但是脂肪酸等化合物宜用有机溶剂为支持相、以含水溶剂为移动相，这样能更好地进行分配，也就是所谓的“反相纸色谱法”。由于不同的脂肪酸在两相中分配系数不同，因此在层析滤纸上移动速率就有差异，这样就使混合脂肪酸各组分被分开。然后用醋酸铜处理，将脂肪酸转化为相应的铜盐，再用红氨酸显色，即可得到蓝灰色点状纸色谱图谱。

三、实验材料

1. 材料

油菜种子。

2. 仪器设备

显色盘、层析缸、层析架、层析纸、微量进样器、烘箱或电吹风。

3. 试剂

氢氧化钾、石油醚、醋酸铜、醋酸、盐酸、甲醇、石蜡油。

四、实验方法

1. 样品制备

(1)切样。将 1 粒干燥的油菜种子，用刀片沿着与脐平行的方向切下外子叶一部分(注意不要损伤胚)，装入小试管中(或用有穴白瓷板代替)，也可采用整粒种子。

(2)酯化。向盛有样品的小试管中加入 0.1 mL(2 滴)氢氧化钾-甲醇溶液，并将样品用玻棒研碎，然后放置 6～8 h。加入 0.15 mL(2～3 滴)1 mol/L 盐酸及 0.1 mL(2 滴)石油醚。

2. 点样

在层析纸一边用铅笔轻轻画一条直线，每隔 1.5 cm 用铅笔轻轻点一记号，编号。将层析纸放入石蜡油溶液中浸泡，取出晾干(使编号向上)。在层析纸各编号处，用针刺一小孔，然后用毛细管取样品上清液 0.01 mL，按编号顺序滴入孔洞处(每次取样后，用石油醚洗微量进样器的针头)。

3. 展开

将点好样的层析纸固定在层析架上(使编号朝下)，放入盛有醋酸溶液的层析缸中。醋酸溶液的多少以能浸泡层析纸但液面低于点样处为宜。至展开剂上升到距滤纸顶端 1 cm 处为止，取出层析纸，晾干。

4. 显色

将层析纸浸入醋酸铜溶液中，使其生成脂肪酸铜盐。用清水稍许冲洗，再放入洁净的瓷盘中，用流水漂洗 0.5 h 左右。将层析纸小心取出，用干毛巾或滤纸吸干大部分水分后，置于 40 ℃烘箱中干燥。将层析纸在红氨酸溶液中一带而过，由于脂肪酸铜盐作用会立即显出蓝灰色的斑点。

5. 结果分析

绘出反相纸色谱上 5 种不饱和脂肪酸的位置的示意图。

注意，油菜种子中不饱和脂肪酸在反相纸色谱图谱中的顺序由下而上为：芥酸、花生烯酸、油酸、亚油酸、亚麻酸。

五、注意事项

纸色谱法中所用的有机溶剂，如石油醚等，一般有挥发性并有一定毒性，使用时要注意密封展开，避免吸入过多的有害挥发物。

六、实验结果记录

种子中主要不饱和脂肪酸的分离
实验结果记录：

七、思考题

(1)种子中不饱和脂肪酸有哪些？

(2)举例说明不饱和脂肪酸的应用。

八、知识补充

除饱和脂肪酸外的脂肪酸(化学上把不含双键的脂肪酸称为饱和脂肪酸，所有的动物油都是饱和脂肪酸)就是不饱和脂肪酸。不饱和脂肪酸是构成体内脂肪的一种脂肪酸，是人体必需的脂肪酸。不饱和脂肪酸根据双键个数的不同，分为单不饱和脂肪酸和多不饱和脂肪酸两种。食物脂肪中，单不饱和脂肪酸有油酸，多不饱和脂肪酸有亚油酸、亚麻酸、花生四烯酸等。人体不能合成亚油酸和亚麻酸，必须从膳食中补充。根据双键的位置及功能又将多不饱和脂肪酸分为 ω-6 系列和 ω-3 系列。亚油酸和花生四烯酸属 ω-6 系列，亚麻酸、DHA、EPA 属 ω-3 系列。不饱和脂肪酸主要有以下几个功能：

(1)保持细胞膜的相对流动性，以保证细胞的正常生理功能。

(2)使胆固醇酯化，降低血中胆固醇和甘油三酯。

(3)是合成人体内前列腺素和凝血恶烷的前驱物质。

(4)降低血液黏稠度，改善血液微循环。

(5)提高脑细胞的活性，增强记忆力和思维能力。

实验二十四　种子中淀粉含量的测定

旋光法

一、实验目的

掌握旋光仪的使用方法，测定样品的旋光性，计算其淀粉含量。

二、实验原理

淀粉是多糖聚合物，在一定酸性条件下，以氯化钙溶液为分散介质，淀粉可均匀分散在溶液中，并能形成稳定的具有旋光性的物质。旋光度的大小与淀粉含量成正比，所以可用旋光法测定。

三、实验材料

1. 材料

烘干的植物种子。

2. 仪器

分析天平(感量 1/1 000)、实验用粉碎机、电热恒温甘油浴锅[(119±1)℃，浴锅内放入工业甘油，液层厚度为 2 cm 左右]、旋光仪(钠灯，灵敏度 0.01°)、锥形瓶、容量瓶、滤纸。

3. 试剂

(1)氯化钙-乙酸溶液。将氯化钙($CaCl_2 \cdot 2H_2O$，分析纯)500 g 溶解于 600 mL 蒸馏水中，冷却后，过滤。其澄清液以波美计测定，在 20 ℃条件下将溶液调为(1.3±0.02)波美度；用精密 pH 试纸检查，滴加冰醋酸(分析纯)，将氯化钙溶液 pH 粗调为 2.3 左右，然后再用酸度计将 pH 准确调为 2.3±0.05。

(2)300 g/L 硫酸锌溶液。取硫酸锌($ZnSO_4 \cdot 7H_2O$，分析纯)30 g，用蒸馏水溶解并稀释至 100 mL。

(3)150 g/L 亚铁氰化钾溶液。取亚铁氰化钾[$K_4Fe(CN)_6 \cdot 3H_2O$，分析纯]15 g，用蒸馏水溶解并稀释至 100 mL。

四、实验方法

1. 样品的选取和制备

(1)将样品挑选干净(带壳种子需脱壳)，按四分法缩减取样约 20 g。

(2)将选取的样品充分风干或在 60～65 ℃的条件下烘干 6 h 后粉碎，使 95%的样品通过 60 目筛，混匀，装入磨口瓶备用。

2. 测定步骤

(1)称样。称取样品 2.5 g,准确至 0.001 g。测定水分含量。

(2)水解。将称好的样品放入 250 mL 锥形瓶中,在水解前 5 min 左右,先加 10 mL 氯化钙-乙酸溶液湿润样品,充分摇匀,不留结块。必要时可加几粒玻璃珠,使其加速分散,并沿瓶壁加 50 mL 氯化钙-乙酸溶液,轻轻摇匀,避免颗粒黏附在液面以上的瓶壁上。加盖小漏斗,置于(119±1) ℃甘油浴中,要求在 5 min 内达到所需温度,此时瓶中溶液开始微沸,继续加热 25 min。取出放入冷水槽,冷却至室温。

注意,氯化钙-乙酸溶液的沸点为 118～120 ℃,当甘油浴的温度回升至(119±1) ℃时,样品瓶中溶液开始微沸,因此也可根据瓶中液体沸腾程度,校准控温仪的温度。

(3)提取。将水解液全部转入 100 mL 容量瓶中,用 30 mL 蒸馏水多次冲洗锥形瓶,洗液并入容量瓶中。加 1 mL 硫酸锌溶液,摇匀,再加 1 mL 亚铁氰化钾溶液,充分摇匀,以沉淀蛋白质。若有泡沫,可加几滴无水乙醇消除。用蒸馏水定容,摇匀,过滤,弃去 10～15 mL 初滤液,滤液供测定。

(4)测定。测定前,用空白液(氯化钙-乙酸液∶蒸馏水为 6∶4)调整旋光仪零点,再将滤液装满旋光管,在(20±1) ℃下进行旋光测定,取两次读数平均值。

3. 结果计算

粗淀粉(干基)的含量(%)按下式计算。

$$粗淀粉含量=\frac{\alpha\times10^6}{L\times W\times(100-H)\times203}\times100\%$$

式中,α 为在旋光仪上读出的旋转角度;L 为旋光管长度,dm;W 为样品重,g;203 为淀粉比旋度;H 为样品水分含量,%。

五、注意事项

谷物种子内含可溶性糖和脂肪较少,经过多次洗糖与不洗糖、脱脂与不脱脂对比试验证明,其中有的谷物籽粒(小麦、水稻、高粱等)粗淀粉含量测定结果极相近,均在允许误差范围之内,故本实验不要求脱脂与脱糖处理。如遇有特殊样品(脂肪含量超过 5%,可溶性糖含量超过 4%)需要脱脂或脱糖时,可将称好的样品放入 50 mL 离心管中,用乙醚脱脂,然后用 60% 热乙醇(质量分数)搅拌、离心,倾去上清液,重复洗至无糖反应为止。

酶水解法

一、实验目的

掌握酶水解法测定淀粉含量的基本原理和操作要点。

二、实验原理

样品在除去脂肪及可溶性糖类后,其中的淀粉用淀粉酶水解成双糖,再用盐酸将双糖水解成单糖,最后按还原糖测定,并折算成淀粉。

三、实验材料

1. 材料

烘干的植物种子。

2. 仪器

回流冷凝器、水浴锅、漏斗、烧杯、容量瓶、锥形瓶、滴定管、25mL 古氏坩埚或 G4 垂熔坩埚、真空泵。

3. 试剂

除特殊说明外，实验用水为蒸馏水，试剂为分析纯。

(1)乙醚。

(2)0.5%淀粉酶溶液。称取淀粉酶 0.5 g，加 100 mL 水溶解，加入数滴甲苯或三氯甲烷，防止长霉，贮存于冰箱中(注意，配成溶液的淀粉酶最好现用现配)。

(3)碘溶液。称取 3.6 g 碘化钾溶于 20 mL 水中，加入 1.3 g 碘，溶解后加水稀释至 100 mL。

(4)85%乙醇。

(5)6 mol/L 盐酸。量取 50 mL 盐酸加水稀释至 100 mL。

(6)甲基红指示剂。称取 10 mg 甲基红，用 100 mL 乙醇溶解。

(7)5 mol/L 氢氧化钠溶液。称取 20 g 氢氧化钠加水溶解并稀释至 100 mL。

(8)碱性酒石酸铜甲液。称取 34.639 g 硫酸铜($CuSO_4 \cdot 5H_2O$)，加适量水溶解。加 0.5 mL硫酸，再加水稀释至 500 mL，用精制石棉过滤。

(9)碱性酒石酸铜乙液。称取 173 g 酒石酸钾钠与 50 g 氢氧化钠，加适量水溶解，并稀释至 500 mL，用精制石棉过滤，贮存于橡胶塞玻璃瓶中。

(10)精制石棉。先用 3 mol/L 盐酸浸泡石棉 2～3 d，然后用水洗净，再加 2.5 mol/L 氢氧化钠溶液浸泡 2～3 d，倾去溶液，再用热碱性酒石酸铜乙液浸泡数小时，用水洗净。再以 3 mol/L盐酸浸泡数小时，然后用水洗至不呈酸性。加水振摇，使其成微细的浆状软纤维，用水浸泡并贮存于玻璃瓶中，即可用作填充古氏坩埚。

(11)0.100 0 mol/L 高锰酸钾标准溶液。

(12)硫酸铁溶液。称取 50 g 硫酸铁，加入 200 mL 水溶解后，慢慢加入 100 mL 硫酸，冷却后加水稀释至 1 L。

四、实验方法

1. 样品处理

称取 2～5 g 样品，置于放有折叠滤纸的漏斗内，先用 50 mL 乙醚分 5 次洗除脂肪(注意，如果脂肪含量少，此步骤可免)，再用约 100 mL 85%乙醇洗去可溶性糖类(注意，此步骤目的是去除可溶性糖)。将残留物移入 250 mL 烧杯内，并用 50 mL 水洗滤纸及漏斗，洗液并入烧杯内，将烧杯置于沸水浴上加热 15 min，使淀粉糊化，放冷至 60 ℃以下，加 20 mL 淀粉酶溶液，在 55～60 ℃保温 1 h，并时时搅拌(注意，温度过高，淀粉酶的活性会被破坏)。然后取 1 滴此液加 1 滴碘溶液，应不显蓝色，若显蓝色，再加热糊化并加 20 mL 淀粉酶溶液，继续保温，直至加碘不显蓝色为止。加热至沸，冷后移入 250 mL 容量瓶中，并加水至刻度，混匀，过滤(注意，此时淀粉已水解成双糖，过滤可去除残渣和纤维素）。弃去初滤液，取 50 mL 滤液，置于 250 mL 锥形瓶中。加 5 mL 6 mol/L 盐酸，装上回流冷凝器，在沸水浴中回流 1 h。冷后加 2 滴甲基红指示剂，用 5 mol/L 氢氧化钠溶液中和至中性，溶液转入 100 mL 容量瓶中。洗涤锥形瓶，洗液并入 100 mL 容量瓶中，加水至刻度，混匀备用（淀粉在沸水浴条件下糊化是淀粉水解的第 1 步反应，然后在淀粉酶的作用下，会分解成短链淀粉、糊精、麦芽糖等低聚合的糖，所以之后需用酸进一步水解，以得到葡萄糖）。

2. 测定

吸取 50 mL 处理后的样品溶液，放于 400 mL 烧杯中，加入 25 mL 碱性酒石酸铜甲液及 25 mL 乙液。于烧杯上盖一表面皿，加热，控制在 4 min 内沸腾，再准确煮沸 2 min。趁热用铺好石棉的古氏坩埚或 G4 垂熔坩埚抽滤，并用 60 ℃热水洗涤烧杯及沉淀，至洗液不呈碱性为止（注意，还原糖与碱性酒石酸铜试剂的反应一定要在沸腾状态下进行，沸腾时间需严格控制。煮沸的溶液应保持蓝色，如果蓝色消失，说明还原糖含量过高，应将样品溶液稀释后重做）。将古氏坩埚或 G4 垂熔坩埚放回原 400 mL 烧杯中，加 25 mL 硫酸铁溶液及 25 mL 水，用玻棒搅拌使氧化亚铜完全溶解，以 0.100 0 mol/L 高锰酸钾标准液滴定至微红色为终点。同时量取 50 mL 水及与样品处理时相同量的淀粉酶溶液，按同一方法做试剂空白试验。

3. 结果计算

$$X_1=\frac{(A_1-A_2)\times 0.9}{m_1\times\frac{V_1}{V_2}\times\frac{V_3}{100}\times 1\ 000}\times 100\%$$

式中，X_1 为样品中淀粉的含量，%；A_1 为测定用样品中还原糖的含量，mg；A_2 为试剂空白中还原糖的含量，mg；0.9 为还原糖（以葡萄糖计）换算成淀粉的换算系数；m_1 为称取样品重量，g；V_1 为水解用样品溶液体积，mL；V_2 为样品定容总体积，mL；V_3 为测定用样品处理液的体积，mL。

酸水解法

一、实验目的

掌握酸水解法测定淀粉含量的基本原理和操作要点。

二、实验原理

样品经除去脂肪及可溶性糖类后，其中的淀粉用酸水解成具有还原性的单糖，然后按还原糖测定，折算成淀粉。

三、实验材料

1. 材料

烘干的植物种子。

2. 仪器

水浴锅、高速捣碎机、皂化装置并附 250 mL 锥形瓶、烧杯、容量瓶、锥形瓶、滴定管、25 mL

古氏坩埚或 G4 垂熔坩埚、真空泵。

3. 试剂

除特殊说明外，实验用水为蒸馏水，试剂为分析纯。

(1)乙醚。

(2)10%亚铁氰化钾。

(3)85%乙醇溶液。

(4)10%氢氧化钠溶液。

(5)20%乙酸锌溶液。

(6)6 mol/L 盐酸。量取 50 mL 盐酸加水稀释至 100 mL。

(7)甲基红指示剂。称取 10 mg 甲基红，用 100 mL 乙醇溶解。

(8)斐林试剂甲液。称取 7 g 硫酸铜($CuSO_4 \cdot 5H_2O$)与 0.01 g 亚甲基蓝加水定容至 200 mL。

(9)斐林试剂乙液。称取 23.4 g 酒石酸钾钠、25.28 g 氢氧化钠与 1.88 g 亚铁氰化钾加适量水溶解，并定容至 200 mL。

(10)精制石棉。取石棉先用 3 mol/L 盐酸浸泡 2～3 d，用水洗净，再加 2.5 mol/L 氢氧化钠溶液浸泡 2～3 d，倾去溶液，再用斐林试剂乙液浸泡数 h，用水洗净。再以 3 mol/L 盐酸浸泡数 h，以水洗至不呈酸性。然后加水振摇，使成微细的浆状软纤维，用水浸泡并贮存于玻璃瓶中，即可用做填充古氏坩埚用。

(11)0.100 0 mol/L 高锰酸钾标准溶液。

(12)硫酸铁溶液。称取 50 g 硫酸铁，加入 200 mL 水溶解后，慢慢加入 100 mL 硫酸，冷却后加水稀释至 1 L。

四、实验方法

1. 样品处理

称取 3.0 g 磨碎过 40 目筛的样品，置于放有慢速滤纸的漏斗中，用 30 mL 乙醚分 3 次洗去样品中脂肪，弃去乙醚。再用 150 mL 85%乙醇溶液分数次洗涤残渣，除去可溶性糖类物质。并滤干乙醇溶液，以 100 mL 水洗涤漏斗中残渣并转移至 250 mL 锥形瓶中，加入 30 mL 6 mol/L 盐酸溶液，接好冷凝管，置沸水浴中回流 20 min。回流完毕后，立即置流水中冷却。待样品水解冷却后，加入 2 滴甲基红指示剂，先以 10 %氢氧化钠溶液调至黄色，再以 6 mol/L 盐酸校正至水解液刚变红色为宜。若水解液颜色较深，可用精密 pH 试纸测试，使样品水解液的 pH 约为 7。然后加 20 mL 20%乙酸锌溶液，摇匀，放置 10 min。再加 20 mL 10%亚铁氰化钾溶液，以除去过量的锌。摇匀后将全部溶液及残渣转入 500 mL 容量瓶中，用水洗涤锥形瓶，洗液合并于容量瓶中，加水稀释至刻度。过滤，弃去初滤液 20 mL，滤液供测定用。

2. 测定

吸取 50 mL 处理后的样品溶液，于 400 mL 烧杯中，加入 25 mL 斐林试剂甲液及 25 mL 乙液，于烧杯上盖一表面皿，加热，控制在 4 min 内沸腾，再准确煮沸 2 min，趁热用铺好石棉的古氏坩埚或 G4 垂熔坩埚抽滤，并用 60℃热水洗涤烧杯及沉淀，至洗液不成碱性为止(注：还原糖与斐林试剂的反应一定要在沸腾状态下进行，沸腾时间需严格控制。煮沸的溶液应保持蓝色，如果蓝色消失，说明还原糖含量过高，应将样品溶液稀释后重做）。将古氏坩埚或垂熔坩埚放回原 400 mL 烧杯中，加 25 mL 硫酸铁溶液及 25 mL 水，以 0.100 0 mol/L 高锰酸钾标准液滴定至微红色为终点。

同时吸取 50 mL 水，加与测样品时相同量的斐林试剂甲、乙液，硫酸铁溶液及水，按同一方法做试剂空白实验。

3. 结果计算

$$X_2=\frac{F\times 0.9}{m\times \frac{\bar{V}}{500}\times 1\ 000}\times 100$$

式中，X_2 为样品中淀粉的含量，g/100 g；F 为 10 mL 斐林试剂（甲、乙液各 5 mL），相当于葡萄糖的重量，mg；m 为样品重量，g；V 为测定用样品水解液平均体积，mL；500 为样品液总体积，mL；0.9 为还原糖（以葡萄糖计）换算成淀粉的换算系数。

五、注意事项

酸水解能分解部分半纤维素，形成具有还原力的单糖，如木糖、阿拉伯糖等，可影响分析结果。为了比较正确地测定淀粉含量，建议采用淀粉酶糖化淀粉，除去不可溶性的残渣后，再用酸水解使之成为葡萄糖，然后测定其含量，最后换算成淀粉。

六、实验结果记录

种子淀粉含量的测定
实验结果记录：

七、思考题

（1）比较几种淀粉含量测定方法的优缺点。

（2）简述植物种子内淀粉代谢的过程。

八、知识补充

1. 淀粉磷酸解途径

在种子萌发初期，淀粉磷酸化酶的活性比较高，所以前期磷酸解途径是淀粉转化的主要途径。磷酸化酶是许多种子的储藏酶，活化后分解淀粉可为糖酵解与呼吸提供基质 G-1-P（葡萄糖-1-磷酸），而无须动用 ATP，并且通过磷酸解迅速生成大量 ATP，供萌发初期合成各种酶和细胞器之需。

2. 淀粉水解途径

在萌发后期，α-淀粉酶、β-淀粉酶活性增强，而磷酸化酶的活性逐渐减弱，水解途径成为主要途径。β-淀粉酶主要预存在胚乳中，但 α-淀粉酶的合成需利用蛋白质水解产生的氨基酸，并需由磷酸化酶通过 EMP 和有氧呼吸供给能量。所以，淀粉水解途径在后期发生。

实验二十五 种子蛋白质亚基分析

一、实验目的

（1）掌握种子蛋白质亚基分析原理。

（2）学习电泳仪、真空泵等仪器的操作方法。

二、实验原理

用十二烷基硫酸钠（SDS）和还原剂（巯基乙醇或二硫苏糖醇）热处理蛋白质样品，蛋白质分子中的二硫键被还原，解离的亚基与 SDS 发生 1∶1.4 的定量结合。SDS 使蛋白质亚基带上大量负电荷，掩盖了蛋白质各种亚基间原有的电荷差异。亚基的构象均呈长椭圆棒状，各种蛋白质亚基-SDS 复合物表现出相等的电荷密度。在电场中，其迁移速率仅与亚基分子质量有关，因此，SDS-聚丙烯酰胺凝胶电泳可以进行蛋白质亚基分离，并用来测量蛋白质亚基的分子质量。

三、实验材料

1. 材料

大豆种子。

2. 仪器

稳压稳流电泳仪、垂直板电泳槽、微量注射器、烧杯、白瓷盘、脱色摇床、吸管、真空泵、台式高速离心机。

3. 试剂

（1）2%琼脂。2 g 琼脂加电极缓冲液 100 mL，于水浴中溶解。

（2）电极缓冲液。Tris6g、Gly28.8g、SDS2g，去离子水溶解后，用 HCl 调 pH 至 8.3，然后用水定容至 2 000 mL。

（3）30%Acr。Acr30g，水溶后定容至 100 mL，过滤，冰箱中贮存备用。

（4）1%Bis。Bis1g，水溶后定容至 100 mL，过滤，冰箱中贮存备用。

（5）分离胶缓冲液（1.5 mol/LTris-HCl，pH8.7）。Tris15.17 g，适量水溶解，然后用 1 mol/L HCl 调 pH 至 8.7，定容至 100 mL。

(6)浓缩胶缓冲液(0.5 mol/LTris-HCl,pH6.8)。Tris6.06g,适量水溶解,然后用1 mol/L HCl 调 pH 至 6.8,定容至 100 mL。

(7)10%SDS。SDS1g,加水 10 mL 溶解。

(8)10%过硫酸铵。过硫酸铵 1 g,加水 10 mL 溶解,现用现配,在冰箱中最多可贮存一周。

(9)TEMED(四甲基乙二胺)。于 4 ℃、棕色瓶中贮存。

(10)样品缓冲液(pH8.0)。Tris6.05g、甘油 50 mL、巯基乙醇 25 mL、溴酚蓝 0.5 g、SDS10g,溶于水,用 HCl 调 pH 至 8.0,定容至 500 mL。

(11)脱色液。甲醇、乙酸、水体积比为 5∶1∶5。

(12)染色液(0.25%考马斯亮蓝 R250)。1.00 g 考马斯亮蓝 R250,用脱色液 400 mL 溶解,过滤备用。

(13)低分子质量标准蛋白溶液。包括溶菌酶(MW=14400D)、大豆胰蛋白酶抑制剂(MW=215000D)、碳酸酐酶(MW=310000D)、卵白蛋白(MW=450000D)、牛血清白蛋白(MW=662000D)、磷酸化酶 B(MW=925000D)。用样品缓冲液配成 2 mg/mL 溶液,在沸水浴中加热 3~4 min,冷却后使用。

(14)高分子质量标准蛋白溶液。包括卵白蛋白(MW=450000D)、牛血清白蛋白(MW=662000D)、磷酸化酶 B(MW=925000D)、β-半乳糖苷酶(MW=1162500D)、肌球蛋白重链(MW=2000000D),配制方法同(13)。

(15)25%乙醇。

四、实验方法

(1)在制板支架上置一专用有机玻璃槽,将固定好的玻璃板下部插入槽内,中部用两个文具夹固定在支架竖板上,在槽内倒入已充分溶解的琼脂,冷凝后封闭胶腔底部。

(2)取 50 mL 烧杯 1 只,加 30% Acr18.8 mL、1% Bis4.7 mL、pH8.7Tris-HCl 缓冲液 11.3 mL、H_2O 9.8 mL,混匀后减压抽气 5 min。取出后向烧杯中再加 10% SDS0.5 mL、10%过硫酸铵 0.2 mL、TEMED 50μL,轻轻摇匀后灌入玻璃板胶腔中至适当高度,加 25%乙醇约 0.5 cm 封闭表面。

(3)待分离胶溶液聚合后,倒掉乙醇溶液,再灌浓缩胶溶液。操作方法:另取 50 mL 烧杯 1 只,加 30% Acr3.0 mL、1% Bis3.0 mL、pH6.8Tris-HCl 缓冲液 7.5 mL、H_2O 16.5 mL。混匀后减压抽气。取出后向烧杯中再加入 10% SDS0.3mL、10%过硫酸铵 0.2 mL、TEMED 50 μL,轻轻混匀后灌满玻璃板胶腔,迅速插入样品梳,静置聚合。

(4)待测样品用样品缓冲液配制成 1 mg/mL 左右的溶液,在沸水浴中加热 3~4 min,冷却后在台式高速离心机上离心(10 000 r/min,10 min),取上层液备用。

(5)拔掉样品梳,装好电泳槽,在上、下槽中注入电极缓冲液,用微量注射器点样,每样品槽点样 20~50 μL。在标准蛋白泳道点标准蛋白质溶液。

(6)上槽为负极,下槽为正极,连接好电泳仪电源,恒压(100 V 左右)或恒流(30 mA 左右)电泳。当指示染料溴酚蓝到达凝胶前沿还有 1~2 cm 时停止电泳,倒掉电极缓冲液,剥胶染色。

(7)剥胶后用蒸馏水洗涤胶片,然后浸入染色液中 4~5 h 或过夜。取出后用蒸馏水漂洗数次，浸入脱色液中振荡脱色，中途更换脱色液数次，至背景清晰、透明为止。照相或进行凝胶干燥。

(8)凝胶干燥。先在一块玻璃板上铺一张用水浸润透的玻璃纸，放上胶片，再盖上一张同样处理过的玻璃纸，用玻璃棒赶出可能窝藏的气泡。然后把玻璃纸多余的四边反向贴到玻璃板后面，在室温下自然风干，制成可以长期保存的透明胶片。

五、结果计算

量出染料及各区带迁移距离，以标准蛋白分子质量的对数对相对迁移率作图，得标准曲线。根据待测样品的相对迁移率，从标准曲线上查出其分子质量的对数，再求出其分子质量。

六、注意事项

(1)Acr、Bis 有神经毒性，操作时要小心。

(2)不同的凝胶浓度适用于不同的分子质量范围。可根据所测分子质量的范围选择最适的凝胶浓度，并尽量选择分子质量范围与待测样品分子质量相近的蛋白质做标准蛋白质。

七、实验结果记录

种子蛋白质亚基分析
实验结果记录：

八、思考题

简述 SDS-聚丙烯酰胺凝胶电泳的适用范围、注意事项。

九、知识补充

聚丙烯酰胺凝胶电泳简称为 PAGE(Polyacrylamide gel electrophoresis)，是以聚丙烯酰胺凝胶为支持介质的一种常用电泳技术。聚丙烯酰胺凝胶由单体丙烯酰胺和甲叉双丙烯酰胺聚合而成的，聚合过程由自由基催化完成。催化、聚合的常用方法有 2 种：化学聚合法和光聚合法。化学聚合法以过硫酸铵(AP)为催化剂，以四甲基乙二胺(TEMED)为加速剂。在聚合过程中，TEMED 催化 AP 产生自由基，后者引发丙烯酰胺单体聚合，同时甲叉双丙烯酰胺与丙烯酰胺链间产生甲叉键交联，从而形成三维网状结构。PAGE 根据其有无浓缩效应，分为连续系统和不连续系统两大类，连续系统电泳体系中，缓冲液 pH 及凝胶浓度相同，带电颗粒在电场作用下，主要靠电荷和分子筛效应；不连续系统中，由于缓冲液离子成分、pH、凝胶孔径及电位梯度的不连续性，带电颗粒在电场中泳动不仅有电荷效应、分子筛效应，还具有浓缩效应，因此其分离条带清晰度及分辨率均较前者佳。不连续体系由电极缓冲液、浓缩胶及分离胶所组成。电极缓冲液是 pH8.3 Tris-甘氨酸缓冲液；浓缩胶是由 AP 催化、聚合而成的大孔胶，凝胶缓冲液为 pH6.7 的 Tris-HCl；分离胶是由 AP 催化聚合而成的小孔胶，凝胶缓冲液为 pH8.9 Tris-HCl。2 种孔径的凝胶、2 种缓冲体系、3 种 pH 使不连续体系形成了凝胶孔径、pH、缓冲液离子成分的不连续性，这是样品浓缩的主要因素。

实验二十六　种子活力的测定

一、实验目的

(1)了解种子活力测定的原理和生产意义。

(2)掌握重要种子活力测定的方法和评定标准。

二、实验原理

由于指示活力的特性和指标多种多样，且不同作物或种子生理发芽特性不同，幼苗生长表现各异，因此活力测定的方法很多。大致可将这些方法分为直接法和间接法两大类：直接法是指利用实验室可控制的条件，模拟田间不良的因素，观察种子田间出苗能力或幼苗生长的整齐、健壮的程度，如玉米低温试验、棉花低温发芽，及大小麦砖砂试验(低温及机械抑制力)等；间接法是指在实验室中测定与田间出苗力相关的种子特性、生理生化特性指标，如酶的活性、呼吸强度、种子浸泡液的电导率等。如何正确选用活力测定方式是很重要的，通常应该考虑以下几点：第一是所采用的方法，其测定结果能否真正反映一批种子的活力水平；第二是所用方法要简单易行、节省费用；第三是测定方法最好能快速、及时；第四是测定结果要有重演性，即不同地区、不同实验室所测结果比较一致。本实验采用种子浸出液的电导率测定种子活力。

三、实验材料

1. 材料准备

不同活力的大麦、小麦、玉米、大豆和豌豆等种子。

2. 器具

培养箱、加速老化箱、老化盒、电导仪、天平、玻璃培养皿、发芽纸或滤纸、烧杯、镊子、尺子等。

四、实验方法

1. 幼苗生长测定

本法适用于具有直立胚芽和胚根的禾谷类和蔬菜类作物种子。其测定方法是取试样 4

份，各25粒种子。取发芽纸3张(30 cm×45 cm)，取其中1张画线，先在纸长轴中心画一条横线，距顶端15 cm，并在其上、下每隔1 cm处画平行线。在中心线上等距画25点，在每点上放1粒种子，胚根端朝向纸卷底部。再盖2层湿润发芽纸，纸的基部向上折叠2 cm，将纸松卷成4 cm直径的筒状，用橡皮筋扎好，将纸卷竖放在容器内，上用塑料袋覆盖。置于黑暗恒温箱内培养7 d，温度为正常发芽所规定温度，然后统计苗长。计算每对平行线之间的胚芽或胚根尖端的数目，按下列公式求出幼苗平均长度：

$$L=\frac{nx_1+nx_2+\cdots+nx_{15}}{n}$$

式中，L为胚芽平均长度，cm；n为每对平行线之间的胚芽尖端数；x为中点至中线之间的距离，cm。

发芽试验中不正常的幼苗不统计长度。

直根作物种子可用直立玻璃板发芽法测定其幼根长度：取滤纸2张，其中1张划1条中线，用水湿润，贴在玻璃板上。将25粒种子等距排列在中心线上，将另1张滤纸湿润后盖上。将玻璃板以70°角直立置于水盘内，放在25 ℃黑暗下培养3 d后测量根的长度，计算平均值。据报道，莴苣种子发芽3 d的根长与田间出苗密切相关。

2. 幼苗评定试验

幼苗评定试验适用于大粒豆类种子，这些种子不能用幼苗长度表示活力，因为其细弱苗也可达相当的长度。此法是采用标准发芽的方法，评定时将幼苗分成不同等级。豌豆种子试验方法如下：取试样4份，各50粒种子。将1～2 mm的粗沙清洗、消毒后加水，保持最大持水力约15%，放入4个容积为15 cm×20 cm×10 cm的聚乙烯盒中，移于生长箱或培养箱中，于20 ℃、相对湿度95%～98%、光照12 h、光强度12 000 lx条件下培养，经6 d后取出幼苗洗涤干净，进行幼苗评定。先将种子分成发芽和不发芽两类，再将幼苗分成三级：

(1)健壮幼苗。胚芽强壮、深绿色。初生根强壮或初生根少而有大量次生根。

(2)细弱幼苗。胚芽短或细长，初生根少或较弱，但属正常幼苗。

(3)不正常幼苗。根或芽残缺、根芽破裂、苗色褪绿等。

第一级为高活力种子，第二级为低活力而具有发芽力的种子。一、二级相加即种子发芽率。

3. 发芽率测定

这是一种最古老且最为简单的方法，适用于各种作物的活力测定。其方法采用标准发芽试验，每日记载正常发芽种子数(牧草、树木等种子发芽缓慢，可隔日或隔数日记载)。然后按公式计算各种与发芽速度有关的指标。发芽速度表示的方法很多，如初期发芽率、发芽指数、发芽平均日数，以及到达规定发芽率(90%或50%)所需的日数等，还可用发芽指数结合幼苗生长率(活力指数)表示。

(1)初期发芽率测定。许多作物种子，如小麦、大豆、玉米等，一般计算3 d发芽率，也可计算发芽势等。

(2)发芽日数测定。发芽达90%所需日数或达50%所需日数测定。后者适用于发芽率较低的种子样品。

(3)发芽指数测定。

$$发芽指数(GI)=\sum\frac{G_t}{D_t}$$

式中，G_t 为不同时期(7 d)的发芽数；D_t 为发芽日数；$\sum$为总和。

GI 值与活力成正相关。

(4)活力指数测定。

$$活力指数(VI)=GI\times S$$

式中，S 为一定时期内幼苗长度(cm)或幼苗重量(g)；GI 为发芽指数。

4. 低温发芽试验

此法主要适用于棉花，也可用于高粱、黄瓜、水稻等。棉花早春播种常遇低温，会引起胚根损伤，下胚轴生长速率降低，棉花发芽最低温度一般为 15 ℃。本法采用 18 ℃低温模拟田间低温条件，其试验方法与标准发芽试验基本相同。种子置于砂床后，于 18 ℃、黑暗条件下发芽，培养 6 d(硫酸去绒)或 7 d(未去短绒)，检查幼苗生长，凡苗高达 4 cm 或以上的即高活力种子。

此法也可用纸巾卷发芽，用 30 cm×45 cm 的湿润发芽纸 1 张，置放 50 粒种子(类似于纸间发芽)，上盖 1 张湿润的发芽纸。将 2 层纸松卷成筒状，筒直径约为 4 cm，用橡皮筋扎住筒两端，斜放在桶或盒内。容器上顶留有 10 cm 的空间，用塑料袋套住容器，用橡皮筋扎紧。将容器置于 18 ℃、黑暗条件下处理 7 d。到时间后将种子分成正常幼苗和不正常幼苗，计算正常幼苗从根尖到子叶着生点的距离。凡达到 4 cm 或以上的可作为高活力种子。

5. TTC 定量法

参考第一篇实验十九。

6. 种子浸出液的电导率测定

(1)测定原理。种子随着衰老或损伤，细胞膜中的脂蛋白变性，分子排列改变，渗透性增加，则其内部的电解质(如糖分、氨基酸和有机酸等)外渗增多。如果把这种衰老种子浸在无离子水中，电解质外渗而扩散到水中，水中变得混浊，则其中存在带电的离子。在电场的作用下，离子移动而传递电子，具有电导作用。因此，一般来说，种子越衰老，水中的电解质越多，电导率越高，活力越低，从而可用电导仪测定种子浸出液的电导率，间接地判断种子的活力水平，评价种子质量。

(2)仪器设备和用品。

①玻璃或塑料烧杯。这是用于浸种时存放种子的容器，杯的直径最好是(80±5)mm。杯的清洁度是十分重要的，使用前或使用后应用热水洗净，最后用无离子水清洗。杯中的清洁度可通过定期测量杯中无离子水的电导率来检查。

②无离子水。可用无离子水和重蒸馏水，但不能使用电导率大于 20 Ω/m 的水。使用前应先在 20 ℃条件下放置至少 24 h。

③电导仪。我国目前通常使用上海第二分析仪器厂生产的 DDS-11A 型电导仪。

(3)测定方法。

①取样称重。中小粒种子可数 50 粒或 100 粒，大粒种子可数 25 粒或 50 粒，重复 2～4 次，称重精确到 0.01 g。

②种子浸泡。将每份种子倒入烧杯中，用定量加水器加入定量的无离子水(按种子大小而定，30～250 mL)。加盖，以防水分蒸发和灰尘污染，并备 2 只杯，装同量无离子水，以作为对

照，然后全部放在 20 ℃下 18～24 h。

③电导率测定。利用网兜，将浸渍种子滤出，然后把浸出液倒回原杯，用作测定。按电导仪的使用说明，将浸入式电极浸入浸出液里，测出电导率值。

④活力评价。凡是电导率低的种子为活力强的，反之，则弱。如果加上电导率与田间成苗率相关关系的研究，就可确定每种作物、每个品种种子质量分级的电导值，评定种子的种用价值，指导播种。

7. 加速老化测定

(1)测定原理。一般认为，高活力的种子在一定范围的恶劣条件下，忍受能力强，而低活力种子忍受能力弱。经恶劣环境(高温、高湿)加速老化后，种子已发生内部的劣变，再放在正常发芽条件下培养，使其内部的劣变表现出来，就可从幼苗形态的正常或异常状态，以及死亡率的高低来判断种子活力的强弱。凡是经老化处理后，受影响较小而仍保持较高的正常幼苗比例的种子，耐藏性好、活力强、田间成苗率高，反之，则差。

(2)设备。

①加速老化箱或恒温培养箱。

②加速老化容器。这种容器要求能加湿，备有网架，可放置种子，但又能使种子不接触水分，保持老化条件的一致性。

(3)处理方法。目前通常应用的有两种处理方法：

①快速人工老化法。清洗老化容器，底部加适量的水，装好网架，数取种子 100 粒或 50 粒，4 次重复，分别放在老化容器的网架上，盖上盖子，移入恒温培养箱，用 40～45 ℃和 100％相对湿度，处理 1～10 d。处理温度和时间因种子种类而不同(表 1-26-1)，最适的老化时间可根据经验加以调整。如要研究老化的最适时间，采用高、中、低活力(从发芽力确定)的 3 种种子样品，选好温度和 100％相对湿度，以时间加以调节。在老化处理后，高活力种子仅有少数种子死亡，中活力种子有相当部分死亡，低活力种子则大多数死亡，则可认为，这种条件是该种种子老化处理的理想条件。

②缓慢人工老化法。基本处理方法同上，但不同之处是用 35～37 ℃较低的温度和 75％较低的相对湿度，处理数周或数月较长的时间。一般油料种子处理 1～10 周，而蛋白质种子处理 1～10 个月。

(4)活力评价。经老化处理后，凡是正常幼苗百分率高的，为活力强的种子；反之，则为低活力种子。如老化处理与种子储藏时间或田间成苗率同时进行试验，那么就可从其相关关系中找出相应的数值，用于实际的指导。

表 1-26-1　不同作物种子加速老化实验的处理温度和时间(ISTA，1995)

作物	处理温度/℃	时间/h
推荐：大豆	41	72
建议：苜蓿、菜豆、油菜、甜玉米、莴苣、洋葱、胡椒、红三叶、高羊茅、番茄、小麦	41	72
黑麦草	41	48
法国菜豆	45	48

续表 1-26-1

作物	处理温度/℃	时间/h
玉米	45	72
绿豆	45	96
高粱、烟草	43	72

五、实验结果记录

种子活力测定
实验结果记录：

六、思考题

(1)种子生活力和种子活力有何异同点？

(2)请分析一下不同活力测定方法的特点和生产意义。

七、知识补充

1. 活力、生活力和发芽率的区别及关系

种子活力是指高发芽率种子在田间表现的差异，表现良好的为高活力种子，表现差的为低活力种子。

种子生活力是指种子发芽的潜在能力或胚具有的生命力，它反映的是种子发芽率和休眠种子百分率的总和。所以种子生活力测定能提供给种子使用者和生产者重要的质量信息，反映的是种子的发芽潜力。

种子发芽率是指在规定的条件和时间内长成的正常幼苗数占供检种子数的百分率。它受条件限制，如水分、温度、光照、氧气等。有些情况下，生活力测定和发芽率测定的结果基本是一致的，即种子生活力和发芽百分率没有明显的差异。前提是无休眠、无硬实或通过适宜的预

处理破除了休眠和硬实;未受有害化学药品处理等。种子有休眠时测定的结果不一致。虽然发芽率已成为世界各国制定种子质量标准的主要指标,在种子认证和种子检验中得到广泛应用,但生活力有时也可用来代替来不及发芽种子的发芽率。尽管如此,结果还是要用发芽率作为正式的依据。

2. 种子活力和生活力的区别与联系

两者均伴随种子老化、劣变的进程而下降,而活力的下降趋势显然要先于生活力。例如,种子经过大约8个月的储藏,生活力下降到大约80%的水平,而活力已下降到大约30%的水平。

实验二十七　种子寿命的预测

一、实验目的

能快速预测种子在一定储藏条件下的寿命,用于种质资源的保存。

二、实验原理

在一定条件下,可以利用直线回归方程和列线图来预测种子的寿命。通过种子生活力列线图可以查到任一温度和水分组合下,种子生活力降到任一水平的时间(天)和一定储藏时间内,保持预定生活力所要求的温度、水分组合。

三、实验材料

1. 种子

水稻、大豆等种子。

2. 用具

直尺、列线图。

四、实验方法

生产中要对种子寿命,特别是长寿命种子进行预测。对种子未来寿命的预测,常用数理统计法进行推测。

1. 对数直线回归方程式及其列线图

(1)预测方程。

Roberts 在研究了种子生活力丧失的规律及其与温度、水分的关系后,推导出了对数直线回归方程式:

$$\lg P_{50} = Kv - C_{1m} - C_{2T}$$

式中,P_{50} 为平均寿命,d;m 为种子含水量,%;T 为储藏温度,℃;Kv、C_1、C_2 为常数,见表1-27-1。

表 1-27-1　几种作物种子的 Kv、C_1、C_2

作物名称	$K\text{v}$	C_1	C_2
水稻	6.531	0.159	0.069
小麦	5.067	0.108	0.05
大麦	6.745	0.172	0.075
蚕豆	5.766	0.139	0.056
豌豆	6.432	0.158	0.065

应用上述方程，可由任何一种储藏温度和水分组合求出种子保持 50%生活力的期限，或者根据要求保持的生活力期限，求出所需的储藏温度和种子水分，以便选择适宜的储藏方式或场所。

(2)预测列线图。

根据上述方程，可将各种作物种子的生活力与水分、储藏温度的比例关系绘制成列线图(图 1-27-1 至图 1-27-3)。利用这种生活力列线图，不仅查用方便，而且能从中求出保持任一发芽率的时间，查算方法如下。

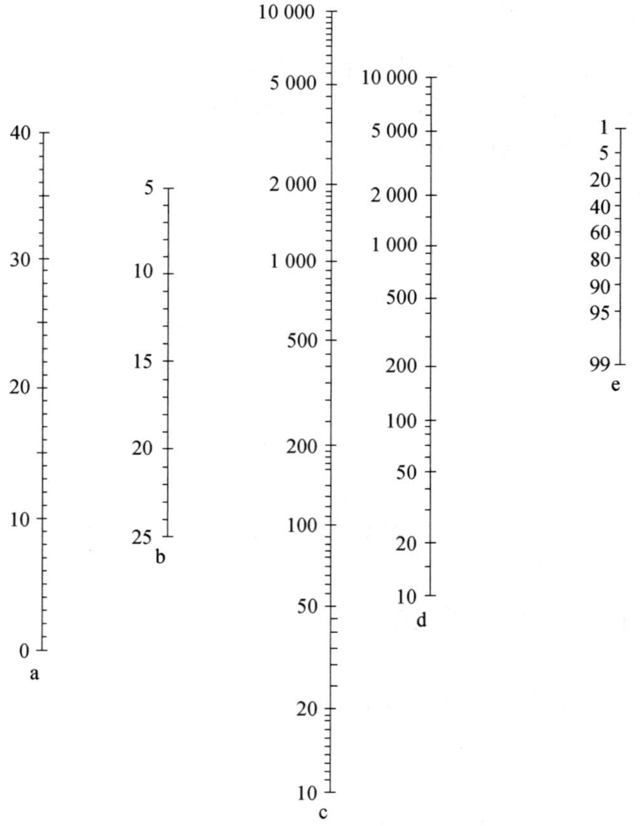

a. 温度(℃)；b. 水分(以湿物质量计，%)；c. 平均存活期(d)；
d. 生活力降低到指定比例(%)的时间(d)；e. 存活率(%)

图 1-27-1　水稻种子生活力列线图

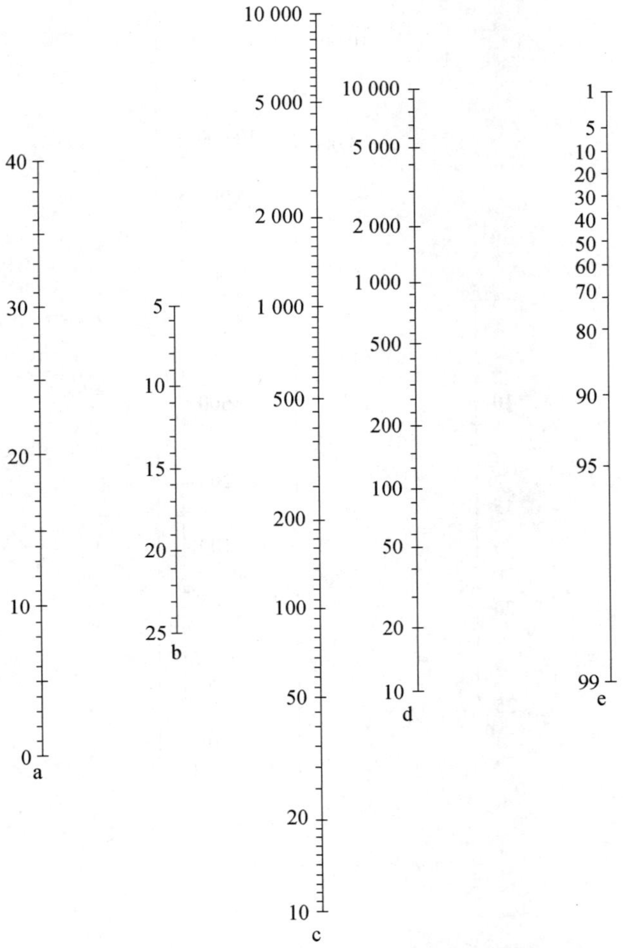

a. 温度(℃);b. 水分(以湿物质量计,%);c. 平均存活期(d);
d. 生活力降低到指定比例(%)的时间(d);e. 存活率(%)

图 1-27-2　小麦种子生活列线图

①查算在任一温度和水分下,种子生活力降低到任一水平的时间。将一直尺斜放于 a 尺和 b 尺上的预定数值并使尺子延伸过 c 尺,然后以 c 尺上的此点[平均寿命(d)]为轴心,将尺子转到 e 尺上所要求的存活率(%)。此尺子在 d 尺上所示的数值,就是生活力降低到所要求比例(%)的时间(d)。

②查算一定储藏的时间内,保持预定生活力所要求的温度、水分组合直尺的移动与上面查算的方向正好相反,即先在 e 尺上选好所要求的存活率(%)数值,在 d 尺上选好所要求的储藏时间(d),将直尺通过这两点延伸至 c 尺,再以 c 尺上的数值为轴心,把直尺转到 a 尺和 c 尺上,直尺在 a 尺和 b 尺上所示数值就是所要求的温度(a 尺)和种子水分(b 尺)组合。

2. 新的种子寿命预测方程及其列线图

上述方程及其列线图的最大缺陷是以假定种子入库时的发芽率为 100% 为前提的,实际多数情况下不是如此,原始发芽率的不同对活力下降的影响极大,依此,Roberts 和 Ellis 推导出了新方程及其列线图。新方程如下:

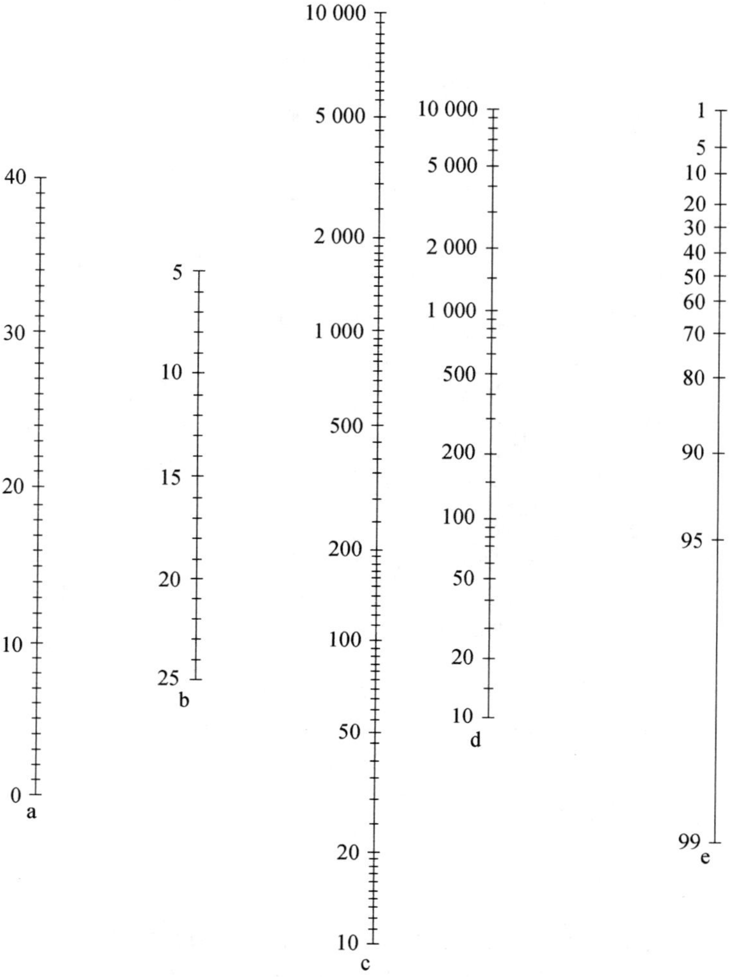

a. 温度(℃);b. 水分(以湿物质量计,%);c. 平均存活期(d);
d. 生活力降低到指定比例(%)的时间(d);e. 存活率(%)

图 1-27-3　蚕豆种子生活力列线图

$$V=K_{i}-\frac{P}{(CK_{E}-C_{w}\lg m-C_{H}t-C_{Q}t^{2})}$$

式中,K_i 为原始发芽率,%;V 为储藏预定时间后的发芽率,%;P 为储藏天数,d;m 为种子含水量,%;t 为储藏温度,℃;K_E、C_W、C_H、C_Q 均为常数,见表 1-27-2。

表 1-27-2　几种作物生活力常数值

作物	K_E	C_W	C_H	C_Q
大麦	9.983	5.896	0.04	0.000428
大豆	7.748	3.979	0.053	0.000228

上述种子寿命预测方程的突出特点是把种子储藏过程看作原始发芽率下降的过程，而下降幅度的大小与种子水分及储藏温度密切相关。应用这个方程，可以在已知原始发芽率、种子水分和储藏温度的情况下，计算储藏一定时期后的种子发芽率(V)，或储藏一定时期后原始发芽率下降的数值(K_i-V)。

为了更方便地计算所要预测的数值并使各因素之间的关系更为直观，也可根据上述关系绘制成列线图(图 1-27-4 和 1-27-5)。

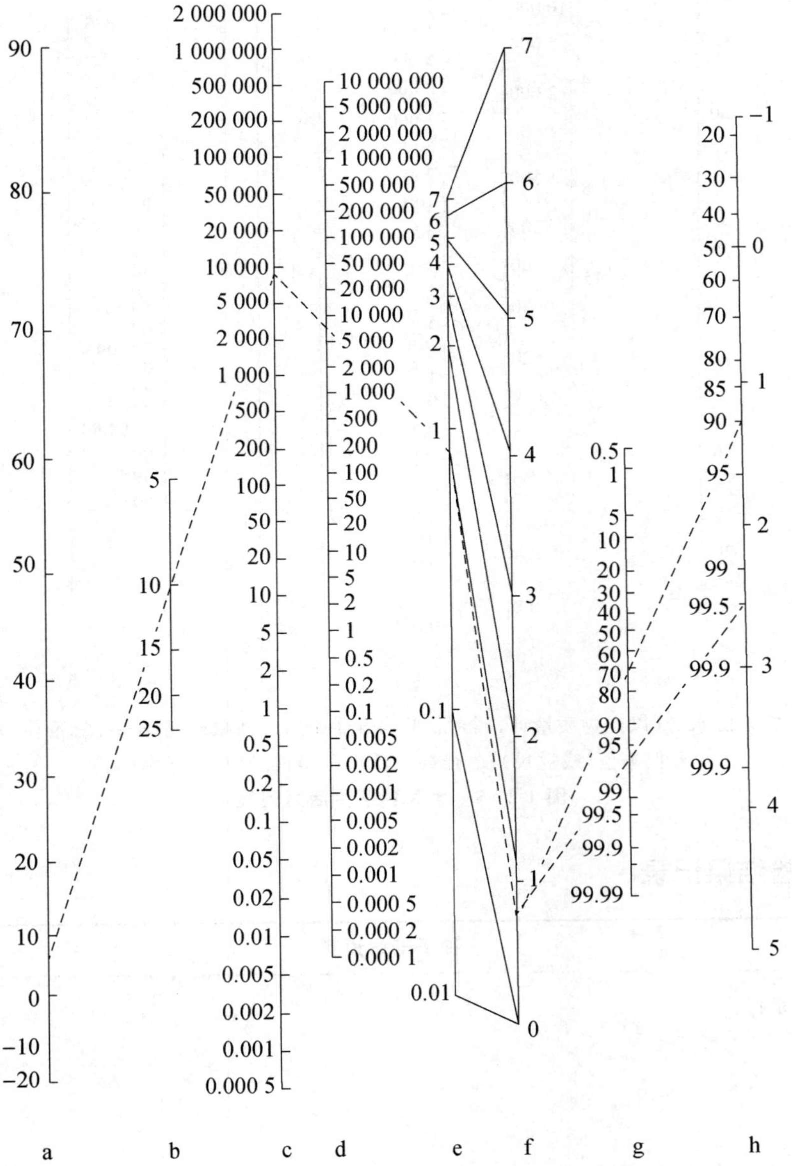

a. 温度(℃)；b. 水分(以湿物质量计，%)；c. 平均寿命(d)；d. 储藏时间(d)；e. 标准值(对数尺)；f. 偏离值(线性尺)；g. 最终生活力(%)；h. 原初发芽率(%)

图 1-27-4 大麦种子生活力预测列线图

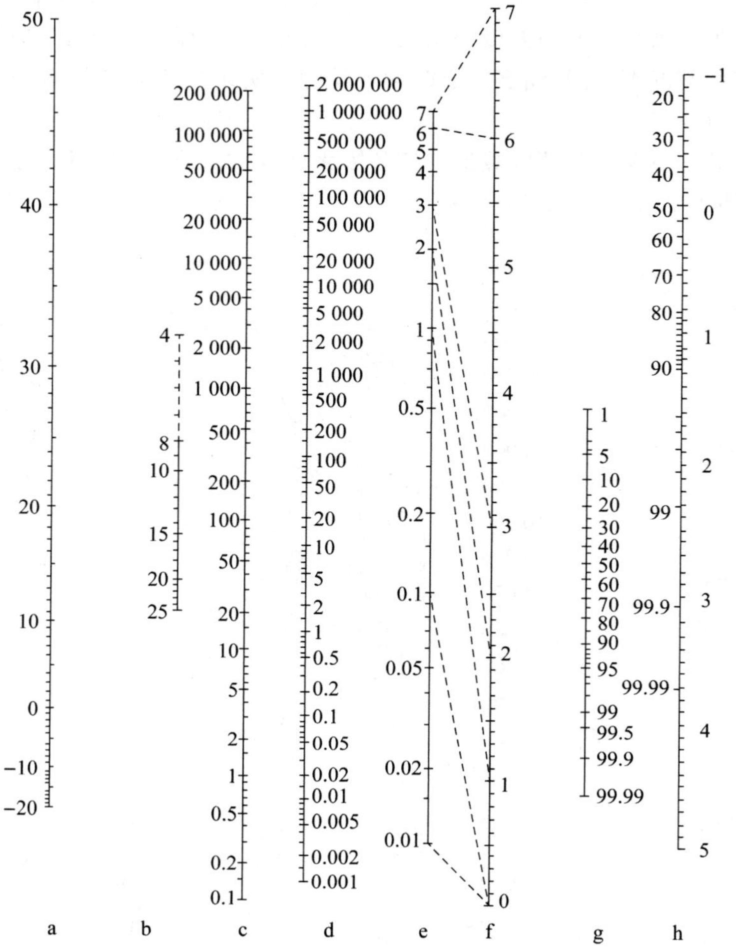

a. 温度(℃)；b. 水分(以湿物质量计，%)；c. 平均寿命(d)；d. 储藏时间(d)；e. 标准值(对数尺)；
f. 偏离值(线性尺)；g. 最终生活力(%)；h. 原初发芽率(%)

图 1-27-5　大豆种子生活力列线图

五、实验结果记录

种子寿命预测
实验结果记录：

六、思考题

(1)一批水稻种子含水量 10%,储藏于 10 ℃,计算其平均寿命。

(2)一批大麦种子,K_i=90%,m=10%,t=10 ℃,计算其储藏 1 000 d 后的发芽率。

七、知识补充

种子寿命的差异性:种子寿命因植物种类不同有很大差异,短则数小时,长则可达千年、万年。例如柳树种子仅在成熟后 12 h 以内有发芽能力,杨树种子的寿命一般不超过几周。一种沙漠植物梭梭树,一旦种子成熟,在自然条件下几小时之内就会死亡,但是在死亡之前,即使只遇上一点点水,也很快发芽、生根,转入新一轮的生长循环之中。大多数农作物种子的寿命为几年至十几年。关于长寿命种子的研究已有不少报道。据加拿大人 1967 年的报道,在北美洲育肯河中心地区的旅鼠洞中曾找到 20 多粒北极羽扇豆种子,这批深埋冻土层中的种子经测定已有 1 万多年的历史,经播种后,其中 6 粒种子发芽并长成了正常植株。早在 1923 年,人们就在我国辽宁省普兰店河流域挖掘出千年莲子,Libby(1931)以 ^{14}C 确定其种龄为(1040±210)年。1952 年,北京植物园的科学家们再次在辽宁省普兰店附近泡子屯村的泥炭层里,挖掘了一批古莲子,并拿回到北京植物园种植,其能发芽、开花、结果。另据报道,我国科学家们在辽宁省岫岩满族自治县大房身乡的黄土层里,发现了将近 400 粒狗尾草的种子,经同位素测定,这些种子的埋藏年代已经有 1 万年以上,但种子仍具有生命力。

第二篇

种子生产学

实验一 种子生产程序和质量标准

一、实验目的

(1)学习和初步掌握纯系品种及杂交种亲本种子生产的标准程序、各级别种子的判别方法。

(2)了解各级别种子质量标准。

二、实验原理

纯系品种从审定或登记到产出大田用种,各国和不同国际机构都有其种子生产的标准程序。①育种家种子,是指在品种通过审定时,形态特征和生物学特性一致,纯度100%,产量及其他主要性状符合审定时的原有水平。使用白色并有紫色单对角条纹的标签(GB 20464-2006)。②原种,由育种家种子繁殖的第一代种子,遗传性状与育种家种子相同,产量及其他主要性状指标仅次于原种。用蓝色标签做标记。亲本种子使用红色的种子标签(GB 20464-2006)。③大田用种,由原种繁殖的第一代种子,遗传性状与原种相同,产量及其他主要性状指标仅次于原种,用蓝红以外的颜色的标签做标记。中国1995年颁布的国标(GB/T 3543.5-1995)将种子级别分为育种家种子、原种和良种三级。为避免"良种"与"优良品种"意思相混淆,近年颁布的国家标准(如GB 4404.1-2008)已将种子生产范畴的"良种"表述为"大田用种"。

三、实验材料

1. 植物材料

当地主要作物育种家种子生产田、原种生产田、大田用种生产田成熟期植株群体,小株作物(稻、麦或粟)面积$3\times667\ m^2$,大株作物(玉米或高粱等)面积$8\times667\ m^2$。

2. 仪器药品

3 m卷尺、1.5 m木尺、铅笔、记载本、计算机、30 cm×25 cm规格的尼龙种子袋、普通剪刀、纸质挂牌(或塑料挂牌)、包扎绳、三角盘、可装500 g种子的羊皮纸袋。

四、实验方法

(一)作物种子生产程序

1. 常规品种三级种子生产程序

常规品种三级种子生产程序从育种家种子开始,逐级自交繁殖,生产大田用种,如图2-1-1所示。

这类品种群体内个体间同质,个体内同一位点等位基因纯合,基因型和表现型一致。在各级种子繁育过程只要注意隔离,拔除杂株后混收即可。繁殖系数大的作物也可将原种种子直接用于大田播种。常规品种育种家种子的来源,可以由育种家一次足量繁殖、冷库保存多年利用,也可以采用株行鉴定混合法年年生产。

2. 自交系单交种三级种子生产程序

自交系单交种三级种子生产程序如图 2-1-2 所示。前三个级别是指自交系育种家种子、原种以及大田用种(单交 F_1 种子)。自交系育种家种子通过典型单株的人工套袋、人工授粉自交繁殖获得。套袋自交单穗种子不混合。育种家种子由育种家种子直接繁殖,按穗行种植,人工套袋授粉自交,收获后自交穗混合脱粒。原种是由育种家种子在安全隔离条件下系内株间传粉繁殖一代获得的。单交 F_1 大田用种是在隔离条件下通过自交系间杂交制种获得的。

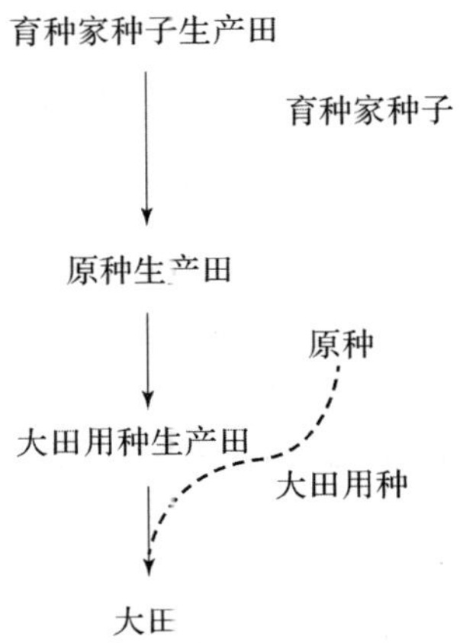

图 2-1-1 常规品种三级种子生产程序

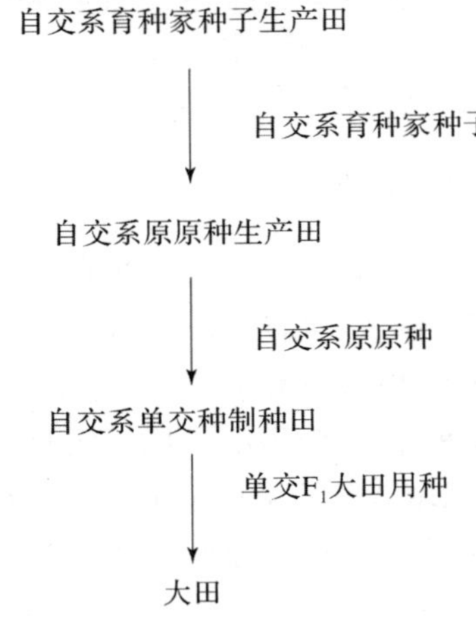

图 2-1-2 自交系单交种三级种子生产程序

3. 三系杂交种三级种子生产程序

三系是指质核互作雄性不育系、保持系和恢复系。如图 2-1-3 所示,前三个级别是指三系的育种家种子和原种。大田用种是指不育系与恢复系杂交产生的杂交种 F_1 种子。不育系育种家种子生产以保持系株行种为父本;保持系和恢复系的育种家种子由相应的入选株系混合而

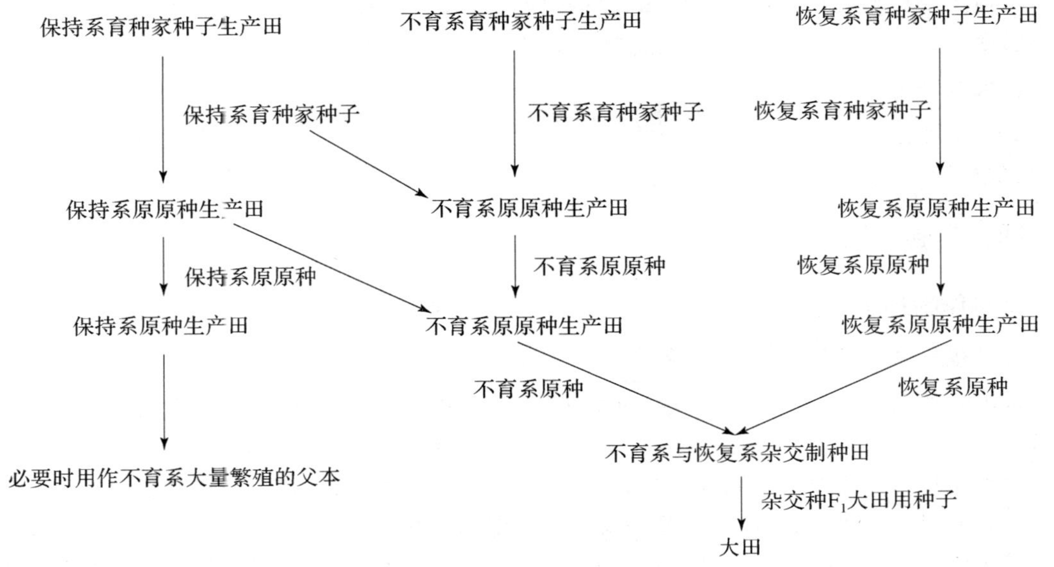

图 2-1-3 三系杂交种三级种子生产程序

成。在三系及其杂交种各级种子生产中，以防止机械混杂和生物学混杂为中心。三系的育种家种子生产田和育种家种子生产田实行单株稀植、整株鉴定去杂、株行内混合收获；原种生产田实行稀播种植、整株去杂、混合收获。亲本繁殖田和 F_1 制种田均需安全隔离。

4. 无性繁殖作物三级种子生产程序

无性繁殖作物是指利用植物营养器官（根、茎、叶、芽等）进行繁殖的作物，如马铃薯、甘薯等。这类作物在营养器官繁殖过程中，容易感染病毒而导致退化。脱毒和防治病毒再侵染是各级别种子生产的关键技术措施。以马铃薯为例，利用茎尖分生组织在组织培养室内培养产生的脱毒试管苗或脱毒试管薯是育种家种子；用脱毒试管苗或脱毒试管薯在防虫温室或防虫网室内生产的脱毒微型薯（2～5 g/个）是育种家种子；用脱毒微型薯在原种场生产的是原种；用原种在种薯生产基地生产的是大田用种。无性繁殖作物三级种子生产程序（以马铃薯为例）如图 2-1-4 所示。

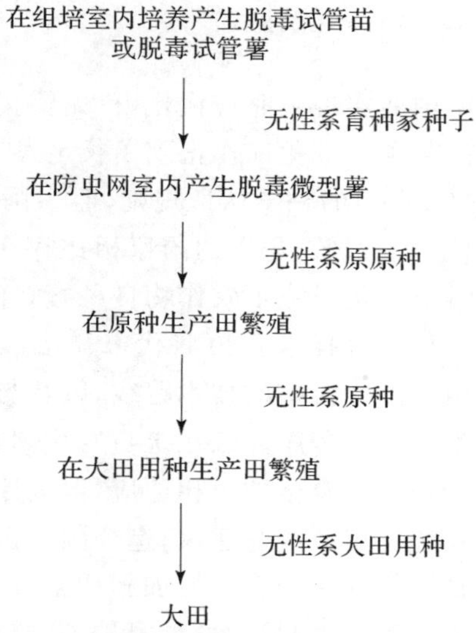

图 2-1-4　无性繁殖作物三级种子生产程序（以马铃薯为例）

（二）作物种子质量标准调查

（1）中国现行作物种子质量标准，不同作物种子等级系统不一致，有二级、三级，甚至四级的。各发达国家种子质量标准的指标不尽相同，粮、棉、油作物基本包括净种子、杂质、其他作物种子总量、其他品种、其他类型、杂草种子、有毒（有害）杂草种子、发芽率和种子含水量等；在薯类作物中，还包含病害指标。我国的标准中包含纯度、净度、发芽率和水分 4 个指标；薯类品种纯度、薯块整齐度和不完善薯块率 3 个指标。通过查阅文献，调查本教材涉及的 9 类作物（禾谷类、豆类、油用类、纤维类、块根块茎类、糖用类、特用类、牧草类、蔬菜类）在美国、日本以及欧洲各级别种子的质量标准。

（2）调查当地一种主要农作物三级种子生产田成熟期田间杂株率（遗传纯度）；封存样品的种子净度、水分和发芽率。比较三级种子上述 4 项指标的差异。

五、实验结果记录

种子生产程序和质量标准调查
实验结果记录：

六、思考题

怎样进行各级别种子的判别？

七、知识补充

中国要实现农业现代化，首先要实现种业现代化和种子标准化。改革开放以来，中国种业技术改革和标准化工作得到了长足发展，充分参考了国际种子检验规程，以及经济合作与发展组织(OECD)的种子认证规则，但中国种业改革仍落后于农业经济其他部门。中国农业标准化总体水平偏低，与发达国家相比存在差距。在种子生产等级系统方面，20 世纪 80 年代初，国内科研人员研究了农作物良种繁育的技术路线、“提纯复壮”的局限性以及棉花自交遗传效应和良种繁育技术。80 年代末开始，国内该领域的研究逐步形成了以育种家种子为种源、重复繁殖和限代繁殖的技术路线，以及与其相适应的育种家种子、原种和大田用种(生产用种)的种子生产等级程序。该系统与发达国家的三级种子生产程序，如美国等的育种家种子、基础种子、注册种子、合格种子相适应，但上述研究并未对种子生产各级程序中种子质量标准的因子指标系统提出系统的建议，迄今国内也尚未有相应报道。

种子等级系统有了增加和调整，即常规种由原有的原种和大田用种两个等级，各增加了育种家种子等级，调整为育种家种子、原种和大田用种(供大田生产使用的种子)三个级别；玉米和高粱杂交种的标准中，各增加了育种家种子等级。同时，将自交系(或三系)原种和自交系(或三系)大田用种，各提升一级，调整为自交系(或三系)育种家种子、自交系(或三系)原种，从而形成了完整的系统，即自交系(或三系)育种家种子、自交系(或三系)原种和杂交种。上述可概括为“三级种子类别系统”，以体现育种家种子为种源、重复繁殖和限代繁殖特点。此处特别强调育种家种子质量标准的制定，是因为中国以往并未强调品种权和育种者种子的权威性与责任，非品种育成单位可以自行生产原种。为纠正这种不良习惯，适应未来种子生产三级程序的实施和中国种子市场的实际情况，现阶段要明确规定育种家种子的标准。这为规范新品种审定、制止分离中的优系过早出圃、做好育种家种子繁殖并提高各等级种子质量提供了技术依据。

质量指标系统健全，即由原来纯度、净度、发芽率、水分四项因子指标，调整和增加为纯度、净种子、发芽率、水分、杂质、其他作物种子总量、杂草种子、有毒(有害)杂草种子等八项指标，且各项指标都有具体的数量级别的界定。增加这后五项对于商品种子的安全性、可持续性来说很重要。上述可概括为该探索方案的质量标准体系的“八项质量指标系统”。对种子等级均为三级的一致性调整，以及对原有质量因子指标由四项指标调整为八项指标的增补和完善，可使中国种子质量标准在与国际接轨的同时，体系得到进一步完善。

实验二　水稻种子生产实验技术

一、实验目的

学习并初步掌握水稻杂交种亲本繁殖和 F_1 制种的基本程序与技术环节。

二、实验原理

水稻是禾本科一年生水生草本(已有多年生稻品种)。秆直立,高 0.5～1.5 m,随品种而异。叶鞘无毛、松弛;叶舌披针形;叶片线状披针形,宽约 1 cm,无毛,粗糙;圆锥花序大型,舒展,棱粗糙;小穗含 1 朵成熟花;颖极小,仅在小穗柄先端留下半月形的痕迹,锥刺状;两侧孕性花外稃质厚,具 5 脉,中脉成脊,表面有方格状小乳状突起,厚纸质,遍布细毛,端毛较密,有芒或无芒;内稃与外稃同质,具 3 脉,先端尖而无喙;雄蕊花药长 2～3 mm;颖果长约 5 mm,宽约 2 mm;胚小,约为颖果长的 1/4。

中国是水稻的原产地之一。中国南方地区农田多以水田为主,粮食作物以种植水稻为主。稻是亚洲热带广泛种植的重要谷物,中国南方为主要产稻区,北方各省也有栽种。水稻主要分为 2 个亚种,籼稻与粳稻。亚种栽培品种极多。以成熟颖果入药,味甘、温,调中消食,健脾开胃。

水稻是自花授粉作物,生产上应用的品种类型主要是纯系品种和 F_1 杂交种。水稻纯系品种原种生产主要有改良混合选择法(三圃法)和株系循环法。水稻 F_1 杂交种子生产主要采用"三系法"和"两系法","三系法"生产 F_1 种子,每年需要 2 个隔离区,1 个用于不育系繁殖,1 个用于 F_1 制种。把不育系与其保持系按一定行比种植,保持系花粉授给不育系,从不育系植株上收获的就是扩繁的不育系种子;从保持系自交株上收获的就是扩繁的保持系种子。把不育系与其恢复系按一定行比种植,恢复系花粉授给不育系,从不育系植株上收获的就是 F_1 种子;从恢复系自交株上收获的就是扩繁的恢复系种子。保持系和恢复系能分设隔离区繁殖则更好。"两系法"生产 F_1 种子的技术与"三系法"的技术大体一致。光敏不育系和温敏不育系在特定的环境中通过自交繁殖。

三、实验材料

1. 植物材料

水稻不育系繁殖田和 F_1 制种田正在抽穗开花的不育系、保持系和恢复系植株群体。

2. 仪器用具

光学显微镜、体视显微镜、解剖针、喷雾器、塑料桶、量筒。

3. 试剂

赤霉素、1% I-KI 水溶液。

四、实验方法

(一)确定 F_1 制种面积和不育系繁殖面积

确定 F_1 制种面积的依据是市场上对 F_1 种子的需求量和 F_1 制种的预期单产;确定不育系繁殖面积的依据是 F_1 制种面积、单位制种面积的不育系用种量和不育系繁殖预期单产。

当前每公顷杂交水稻的大田用种量一般为 7.5～15 kg,每公顷繁殖和制种田的不育系用种量一般为 45～52.5 kg,父本用种量一般为 7.5 kg。

(二)雄性不育系繁殖技术

1. 质核互作雄性不育系的繁殖技术

水稻质核互作雄性不育系与其相应的保持系是同核异质体,除育性差异外,主要形态性状非常相近。同日播种，不育系比保持系始花期迟 2～3 d，始花期至终花历期 5～7 d，常有包颈现象，植株矮 10 cm 左右。

依据当地气候条件，确定母本最佳抽穗扬花期，倒推母本适宜播种期。母本抽穗扬花期要避免低温和过度高温，避开伏旱和连绵阴雨等不良天气。在长江中、上游地区，对于多数不育系来说，春繁应选择在 6 月下旬至 7 月初抽穗扬花较好。在四川中、东部地区，一般在 3 月上旬至中旬播种，6 月下旬至 7 月上旬开花。在贵州，多数地区在 4 月中旬到下旬播种，7 月上旬至中旬抽穗开花。在湖南，一般在 3 月底至 4 月上旬或中旬播种，6 月下旬至 7 月上旬开花。在江苏，一般在 4 月下旬或 5 月上旬播种，8 月上旬开花。父本保持系一般分两期播种，在母本苗 1.5 叶左右时，播第 1 期父本；2.5～3 叶时，播第 2 期父本。

在安全隔离的条件下，繁殖技术主要环节如下。

(1)精量播种，培育壮秧。父、母本都控制在每公顷播 270～300 kg。

(2)适龄移栽，行比适宜，密度适当，插足基本苗。当第 2 期父本苗达到 4.5～5 叶时即可移栽。母本和两期父本，同期移栽。父、母本行比一般为 1∶(4～5)或 2∶(6～8)，因品种和自然条件不同而有所差异，主要根据父本长势、花粉量，以及父、母本间株高差异大小而定。母本行距一般为 16～20 cm，穴距 10～13 cm；父本与母本间留宽行，行距常为 26 cm，穴距 10 cm。采用双行父本时，两行父本间留窄行，行距为 10 cm。每穴通常插 2 株。不育系每公顷应插 22.5 万～30 万穴；保持系每公顷应插 7.5 万穴左右。

(3)喷施赤霉素，人工辅助授粉，提高异交结实率。

①喷施赤霉素，第 1 次在抽穗率达 5%左右时施用，每公顷用赤霉素 60～90 g，兑水 450～600 kg；第 2 次在第 1 次喷施后 1～2 d 进行，每公顷用赤霉素 120～150 g，兑水 600～750 kg，喷雾。也可按市售不同剂型的使用说明使用。每次喷施以上午稻叶上的露水干后到父母本开花前这段时间为好。田间应保持浅水层。赤霉素总用量若分 3 次施用，可按 2∶5∶3 的比例，连续 3 d 上午喷施。采用雾滴细而均匀的喷雾器喷施赤霉素，喷头距穗层 33 cm 左右，喷雾均匀。每公顷每次喷施水量在 22.5 L 左右，可节省用工、减轻劳动强度。

②人工辅助授粉，从喷施赤霉素的第 2 d 开始，每天用竹竿或光滑的绳子抖动父本，使花粉飞扬，促进授粉。每天上午母本接近盛花时赶第 1 次花粉，每隔 30 min 左右赶粉 1 次，直到下午父本无粉可赶为止。同一块田，一般每天赶粉 4～5 次。整个开花期人工赶粉 10 d 左右。

(4)去杂去劣，及时收获，严防混杂。去杂去劣以始穗期最为关键，要特别注意去除母本行中的可育株。成熟时，先收父本，后收母本。在收割、脱粒、运输、晾晒、加工、储藏等过程中，都要注意严防机械混杂。对不同种子要及时附上标签。

2. 光敏核不育系的繁殖技术

现有光敏核不育系多是晚粳类型。光敏核不育系的育性转换主要受光照长度的控制，温度起协调作用。幼穗分化第 3 期至第 6 期处于 13.5 h 以上长光照下发育的稻穗表现雄性不育；处于 13.5 h 以下短光照下发育的稻穗表现可育。繁殖最佳短光照条件为 12.5～13 h。光敏核不育系的繁殖就是利用秋季日长渐短、温度渐低的条件让其自交结实获得种子，或者利用海南岛冬季短日条件恢复自交结实获得种子。只要确定好地点和播期，繁殖过程同常规水稻品种。

3. 温敏核不育系的繁殖技术

温敏核不育系的育性转换主要受环境温度的控制，日长起协调作用。将温敏核不育系的育性敏感期(幼穗分化第 4 期至第 6 期)安排在温度低于不育起点温度的环境,使其自交结实,就能达到繁殖目的。温敏核不育系的繁殖方法有春繁、秋繁、高海拔繁殖和冷灌繁殖 4 种。前 3 种方法依靠自然条件,多变的气候造成适宜繁殖的条件不稳定是其最大的限制因素。冷灌繁殖利用部分环境条件(春季低温)和部分辅助措施(冷水灌溉),既能摆脱自然条件对温敏核不育系繁殖的制约,又能降低成本。具体做法是:在幼穗分化的第 4 期至第 6 期,用水库深层冷水灌溉稻田 20 cm 深,持续 15 d。要求稻田的入口水温为 18 ℃左右,出口水温 24 ℃左右。其他栽培管理同常规品种。

(三)杂交水稻 F_1 制种技术

现有杂交水稻以杂交籼稻为主。杂交籼稻组合所用母本不育系多数是早籼类型,父本恢复系则多数为中晚籼类型,调节父、母本的播种期,确保花期相遇是制种成功的关键。在安全隔离的条件下,着重抓好以下技术。

(1)选择安全授粉季节,确定先播亲本的播种期。

(2)以叶差为主,参考时差和有效积温差,确定后播亲本的播种期。

(3)培育壮秧,适时移栽。在父本生育期比母本生长天数多、腾茬困难不得不延长父本秧龄时,父本可采用两段育秧。第 1 段在温室内培育小秧,小秧 2 叶 1 心时,寄栽到秧田中去(7 cm×7 cm);第 2 段在寄栽田中培育壮秧。母本播种时,由于气温已升高,一般是在秧田中直接播种育秧。腾茬后先栽父本。茬口没有矛盾时,父本秧龄一般在 30～35 d。也可在中熟父本株龄达 7～8 叶、晚熟父本达 8～9 叶时移栽。母本秧龄则以 20～25 d 为宜,株龄为 5～6 叶。

①适当行比,适宜密度,插足基本苗。

行比。父、母本行比由父、母本株高长势差异和花粉量决定。目前粳稻制种多用 2∶8。籼稻制种多用 1∶(10～12),也可采用早熟组合 2∶(12～14)、中熟组合 2∶(14～16)、晚熟组合 2∶(16～18)。

密度。不同地区和不同组合,适宜密度有所不同。母本行距一般为 13～16 cm,穴距为 10～13 cm,每穴 2～3 株(1 粒种子长出的苗,不论分蘖多少,均为 1 株),每穴基本茎蘖数为 6 个左右,每公顷基本茎蘖数为 40.5 万～48.0 万个。这样可保证成穗数在 270 万～330 万穗。采用单行父本时,父本与母本的行距一般为 33.3 cm;采用双行父本时,早熟组合可采用 16.5 cm+33.3 cm 规格(即两父本行之间距离 16.5 cm,父本行与母本行之间的距离 33.3 cm),中熟组合为 16.5 cm+(33～40)cm,晚熟组合为 20 cm+40 cm。父本穴距一般为 14～16 cm。可把 3 期父本栽于同一行,比例以 4∶8∶4 为宜,排列方式可用第 1 期父本和第 2 期父本作为一组连续排列。也可采取第 2 期父本栽 1 行,第 1 期父本和第 3 期父本合栽一行的方式。第 1 期父本、第 2 期父本每穴栽 1～2 株,第 3 期父本每穴栽 2～3 株。每穴基本茎蘖数为 8 个左右,每公顷基本茎蘖数为 37.5 万～52.5 万个,保证成穗 120 万～165 万个。

②科学施肥管水,培育高产苗架。注意双亲平衡,避免花期失遇。烤田时机要掌握"时到不等苗"的原则。

③做好花期预测,及时进行调节。

花期预测主要采用幼穗剥查法。根据幼穗形态和长度来判断始穗的大致日期。水稻整个幼穗发育过程可以分为 8 个时期。8 个时期与幼穗形态的对应关系可表述为:1 期看不见,2 期苞毛现,3 期毛茸茸,4 期谷粒现,5 期颖壳分,6 期叶枕平,7 期穗变绿,8 期穗将出。

花期调节。预测花期将会不遇时,可采取措施进行调节。例如,偏施氮肥可延缓发育;增施磷钾肥可加快发育;放水干旱可抑制对水敏感的亲本的发育;破口期喷施赤霉素可提早抽穗等。

④适期割叶,适时、适量、适次喷施赤霉素,正确实施人工辅助授粉,提高杂交结实率。

割叶的适期是母本始穗期。一般母本剑叶割后留 3.3 cm 左右、父本留 6.6 cm 左右为宜。

赤霉素用量一般为每公顷 120～180 g,分 3 次喷施,分配比例为 2∶5∶3。每次兑水 750～900 kg。粉剂赤霉素应先加少量 75%以上的酒精溶解 24 h 后,才能兑水稀释喷施。

人工辅助授粉从割叶的第 2 天开始,到母本开花结束为止,持续约 15 d。每天当母本接近盛花期时,用竹竿或光滑的绳子进行第 1 次人工赶粉,每隔 30 min 赶 1 次,直至当天父本无粉为止,一天赶 3～4 次。

(四)栽培技术

水稻的耕种除传统的人工耕种方式外,亦有高度机械化的耕种方式,步骤如下。

(1)整地。种稻之前,必须先将稻田的土壤翻过,使其松软,这个过程分为粗耕、细耕和盖平。过去使用兽力和犁具,主要是水牛来整地犁田,现在多用机器整地。

(2)插秧。将秧苗仔细地插进稻田中,间隔有序。传统的插秧法使用秧绳、秧标或插秧轮,来在稻田中做记号。手工插秧时,会在左手的大拇指上戴分秧器,帮助农人将秧苗分出,并插进土里。插秧的气候相当重要,例如,大雨会将秧苗打坏。现代多用插秧机插秧,但在土地起伏大、形状不是方形的稻田中,还是需要人工插秧。秧苗一般会呈南北走向。此外,还有更为便利的抛秧方式。

(3)施肥。秧苗抽高,长出第 1 节稻茎的时候称为分蘖期,这期间往往需要施肥,让稻苗健壮成长,并促进日后结穗米质的饱满和数量的增加。

(4)灌排水。水稻比较依赖这个步骤,旱稻是旱田,灌排水的过程不太一样,但是一般都需在插秧后、幼穗形成时、还有抽穗开花期加强水分灌溉。

(5)收割。当稻穗垂下、金黄饱满时,就可以开始收割。过去是农民一束一束地用镰刀割下,再扎起,利用打谷机使稻穗分离。现代则有收割机,将稻穗卷入后,直接将稻穗与稻茎分离开来,得到稻谷。

(6)干燥、筛选。晒谷需时时翻动,让稻谷干燥。筛选是指将瘪谷等杂质除掉,采用电动分谷机、风车或手工抖动分谷,利用风力将饱满有重量的稻谷自动筛选出来。

五、实验结果记录

水稻种子生产实验技术
实验结果记录:

六、思考题

(1)水稻常规种子在大田用种生产种子田管理上应注意哪些问题?

(2)简述杂交水稻制种父本与母本播差期确定的方法。

(3)三系配套水稻杂交种制种过程中,保证父本与母本花期相遇的措施有哪些?

七、知识补充

稻,主要分为籼稻与粳稻。粳稻是长三角和东北地区主要的粮食作物,是我国最重要的口粮之一,也是国家粮食安全的重要保障。面对地区冲突、全球通胀、经济下行,以及城镇化和工业化对农业资源的进一步挤占,可用耕地面积的减少短期内已很难逆转。现阶段唯有通过科技革新,依靠优异新品种选育,结合高产、高效栽培技术,推动良种、良法配套和农机、农艺融合发展的进步,逐步提高单产水平,才能保持有限资源下的粮食增长。所以水稻种子生产实验技术尤其重要。

"一早三抗"就是通过籼、粳杂交,将籼稻早生、快发的特性导入寒地早粳稻,创造适于寒地的早期繁茂新材料,再与定向选择的抗病、抗冷、抗倒材料杂交,获得寒地早粳稻"一早三抗"新株型。"一早"就是培育出早生、快发的早粳稻新材料,解决寒地粳稻生育期短、生长发育缓慢导致的长势不足的问题。"三抗"就是指抗病、抗冷和抗倒。抗病主要是指抗稻瘟病,解决寒地早粳稻因稻瘟病危害影响水稻产量的问题;抗冷的重点是抗水稻中期的障碍型冷害,解决寒地早粳稻在减数分裂期遇到低温冷害造成的水稻空壳率高而严重减产的问题;抗倒主要是指抗生育后期和收获期的倒伏,解决寒地早粳稻因倒伏造成减产、品质下降和机械收获难的问题。通过"一早三抗"新株型的培育,创建完善了具有独特性的寒地早粳稻育种技术体系,解决了寒地早粳稻育种理论与技术体系不完善的问题,为寒地早粳稻育种开辟了一条新途径。

花药培养新技术,解决了籼、粳杂交后代难稳定和优良性状快速聚合的问题,在寒地早粳稻育种中得到广泛应用。适当增加株高、穗粒数、粒质量,适当减少分蘖的"三增一减"产量选择技术,解决了难创高产问题。分子与表型技术相结合的稻瘟病和冷害的"双抗"选择技术,解决了抗病、抗冷难选择问题。抗病、抗冷"二圃合一"抗性鉴定技术,解决了稳产难的问题。

实验三 玉米种子生产实验技术

一、实验目的

(1)学习和初步掌握玉米自交育种家种子和一代单交种种子生产的关键技术。

(2)了解玉米常规种、自交系、单交种、双交种和三交种的种子质量标准。

二、实验原理

玉米,禾本科玉蜀黍属,一年生草本作物植物。玉米属于须根系作物,地下节根是根系主体，入土较深；茎秆由节与节间组成，呈圆筒形，组织坚硬；玉米叶由叶片和叶鞘组成；花序雌雄同株；籽粒常呈黄色、白色、紫色。玉米 7—8 月开花，8—10 月结果。明朝李时珍在《本草纲目·古部·玉蜀黍》中记载："玉蜀黍释名，玉高粱。"故玉米也称玉高粱。

玉米起源于墨西哥中部或南部高原，16 世纪传布至中国，俗称或异名非常多，世界上的分布也非常广。玉米主要集中在美国中部、中国平原、欧洲南部平原；对土壤要求不高，在沙壤、壤土、黏土上均可生长；喜温、喜光、喜湿，在高温、高湿、高光照条件下产物累积快；只能通过有性繁殖方式才能得到后代。

玉米是全球三大重要谷物之一，年产量已超过 8 亿 t，高于小麦(6.3 亿 t)与水稻(6.2 亿 t)。玉米由于适应性强，种植环境范围大于小麦和水稻，从北纬 58°不间断地经过温带、亚热带和热带到南纬 40°，从海拔 0 m 到海拔 3 800 m，从降水量不到 25 cm 的地区到降水量超过 1 020 cm的地区都有栽培。玉米是雌雄同株异位的异花授粉作物，天然异交率一般在 99%以上。生产上种植的品种类型，10%以下是异质杂合群体的自由授粉品种，90%以上是杂种品种。杂种品种中，90%以上是单交种，其余是双交种、三交种或综合种。

玉米雄花位于植株顶部的雄花序中，雌花位于茎秆中部的穗枝中。通常雄花比雌花早成熟。雄花与雌花成熟度差异的大小取决于基因型和开花期的环境条件。高温干旱引起的逆境会加速雄花成熟而延迟雌花成熟。在 35～40 ℃的高温和水分胁迫的极端条件下，雄花不产生可育的配子，雌花花丝不能伸出接受花粉。雄花成熟时，花药从雄花序上的小穗中伸出，花粉通过花药顶端的细孔散出。雄花序上的花药伸出通常是在主轴的中上部开始，然后随着花序成熟逐渐向上和向下推移。花药伸出后，有的几分钟内就散粉，有的要经过较长的时间，这取决于植株基因型和环境条件。对于一个雄花序，散粉可能只持续 1～2 d，或持续一周甚至更长。一个雄花序散出的花粉粒数目取决于基因型和植株的活力。杂交种比自交系散出的花粉多且持续的时间长。在正常的条件下，一个雄花序可以为每个雌配子产生 25 000 粒花粉。一天当中散粉的时间因基因型和环境条件而异。在没有露水的温暖日，太阳升起后 3 h 开始散粉，持续 1～3 h。如果上午气温低，散粉可能要延迟到中午并持续到几乎整个下午。花粉释放和飘散以后生活力可维持 3～5 h。

玉米单株具有产生多于 1 个雌穗(穗枝)的潜力，且品种之间单株产生穗枝的数目不同。由于过去的选择，顶部穗枝通常位于雄花序下的第 6 节或第 7 节上。顶部穗枝以下的每 1 个节都有 1 个侧芽，每个侧芽都有发育成穗枝的潜力，但通常只有顶部 2 个或 3 个穗枝发育。穗枝包括 2 个可见的构造，一是包裹着玉米穗的变态叶，通常称为苞叶；二是从玉米穗和苞叶顶端伸出的花丝。从玉米穗顶端伸出的花丝是有功能的柱头的延长物，1 根花丝就是 1 个潜在的籽粒。抽丝顺序是从玉米穗的基部到顶部。抽丝通常晚于散粉，散粉与抽丝间隔天数取决于品种和花期环境条件。如果植株多于 1 个雌穗，那么顶部雌穗的抽丝就比第 2 个或第 3 个雌穗早几个小时或 1～2 d。在气温凉爽和湿度较高的最适条件下，抽丝可在 2～3 d 内完成，并与散粉同时发生。在 35～40 ℃的高温和干旱胁迫的极端条件下，花丝生长停滞，在散粉时间内无法受精。如果产生有活力的雌雄配子的条件得不到满足，那么成熟的雌穗要么没有籽粒，要么结的籽粒稀疏。结实率差可能是无活力的花粉或花丝导致的，也可能是散粉与抽丝时间同步性差导致的。

自交系是配制玉米杂交种的物质基础。自交系的纯度直接影响杂交种的质量和产量。越来越多的种子企业用自交系原种作为制种亲本。自交系原种的生产方法有 3 种：第 1 种是用育种家种子在隔离区内自由传粉扩繁(重复繁殖法);第 2 种是采用穗行半分法(自交穗行鉴定法);第 3 种是采用测交法(测交种鉴定法)。以后每年从中取出一部分育种家种子种植,花期套袋自交繁殖育种家种子,育种家种子在隔离区内自由授粉繁殖原种。穗行半分法的做法是:第 1 年种植选择圃选株自交,每个系可自交 100～1 000 穗,视选择圃自交系纯度和所需原种数量而定;第 2 年半分穗行比较,即每个自交穗的种子均分为 2 份,一份保存,另一份种成穗行,在苗期、拔节期、抽雄开花期根据自交系的典型性、一致性和丰产性进行穗行间的鉴定、比较,当年比较只提供穗行优劣的资料,并不留种;第 3 年混合繁殖,取出与当选株行相对应的第 1 年自交果穗预留的那份种子混合隔离繁殖,生产原种。测交法的做法是:第 1 年种植选择圃,选株自交并测交,测验种用该自交系在某一特定杂交组合中的另一亲本自交系,测交种子要够下一年产量比较,一般要测交 5～7 穗,自交果穗单穗脱粒保存;第 2 年种植测交种鉴定圃,进行产量比较,鉴定单株配合力;第 3 年混合繁殖,根据配合力测定结果,把测交种表现优良的相应各自交果穗的种子混合,隔离繁殖,生产原种。玉米单交种生产目前主要是采用人工去雄制种法。在父母本花期相遇的基础上,及时、彻底、干净地拔除雄花序是关键。

三、实验材料

1. 植物材料

单交种制种田母本自交系顶叶抽出 2/3 的植株群体;自交系育种家种子生产田雌穗吐丝 1 cm 以内的植株群体。

2. 仪器用具

用于套雌穗隔离花粉的黄色羊皮纸小袋(20 cm×11 cm)、用于套雄穗隔离花粉并在授粉后替换黄色纸袋套雌穗的白色羊皮纸大袋(40 cm×22 cm)、回形针、普通剪刀、塑料挂牌、铅笔、记载本、橡皮筋、镊子、75%酒精棉球、大尼龙袋(60 cm×40 cm,用于装拔出的雄穗)、小尼龙网袋(30 cm×20 cm,用于装套袋授粉的育种家种子玉米果穗)。

四、实验方法

(一)玉米自交系套袋法育种家种子生产技术

1. 选择单株

典型单株是自交系育种家种子生产的基础。预套单株的选择一般在播种后 2 个月进行。选择株高一致、穗位一致、叶相一致、雄穗分枝和大小一致的单株作为预套株。

2. 套袋

(1)雌穗套袋。在雌穗花丝未抽出前套袋。自交系单株若有多个雌穗,选择最上端的雌穗进行套袋。纸袋顶部与雌穗间须留有 4～5 cm 的空间。套袋时,将袋口的一边卡入茎秆与雌穗间,另一边卡入叶鞘与雌穗间,将纸袋下角拉紧对折后用曲别针卡住。

(2)雄穗套袋。雄穗套袋的时间宜在欲授粉的前一天下午进行。套袋前,先轻轻拍打雄穗,去掉异质花粉和死花粉。套袋时,用较大的纸袋将雄穗套住,包住穗轴基部,折叠好袋口后用回形针固定,防止异质花粉飘入雄花序。套雄穗用过的大纸袋必须放置 2 d 以上,待袋内花粉完全失活后才能再用。

套袋后,要留意纸袋是否因风雨等影响而倾斜或脱落。若纸袋掉落,且花丝未抽出,应及时复套;若花丝已抽出,则应舍弃此穗,重找新穗套袋。

3. 授粉

(1)把握最佳授粉时间。待雌穗花丝吐出 3～4 cm、呈短刷状时,为最佳授粉状态。过早,授粉不完全,易造成秃尖;过晚,授粉不均匀,易形成一侧粒小、粒少的弯棒。雄穗套袋后第 2 天上午 9:00～11:00,花粉活力最高,为最佳授粉时间。温度过高或过低、湿度过大等条件下不宜授粉。若授粉时突遇降雨,则应立即停止,待雨后天晴,雄穗上水珠蒸发完毕、开始散粉后再进行授粉。

(2)采集花粉与授粉换袋。采集花粉时,将雄穗轻轻弯下,轻拍穗轴,振落花粉于袋内后,取下纸袋,迅速将袋口叠好,防止其他花粉混入。操作时尽量避免碰撞周围玉米秆而引起串粉。采集到花粉后,轻取雌穗套袋,露出花丝,将花粉置于花丝上方 3～5 cm 处轻轻抖动,均匀散粉,再套上刚刚装花粉的大纸袋,即完成授粉。若花丝过长,应用消过毒的剪刀剪短花丝后再授粉。授粉时,授粉人员头戴一顶大沿草帽,遮住雌穗上方,可以阻挡异质花粉混入,增强授粉安全性。授粉时手不要碰到花丝,以免串粉或污染。每授粉完一株,应立即用 75%的酒精棉球擦手,以杀死附着在手上的花粉。整个授粉过程动作要快。

4. 纸袋固定与挂标签

套袋完毕,将纸袋一角对折后用回形针卡住。松紧要适度,不能过紧,以免影响果穗生长;不能过松,以免纸袋脱落,造成"跑丝"。回形针应独立,不应卡住苞叶或叶鞘,以免苞叶、叶鞘等生长而拉扯纸袋。回形针卡住纸袋时,与果穗基部呈 45°固定效果最好。

在授粉果穗穗位上一节间挂上标签。标签上用铅笔写明自交系名称、株号、授粉日期、授粉人员等,同时记入记载本。写标签要细心、耐心,不要写错。

5. 授粉后的管理与果穗收储

授粉结束至籽粒形成期,果穗生长很快,应及时检查,防止套袋脱落。若授粉果穗顶部霉变、腐烂,则应及时取下套袋,以防果穗全部变坏。套袋授粉的果穗成熟后应及时收获。收获时,用小尼龙网袋成对单收,袋内外均放标签。将收获的果穗挂在通风处晾干,使含水量降至 14%以下后,根据穗型、粒型粒色、穗行数等再行穗选,去除杂穗后单穗脱粒,装入羊皮纸袋内。标注清楚后,再装入大尼龙纱袋内,标明套袋授粉的自交系名称、产地、数量、质量、生产年月等,熏蒸后入冷库保存,以备下一年扩繁。

(二)玉米单交种种子生产技术

1. 制种基地的准备

玉米杂交种的制种基地要选择土质肥沃、排灌方便、旱涝保收且符合隔离条件的地块。制种田选茬以豆类茬、绿肥茬、麦茬、葱蒜茬、蔬菜茬为好。不宜选用 2 年以上的重茬地、盐碱地、漏沙地、园林地种植。利用山沟、河流、村镇等自然屏障阻拦外来花粉的侵入;对空间隔离的,其距离严格控制在 500 m 以上,尤其隔离区地势较低或处于下风口时,必须增大距离(不得少于 1 000 m)。

2. 播种前挑选和包衣亲本种子

制种亲本选用纯度在 98%以上、发芽率高于 85%的种子。播前将亲本种子进行严格挑选,选择粒大、饱满、无损伤的种子晒种 2～3 d,然后包衣,防治地下虫害,确保一播全苗。

3. 播种要求与父母本行比

一般每 667 m^2 母本保苗 7 500 株左右为宜。株型紧凑、植株较矮的品种宜密植，否则宜稀植。播种时按宽、窄行开沟(宽行 72 cm，窄行 48 cm)，深浅一致，株距一致，每穴 2～3 粒，种间布肥。种肥施尿素 75 kg/hm^2、磷酸二铵 150 kg/hm^2、硫酸钾 75 kg/hm^2，混匀施入，种、肥隔离，平耙覆土，均匀一致。地膜采取大、小行种植，大行宽 60 cm，小行宽 40 cm，株距 23 cm。露地采取等行种植，即行距 40 cm、株距 30 cm。为确保玉米制种花期相遇，延长授粉时间，父本应分 2 期播种，1 期播 70%，2 期播 30%，两期相差 7 d 以上，以点播形式为宜。玉米亲本芽鞘软，播种不宜过深，掌握在 5 cm 左右，黏土地浅一点，沙土地可适当深一点。楼播或机播，达到深浅一致。

父母本行比为 1∶6 较为合理。有些组合父本植株较大，花粉量大，父母本行比也可为 1∶8。播种时严禁错行、串行、漏行。

两亲本花期有较大差异时，父母本应错期播种，以母本吐丝期比父本散粉期早 1～3 d 为标准确定父母本播差期。

4. 定苗和肥水管理

地膜覆盖制种，在植株出苗 1 叶 1 心至 2 叶 1 心时应及时放苗，以防遇高温伤苗。间苗、定苗同时进行。露地播种 5～6 片叶时结合中耕开始定苗，母本去大、去小，留长势均匀一致的苗；父本留大、中、小 3 类苗，以延长授粉时间。根据父母本的生物学特征，定苗时拔除杂苗。如发现缺苗，不可补种其他玉米，父本行可补种或移栽原父本的种子或幼苗，母本行一般不允许补种或移栽，以防抽雄时间过长，影响去雄质量。

在水浇条件不太充足的情况下，植株长到喇叭口前期，结合浇水追尿素 300～375 kg/hm^2 或碳酸氢铵 600～750 kg/hm^2。此时要做好花期预测和调节，采取叶片计数比较法预测花期，母本比父本叶片多 1～2 片叶为花期相遇良好。根据预测结果，判断父母本花期不相遇时，可对父母本偏施肥水，调节花期。

5. 严格去杂、去劣和彻底去雄

制种田要在苗期、拔节期、抽雄前期进行 3 次去杂、去劣。

(1)苗期去杂，结合间苗、定苗和中耕，根据父母本苗期特征严格细致去杂，母本留苗要大小一致，缺苗处可留双苗，一般不提倡补苗；父本留苗要大小不一，以延长散粉期。

(2)拔节后(喇叭口时期)去杂、去劣，根据双亲的株高、株型、叶色等特征细致、彻底、干净地拔除杂株。

(3)抽雄散粉前，结合去雄，按照自交系的典型性状进行关键性的去杂、去劣，一次性彻底清除杂株、矮小株、病劣株、异型株、双株，保证杂株花粉绝对不在隔离区内扩散。

父本去杂依据父本雄穗的分枝数、花药颜色，做到逐株检查；母本去杂依据雌穗的花丝颜色进行。凡是杂株必须连根拔除。另外，收获后脱粒前仍可根据穗型、粒型、粒色、轴色等性状对母本果穗认真进行穗选，去除杂穗、劣穗。

抽穗开花前彻底拔除母本的雄花序。在拔除时间上宜早勿迟，一般在母本顶叶抽出 2/3 时，即可连同顶叶甚至下一片叶一起拔除，常称“母本摸苞带叶去雄”。拔除的母本雄花序必须带出田间妥善处理。为了获得较高的制种产量，可进行人工辅助授粉。人工辅助授粉一般要求在每天上午 9:00～10:00 开始，11:00～12:00 结束。

6. 收获

玉米制种全生育期为 110～120 d。当玉米苞叶呈现黄白色、果穗柄微弯时应及时收获。成熟后父本与母本要严格分收、分藏。收获时先收父本，隔 1 d 后再收母本，确保不混杂。采后将玉米果穗放在阳光下暴晒至种子松动时及时脱粒，注意不要损伤种胚。脱粒后再将种子晾晒，至含水量低于 13%时包装储藏，以供下一年大田种植。在生长期间严格去杂、去劣的情况下，父本上收获的种子便是繁殖的父本，可供下一年制种时继续作为父本使用。

（三）玉米种子质量检验

玉米种子质量检验参考国家标准 GB 4404.1—2008，具体见表 2-3-1。

表 2-3-1　玉米种子质量国家标准　　%

<table>
<tr><th>作物名称</th><th colspan="2">种子类别</th><th>纯度不低于</th><th>净度不低于</th><th>发芽率不低于</th><th>水分不高于</th></tr>
<tr><td rowspan="7">玉米</td><td rowspan="2">常规种</td><td>原种</td><td>99.9</td><td rowspan="2">99.0</td><td rowspan="2">85</td><td rowspan="2">13.0</td></tr>
<tr><td>大田用种</td><td>97.0</td></tr>
<tr><td rowspan="2">自交系</td><td>原种</td><td>99.9</td><td rowspan="2">99.0</td><td rowspan="2">80</td><td rowspan="2">13.0</td></tr>
<tr><td>大田用种</td><td>99.0</td></tr>
<tr><td>单交种</td><td>大田用种</td><td>96.0</td><td rowspan="3">99.0</td><td rowspan="3">85</td><td rowspan="3">13.0</td></tr>
<tr><td>双交种</td><td>大田用种</td><td>95.0</td></tr>
<tr><td>三交种</td><td>大田用种</td><td>95.0</td></tr>
</table>

注：长城以北和高寒地区的种子水分允许高于 13.0%，但不能高于 16.0%，若在长城以南（高寒地区除外）销售，水分不能高于 13.0%。

（四）玉米优质高产措施

1. 种子选择

要想玉米高产，玉米的选种是关键。在选种时，一定要因地制宜，结合当地的实际种植情况，选择适宜当地土壤质地、气候及栽培水平的优良品种，最好选择增产潜力大的杂交新品种。要求出芽率和出芽势达标，出芽率必须在 85%以上。

2. 地块选择

玉米在生长过程中需要从土壤里吸取大量的水分和营养，由于根系发达，对于土壤条件的要求不是很高，因此对环境具有很强的适应力。种植玉米一般选择地势较平坦、土层深厚、质地疏松、通透性好、肥力中等以上、保水保肥力较好的地块。

3. 适时播种

对地块进行整地、翻耕、造墒，在施足基肥的基础上因地制宜适时播种。地处高寒的地区，要提早播种，可以考虑使用地膜种植。使用地膜不仅可以提早播种，延长玉米的生育期，还可以起到保墒、增温、除草的作用。而且通过地膜的使用还可以促进玉米生长和早成熟，可以改种生育期长、增产潜力大的品种，从而达到玉米增产增效的目的。

4. 合理密植

要提高玉米的产量，可以合理增加种植密度。这种种植方式一般在土壤肥力及灌溉条件较好的地区优先推广。种植密度一般以每亩3 000～3 500株为宜，耐密品种的种植密度更大些，可以达到每亩4 500～5 000株。种植方式不同，密度也不相同。机械播种行距一般为60～70 cm，人工播种行距大部分为50～60 cm，也可以采用大小垄或宽窄行种植。增加种植密度是增产的一项有效措施，但是要求选择耐密性好的品种，同时需要相应地增施肥料和采用平衡配方施肥。

5. 水肥管理

水肥管理非常关键。玉米在不同的生长期所需水肥不同，要严格按照玉米作物的生长特性和生物需要量进行施肥、浇水，合理施肥，平衡营养。

五、实验结果记录

玉米种子生产实验技术
实验结果记录：

六、思考题

(1)玉米穗行选优保纯自交系原种的方法和步骤是什么？

(2)玉米杂交制种主要掌握哪些环节？

七、知识补充

玉米属于禾本科植物，俗称棒子、玉茭、苞米、苞谷，原产于拉丁美洲的墨西哥和秘鲁沿安第斯山麓一带。哥伦布发现美洲大陆后，在第二次归程(1499年)中，把玉米带到西班牙。随着世界航海业的发展，玉米逐渐传到了世界各地，成为重要的粮食作物。玉米素有长寿食品的美称，含有丰富的蛋白质、脂肪、维生素、微量元素、纤维素及多糖等，具有开发高营养、高生物学功能食品的巨大潜力。

实验四 菜豆种子生产实验技术

一、实验目的

学习和初步掌握栽培菜豆种子生产实验技术。

二、实验原理

菜豆是人们经常食用的豆科植物，营养丰富，其栽培方法与要点如下。

(1)温度。菜豆适宜在温带和热带高海拔地区种植，比较耐冷，忌高温。在气温低于 5 ℃时才受冻，遇霜冻地上部分死亡。生长发育要求无霜期在 120 d 以上的地区，最适宜的发芽温度为 20～25 ℃，适宜生长的温度为 18～20 ℃，高于 30 ℃或低于 15 ℃授粉、结实困难。特别适宜在云南的高原山区种植。

(2)光照。菜豆属自花授粉、短日照作物，喜欢阳光充足。日照时间越短、阳光越足，菜豆开花、结荚、成熟时间越提前。反之，日照延长、阳光不足，菜豆开花、结荚、成熟时间后延，枝叶徒长，甚至不能开花结荚。

(3)水分。在全生育期内，菜豆要求比较充足而均匀的水分，开花结荚期是需水分最多的时期。此时若缺水，对产量影响较大。而在云南、贵州，天然降水通常能满足要求，可以不灌水。

(4)土壤。菜豆根系比较发达，适于在土层深厚和排水良好的中壤类型的土壤种植，对黏重和排水不良的土壤不太适宜。土壤酸碱度以中性和稍酸性为好。

(5)选种。在播种、育苗前，要先对种子做选种处理，菜豆出苗后，一般不进行间苗。为保证全苗，要选择有光泽、籽粒饱满、无病斑、无虫伤、无霉变的种子，挑出成熟度不好、瘪籽及虫蛀破损的劣质种子，以提高种子的净度。

(6)浸种、催芽。为了增加菜豆结荚前期的产量，需浸种，用 0.01%～0.03%的钼酸铵溶液浸泡种子 10 min。浸种后即可催芽，先把种子包裹在湿棉布中，放到 20～25 ℃的环境中催芽，经过 2～3 d，大多数的菜豆种子就会发芽。

(7)苗床准备。催芽过后，即可进行播种、育苗。菜豆的育苗是在育苗盘中进行的，由于菜豆的种子较大，幼苗也比较粗壮，因此要选用较大的 32 穴的苗盘进行育苗。营养土可选用腐熟的有机堆肥和菜园土以 4∶1 比例进行配制。育苗盘装好营养土后，将育苗盘在苗床上摆放整齐，浇 1 遍透水，然后进行播种。

(8)播种。根据菜豆种子催芽的情况，每个育苗穴中放 2～3 粒种子，发芽势好的可以少放，发芽势不好的可以多放 1～2 粒，但是要保证每个育苗穴中至少播种 2 粒种子，这样才能保证菜豆的产量。播种完成后还要进行覆土，覆土厚度为 1.5～2 cm。为了保证苗期所需的温度要求，还要在苗床上搭上小拱棚。

菜豆可以直播，也可育苗移栽。由于中国华北地区 2 月中旬的气温还比较低，如果采用直播的方法会比育苗移栽的方法晚采收 20 d 左右。冷棚栽培菜豆采用先育苗再移栽定植的方法来种植菜豆。

三、实验材料

1. 植物材料

原种生产田菜豆的植株群体。

2. 仪器用具

尿素、镊子、放大镜、小刀、碘液、菜豆种子、量杯、实验托盘、滴管、培养皿、培养基(例如纸巾或培养棉)、透明塑料袋、温度计。

四、实验方法

菜豆又名四季豆、芸豆等,现在南北各地均有广泛栽培。菜豆的种子生产技术有如下要点。

(一)品种选择

选用熟期适宜、丰产性好、生长势强、优质、综合抗性好的品种,如2504架豆、绿龙架豆、烟芸3号、双丰1号、泰国架豆王等。

(二)种子处理

选择籽粒饱满、有光泽的新种子,剔去有病斑、虫伤、霉烂、机械混杂或已发芽的种子。选晴天中午暴晒种子2～3 d,进行日光消毒和促进种子后熟,提高发芽势,使发芽整齐。

菜豆的苗期大概为25～30 d,苗期管理的主要工作是温度管理,菜豆播种后棚内的温度白天保持在20～25 ℃、夜间保持在18～20 ℃为宜,2～3 d菜豆即可齐苗,7 d左右叶片可展开。这时要适当降低棚内的温度,以防幼苗发生徒长,白天温度可控制在20～22 ℃,夜温应保持在10～15 ℃。当第1对真叶出现后,为了促进根、茎、叶的生长和花芽分化,这时要适当提高温度,白天温度以22～25 ℃为宜,夜间温度保持在15～18 ℃。定植前7 d左右,要进行练苗,此时要适当降低棚内温度,白天温度以15～20 ℃为宜,夜间温度保持在10～15 ℃,定植前3 d的夜间温度控制在5～10 ℃。播种后25 d左右,当幼苗第2对真叶出现时,就可以移栽定植。

(三)培育壮苗

春茬菜豆的适宜苗龄为25～30 d,需在温室内育苗。用充分腐熟的大田土作为营养土(土中忌掺农家肥和化肥,否则易烂种)。播种前先将菜豆种子晾晒2 d,用福尔马林300倍液浸种4 h后用清水冲洗干净。然后将种子播于7 cm×7 cm的营养钵中,每钵播3粒,覆土2 cm,最后盖膜增温保湿。出苗前不通风,白天气温保持在18～25 ℃,夜间在13～15 ℃;出苗后,日温降至15～20 ℃,夜温降至10～15 ℃。第1片真叶展开后应提高温度,日温20～25 ℃,夜温15～18 ℃,以促进根、叶生长和花芽分化。定植前4～6 d逐渐降温炼苗,日温15～20 ℃,夜温10 ℃左右。菜豆幼苗较耐旱,在底水充足的前提下,定植前一般不再浇水。苗期尽可能改善光照条件,防止光照不足引起徒长。幼苗3～4片叶时即可定植。

(四)整地定植

选择土层深厚,排水、通气良好的沙壤土地块栽培。定植前结合精细整地施入充分腐熟的有机肥4 000～5 000 kg/667 m^2、三元复合肥或磷酸二铵30～40 kg/667 m^2做基肥。定植一般在3月中旬前后,苗龄30 d左右,采用高垄地膜覆盖法,垄高20～23 cm,大行距60～

70 cm，小行距 45～50 cm，穴距 28～30 cm，每穴双株，栽培密度 4 000～6 000 株/667 m^2。

（五）定植后的管理

定植后闭棚升温，日温保持在 25～30 ℃，夜温保持在 20～25 ℃。缓苗后，日温降至 20～25 ℃，夜温保持在 15 ℃。前期注意保温，3 月后外界温度升高，注意通风降温。进入开花期。日温保持在 22～25 ℃，有利于坐荚。当棚外最低温度达 23 ℃以上时昼夜通风。菜豆苗期根瘤固氮能力差，管理上应施肥养蔓，及时搭架引蔓，防止相互缠绕，可在炼苗后追施尿素15 kg/667 m^2，以利于根系生长和叶面积扩大。开花结荚前，要适当蹲苗控制浇水，结合浇第 1 次水冲施三元复合肥 10～15 kg/667 m^2，以后每采收 1 次追肥 1 次，浇水后注意通风排湿。结荚后期，及时剪除老蔓和病叶，以改善通风透光条件，促进侧枝再生和潜伏芽开花结荚。

1. 缓苗期管理

定植后为了促进缓苗，棚内温度白天要保持在 25～28 ℃，一般情况下密闭棚膜，暂时不进行通风处理。但是当白天温度超过 30 ℃时应适当进行通风降温，夜间温度保持在 15～20 ℃，如果温度不能满足以上要求时，可以用在栽培畦上搭盖小拱棚的方法进行保温。经 3～5 d 即可缓苗，缓苗后要撤掉小拱棚，适当降低棚温，进行蹲苗，防止幼苗徒长。

2. 抽蔓期管理

从缓苗到菜豆采收要经过抽蔓期和结荚期 2 个阶段，抽蔓期是从缓苗到开花这段时间，要经过 25～30 d，这个时期要做的工作主要有以下几方面。

(1)温度管理。白天温度保持在 15～20 ℃，夜间温度保持在 12～15 ℃。经过 5～7 d 后再逐渐提高温度，白天温度保持在 20～25 ℃，夜间保持在 15～20 ℃。此时植株会陆续生出新根。

(2)搭架。抽蔓期的第 2 项工作就是适时搭架，由于菜豆是蔓生植物，因此在生长过程中，需要借助其他物体以缠绕向上生长。当植株长出 3～4 对真叶时，就需要用竹竿搭架，搭架既有利于菜豆生长，也便于以后的管理和采摘。

(3)施肥浇水。抽蔓期的最后一项工作就是施肥浇水，当植株长出 6～7 对叶片时要浇 1 次抽蔓水，结合浇水每 667 m^2 追施磷酸二铵 15～20 kg，这样可以促进抽蔓。此后直到开花前，要控制浇水，促进菜豆由营养生长向生殖生长发展。

3. 结荚期管理

菜豆开花后便进入结荚期管理，结荚期是从菜豆开花到采收前，一般需要 20d 左右。结荚期也是菜豆从营养生长转为营养生长和生殖生长并存的时期。结荚期菜豆生长的温度要求开花后白天控制在 22～25 ℃，夜间仍以 15～20 ℃为宜。在菜豆的结荚期应保持干花湿荚，也就是在初花期以控水为主，这时如果水分过多，植株营养生长过旺，消耗养分增多，那么就会使花蕾得不到足够的营养而发育不全或不开花。如果遇到土壤和空气温度过低，在临开花前，可以浇 1 次水，以供开花所需。在第 1 花序的嫩荚伸出后，植株逐渐进入旺盛生长期，这时既要长茎叶，又要陆续开花结荚，所以需要大量的水分和养分。这时要浇 1 次水，随浇水可追肥1 次，每 667 m^2 追施磷酸二铵 10 kg，以后每隔 5～7 d 浇 1 次水。前期可少浇，结荚盛期可多浇，每浇 2 次水就追肥 1 次，追肥品种和数量与第 1 次相同即可。

（六）采收

菜豆开花后 10～15 d，可达到食用成熟度。采收标准为豆荚由细变粗，荚大而嫩，豆粒略显。结荚盛期，每 2～3 d 可采收 1 次。用拧摘法或剪摘法及时采收，采收时要注意保护花序和幼荚，采大留小。采收过迟，容易引起植株早衰。

五、实验结果记录

菜豆种子生产实验技术
实验结果记录：

六、思考题

(1)菜豆杂交授粉的技术要点是什么？

(2)简述菜豆有性杂交后代各种选择方法的优缺点。

七、知识补充

菜豆是豆科菜豆属草本植物，茎上有柔毛；托叶披针形，小叶宽卵形或卵状菱形；小苞片卵形，有数条隆起的脉，大概与花萼一样长；花冠白色、黄色、紫堇色或红色；种子是长椭圆形或肾形，白色、褐色、蓝色或有花斑，种脐通常为白色；荚果带状，稍弯曲；花期春夏。菜豆因其嫩美可做菜故名。

实验五　糜子种子生产实验技术

一、实验目的

学习和掌握糜子常规品种原种种子生产的各项实验技术。

二、实验原理

糜子是禾谷类作物中耗水最少的作物，它的耐病虫、耐盐碱、耐瘠等特性，在作物中是较少有的。它是盐碱地和沙荒地很有前途的作物。在玉米价格下行，种植业结构调整的大背景下，糜子的种植面积正在逐步增加。

糜子不宜连作、迎茬，否则病虫害发生严重，杂草丛生。前茬作物以豆科、薯类、禾谷类为好。糜子对茬口反应特别敏感，应避免重迎茬种植，选择保肥足水、有机质较高的地块，最好前茬是大豆茬。利用原垄播种，可以防旱保墒，抓全苗，从而保证糜子的产量。播种时，保证水分是关键。糜子宜深播，因而要认真做好整地过程中的耙地、镇压等保墒工作，才能保证糜子发芽、出苗所需的水分。为了播种保全苗，首先要整好地，整地前要除净作物的残茬，具体做法是秋翻地，然后利用大型农业机械联合整地，一次性完成耙、耢、压，以增加土壤的蓄水能力，充分利用土壤的保墒能力取得保墒的效果。另外，也可春播前精细整地，达到平、匀、净、细，上虚下实，利于保墒，从而保全苗。

三、实验材料

1. 植物材料

糜子品种成熟期田间植株群体。

2. 仪器用具

铅笔、塑料挂牌、米尺、记载本、种子袋、包扎绳等。

四、实验方法

(一)品种选择的基本知识和技术

(1)关于异地引种。糜子属短日照作物，对光反应很敏感，品种的适种范围窄，因此糜子异地引种应慎重，应以选择区域性优良品种为主。糜子因播期不同，其生育期长短可塑性很强。

(2)关于种皮颜色。白粒是优良性状，但白粒品种灌浆速度慢、生育期长，抗旱、耐瘠性弱于褐、红和黄粒品种，多在光热资源和水肥条件较好的地区种植；黄粒也是优势性状，但凡不适宜种植白粒品种的地区，黄粒品种即占优势，其次为红粒品种；褐粒为原始性状，其优点是抗性强，多分布在气候恶劣地区。

(二)选地、精细整地

糜子对土壤的适应性很强，除低洼易涝地外，在砂土、黏土、生荒地、瘠薄地等各种土壤上都可种植。糜子比其他作物更适应在砂性土壤种植。糜子是开荒的先锋作物，农民一般在生荒地上先种植一茬糜子，以熟化土壤，然后再种植其他作物。

糜子耐干旱、瘠薄，但不等于喜欢干旱、瘠薄，土壤肥沃、雨水丰沛同样是糜子高产的必备条件。土层深厚、土质肥沃的砂土是种植糜子的首选。

(三)苗后田间管理

出苗至开始拔节阶段，地上部生长十分缓慢，而根系却迅速生长。田间管理的主要任务是控上促下，使苗匀、苗壮。

在盐碱地，糜子苗期对盐分胁迫的反应比芽期更敏感(3 叶期对土壤盐分反应最敏感)。盐碱地种糜子，只要能保住苗，以后随着植株生长、根系发达，植株耐盐性随之增强，并且伴随雨水增多，土壤盐分也将得到稀释。所以糜子幼苗期能否渡过土壤盐害这一关，是盐碱地种植糜子的首要问题。

糜子分蘖能力强，因此田间群体结构自我调节能力强，一般生产田只要不过密或缺苗断垄，密度对产量的影响不大。但在高产田，合理密植是最经济的增产措施，也是栽培的重要环节。

水、肥条件较好的田块宜适当增加播种量，以控制分蘖，尽量争取主茎穗，使生长整齐、成熟一致，但密度过大又容易徒长、倒伏，因此一般每株以 2 个有效分蘖（不超过 3 个）为宜。补种的早熟品种，靠主茎成穗，密度宜大。

（四）成熟收获与储藏

霜冻会引起糜子落粒，应在早霜来临前及时收获。糜子成熟的特性是：主穗与分蘖穗、穗上部与穗下部，成熟很不一致。糜子收获不及时，风磨或霜冻容易造成落粒损失。

（1）成熟标志。当穗基部籽粒达到蜡熟（碾碎呈粉质）、小穗花梗枯黄时，标志着单穗的成熟；田间大多数穗子成熟，标志着这个群体达到了成熟。

（2）收获适期。当全田 90% 以上的穗子成熟，而茎秆仍为绿色、叶片稍具淡绿色时为最佳收获期。目前部分品种属活秆成熟，但糜子成熟的标志主要看穗子基部，所以这样的品种即使部分叶片仍显绿色时也应及时收获。

五、实验结果记录

糜子种子生产实验技术
实验结果记录：

六、思考题

糜子的生长特性有哪些？

七、知识补充

糜子，禾本科黍属，是一年生草本谷类作物。糜子根系发达，且生长速度极快；茎秆直立，中空呈圆柱形，有粗糙茸毛。其叶面和叶鞘有茸毛，且花形呈圆锥状，花期为 5～10 d；种子多为卵圆形，有黄色、白色、红色等。糜子原产于中国北方，是中国古老粮食和酿造作物，被列为五谷之一，在中国北方干旱地区分布较广。糜子主要种植在春夏季干旱、土壤瘠薄的旱作农业区。糜子一般分为软糜子和硬糜子 2 种。软糜子碾成米压成面即可做糕，陕北一带做炸糕、枣糕均用此面；硬糜子碾成米即黄米。糜子具有养胃、补中益气、健脾益肺、除热愈疮的功效，可有效辅助治疗脾胃虚弱、泄泻、胃痛、咳嗽、打嗝烦渴、鹅口疮、烫伤等病症。

实验六 高粱种子生产实验技术

一、实验目的

(1)学习和掌握高粱的开花习性。

(2)掌握高粱亲本繁育和杂交种生产的关键技术,同时了解高粱亲本和杂交种的种子质量标准。

二、实验原理

(一)高粱的开花习性

一般高粱抽穗后 2～6 d 开始开花,也有的品种边抽穗边开花。开花顺序是自上而下,整个花序从开始开花到结束通常为 6～9 d。每天开花最多的时间是 0:00～6:00。高粱开花时间受温度和湿度影响较大,一般高温干燥开花时间短,低温多湿则开花时间长,但通常在 20～60 min。高粱花粉直到开花前 1h 才成熟,并具有萌发力。花粉通常存活 3～6 h,而柱头生活力可达 6～10 d。

(二)高粱杂交种及其亲本系

在粮食作物中,高粱是最早(1954 年)实现"三系配套(不育系、保持系、恢复系)"并把杂交种用于大面积生产的作物之一,目前高粱生产上应用的种子绝大多数为杂交种。高粱杂交种生产离不开三系,即雄性不育系、雄性不育保持系和雄性不育恢复系,简称不育系、保持系和恢复系。杂交种由不育系和恢复系组配而成。

1. 雄性不育系

雄性不育系是指具有雄性不育特性的品种、品系,其雌蕊发育正常,但雄蕊表现异常,花药干瘪、瘦小,没有花粉,或者只有少量没有受精能力的干瘪花粉粒,无生育力。因此,在制种时,用不育系做母本时不用去雄。

2. 雄性不育保持系

雄性不育保持系是指用来给不育系授粉,保持其不育性的品种、品系或自交系。每一个不育系都有其特定的同型保持系。不育系与保持系互为相似体,除在雄性的育性上不同外,其他特性、特征几乎完全相同。

3. 雄性不育恢复系

雄性不育恢复系是指给不育系授粉的正常可育的品种、品系或自交系,其 F_1 不育特性消失了,具有正常散粉生育的能力,结实正常。在隔离区里,用恢复系做父本,与不育系母本杂交制种时便可在母本上得到杂种种子。

三、实验材料

1. 植物材料

不育系繁育田、保持系繁育田、恢复系繁育田、杂交种制种田中的亲本系。

2. 仪器药品

铅笔、标签、竹竿、种子袋。

四、实验方法

不育系及其保持系的繁育可以在同一块隔离区内完成，也可以与恢复系一样分别单设隔离区进行。

(一)不育系种子繁育

(1)选地与隔离。不育系种子繁育田周围 500 m 以内禁止种植高粱属植物。选择地势平坦、地力均匀、土质肥沃、灌排方便、通风透光、旱涝保收的地块，不得重茬，注意除草剂残效。

(2)确定行比。一般情况下，为保证不育系能够获得足够的花粉，不育系繁育田母本行数不应超过父本行数的 4 倍。为方便错期播种，不育系繁育田母本与父本行比通常为 8∶2。应在保持系行内做好标记，以便分辨不育系和保持系。

(3)分期播种。适时播种，同播情况下，保持系的抽穗开花期通常稍早于不育系。为使不育系和保持系花期相遇，保证不育系有足够的花粉授粉，应先播不育系，待不育系种子发芽后播种第 1 期保持系，第 1 期保持系钻锥时播种第 2 期保持系。相邻两行保持系，一行第 1 期播种，一行第 2 期播种。

(4)合理密植。按照土壤肥力和不育系的特征、特性确定留苗密度，一般每公顷 12 万株。

(5)去杂、去劣。在苗期、拔节后和开花前，分期将杂株和劣株全部拔除。开花期要在露水干前及时拔除不育系行内的散粉株，花期一旦发现杂株，及时拔除，就地掩埋。花期鉴定时，杂株和散粉株率总和≤0.1%。花期要严防人为因素将高粱属植物花粉带入隔离区内。

(6)辅助授粉。不育系繁育田应及时、多次进行人工辅助授粉，以提高结实率。人工辅助授粉方法，可在晴天上午 9:00～10:00 用竹竿轻敲保持系植株或人工采粉手授。

(7)后期管理与收获。授粉结束后，如不想收获保持系，可将其全部割除。后期田间管理注意预防鸟害、虫害和病害；收获前进行田间复检，拔除劣、杂株。注意中长期天气预报，成熟后及时收获、及早晾晒、尽快脱水，以防止霜冻、降水或其他因素影响种子质量。如果授粉后未将保持系割除，为防止不育系内混杂保持系穗，应先收获保持系，收获后立即运到田外，捡净田内脱落的穗，然后再收割不育系。要单独收获、运输、晾晒、脱粒、包装，防止机械混杂。

(二)保持系、恢复系种子繁育

(1)选地与隔离。保持系或恢复系种子繁育田周围 300 m 以内禁止种植高粱属植物。选择地势平坦、地力均匀、土质肥沃、灌排方便、通风透光、旱涝保收的地块，不得重茬，注意除草剂残效。

(2)适时播种。一般以土壤 10 cm 耕层地温稳定在 12 ℃左右、土壤含水量在 15%～20%时播种为宜。

(3)合理密植。按照土壤肥力及保持系、恢复系的特征、特性确定留苗密度。一般保持系每公顷 12 万株，恢复系每公顷 10 万株。甜高粱适当稀植，饲草高粱适当密植。

(4)去杂、去劣。在苗期、拔节后和开花前，分期将杂株和劣株全部拔除。开花期一旦发现杂株，要在露水干前及时拔除，就地掩埋。花期鉴定时，杂株率≤0.05%。

(5)后期管理与收获。注意预防鸟害、虫害和病害；收获前进行田间复检，拔除劣、杂株。注意中长期天气预报，成熟后及时收获、及早晾晒、尽快脱水，以防止霜冻、降水或其他因素影响种子质量。要单独收获、运输、脱粒、包装，防止机械混杂。

(三)杂交种制种

(1)选地与隔离。与保持系、恢复系相同。

(2)确定行比。根据父母本植株高矮、母本接受花粉能力和父本花粉量确定父母本种植行比。一般情况下，母本与父本行比为 8∶2 或 10∶2。

(3)分期播种。适时播种，根据父母本花期调节播种期，母本 1 次播完，父本分 2 期或 3 期播种。

(4)合理密植。按照土壤肥力及母本、父本的特征特性确定留苗密度。一般按不育系每公顷 12 万株、恢复系每公顷 10 万株的标准留苗。如果是甜高粱，应适当降低密度；如果是饲草高粱，应适当增加密度。

(5)去杂、去劣。在苗期，根据叶鞘色、叶色及分蘖性等主要特征，去除杂株；拔节后，根据株高、叶形、叶色、叶脉色等主要性状，及时将杂、劣株拔除；开花前，根据株型、叶脉色、穗型、颖色等主要性状去杂。

开花期，要在露水干前及时拔除杂株，特别是要拔除母本行内的保持系及其他散粉株。花期鉴定时，制种田杂株和散粉株率总和≤1%。花期要严防人为因素将高粱属植物花粉带入隔离区内。

(6)花期预测和调节。在苗期，因干旱或其他原因，影响了某一亲本的正常出苗或苗期生长时，可采用留大小苗或促控的办法，调节花期。

拔节后，可采用解剖植株的方法，通过未见叶母本比父本少 1 片或母本幼穗比父本大 1/3 来预测花期相遇。花期相遇不好时，对偏晚亲本，要采取早中耕、多中耕、偏水偏肥、喷施激素等措施，促其生长发育；对偏早亲本，采取深中耕断根、适当减少水肥等措施，控制其生长发育，促使花期相遇。

(7)辅助授粉。要及时、多次进行人工辅助授粉，以提高结实率。人工辅助授粉方法，采用在晴天上午 9:00～10:00 用竹竿轻敲父本植株或人工采粉手授的方法进行。如果父本茎秆低于母本，可采用喷粉器向父本吹风的办法，将花粉吹起进行辅助授粉。

(8)后期管理与收获。授粉结束后，如不想收获父本(恢复系)，可将其全部割除。

后期田间管理注意预防鸟害、虫害和病害；收获前进行田间复检，拔除劣、杂株。注意中长期天气预报，成熟后及时收获、及早晾晒、尽快脱水，以防止霜冻、降水或其他因素影响种子质量。

如果授粉后未将父本割除，为防止母本中混杂父本穗，应先收获父本，收后立即运到田外，捡净田内脱落的穗，然后再收割母本。要单独收获、运输、晾晒、脱粒、包装，防止机械混杂。

(四)高粱种子质量检验

高粱亲本和杂交种的种子质量应根据国家标准 GB 4404.1—2008 进行检验，符合表 2-6-1 的标准。

表 2-6-1　高粱亲本和杂交种的种子质量标准　　%

作物名称	种子类别		纯度不低于	净度不低于	发芽率不低于	水分不高于
高粱	常规种	原种	99.9	98.0	75	13.0
		大田用种	98.0			
	不育系、保持系、恢复系	原种	99.9	98.0	75	13.0
		大田用种	99.0			
	杂交种	大田用种	93.0	98.0	80	13.0

注：长城以北和高寒地区的种子水分允许高于 13.0%，但不能高于 16.0%，若在长城以南（高寒地区除外）销售，水分不能高于 13.0%。

五、实验结果记录

高粱种子生产实验技术

实验结果记录：

六、思考题

(1)高粱三系配套制种亲本原种穗行提纯法的要点是什么？

(2)高粱杂交种制种技术应注意哪些内容？

七、知识补充

高粱，禾本科高粱属一年生高大草本植物。秆高低悬殊，粗壮、直立，基部节上具支撑根；叶宽大而长，叶鞘无毛或稍有白粉；叶舌硬膜质，先端圆，边缘有纤毛；叶片线形至线状披针形，基部圆或微呈耳形，表面暗绿色；圆锥花序疏松；两颖均革质，颖果两面平凸，初时黄绿色，成熟后为暗棕色；花柱分离，柱头帚状；花果期 6～9 月。高粱原产于非洲，从印度传入中国，主要分布在亚洲、非洲和美洲。早在 3000 年前，中国黄河流域等地就有栽培高粱的历史。高粱是喜温作物，适应性较强，既抗旱又抗涝，所以栽培面积较广；怕霜冻害，春季适时早播，地面最低温度达－3 ℃时植株将死亡。幼苗对光照最敏感，故北方品种南移则生育期缩短，南方品种北移则生育期延长。

实验七　谷子种子生产实验技术

一、实验目的

(1)识别谷子种子生产田中的变异株。

(2)掌握谷子常规品种种子生产实验技术。

(3)了解谷子常规品种种子的质量标准。

二、实验原理

谷子,禾本科狗尾草属。谷子属于自花授粉作物,平均自然异交率0.7%,最高可达5.6%,古称稷、粟,亦称粱。一年生草本;秆粗壮、分蘖少,狭长披针形叶片,有明显的中脉和小脉,具有细毛;穗状圆锥花序;穗长20~30 cm;小穗成簇聚生在三级支梗上,小穗基本有刺毛。每穗结实数百至上千粒,谷穗一般成熟后为金黄色,籽实卵圆形,粒小,多为黄色,去皮后俗称小米。谷子的稃壳有白、红、黄、黑、橙、紫各种颜色,俗称“粟有五彩”;广泛栽培于欧亚大陆的温带和热带,中国黄河中上游为主要栽培区,其他地区也有少量栽种。谷子千粒重一般为2.0~4.0 g,每公顷用种量7.5~10 kg。生产上应用的谷子品种基本上都是常规(纯系)品种。谷子种子质量标准见表2-7-1。

表2-7-1　谷子种子质量标准(GB 4404.1-2008)　　%

类别	纯度不低于	净度不低于	发芽率不低于	水分不高于
原种	99.8	98.0	85	13.0
大田用种	98.0	98.0	85	13.0

谷子具有良好的耐储存特性,在干燥、通风的常温种子库中储存2年,发芽率仍可达到85%。在低温低湿种子库中可储存多年,加上单位面积用种量小,采用储存繁殖法或株行循环法生产原种和大田用种种子也是方便的,具体做法可参考水稻和小麦种子生产实验。

三、实验材料

1. 植物材料

谷子常规品种生产大田、株行圃、株系圃和原种圃中种植的植株群体。

2. 仪器用具

铅笔、记载本、米尺、种子袋。

四、实验方法

(一)育种家种子生产

育种家种子生产在原原种圃进行,种子来自上年收获的单株,每个品种至少种植20个株系，1 个小区 1 个株系，每个小区 3～5 行，行长 4～5 m，行距 0.33 m。每隔 1 个株系空 1 行作为观察道。

(二)原原种种子生产

原原种种子生产由育种者直接生产，主要是对原原种群体进行典型性鉴定和扩大生产，主要技术如下。

(1)繁殖田的选择。选择土地肥沃、地力均匀、排灌方便，与其他谷子品种隔离距离在 30 m 以上和 2 年以上未种过谷子的地块。

(2)播种技术。适时播种，精播稀植。

(3)田间管理。及时拔除杂草，在苗期、孕穗期、抽穗期和成熟期分别按品种典型特征拔除杂病株。

(4)收获。单收、单打、单藏。

(三)原种种子生产

原种种子生产方式有 2 种，一是种子来源于育种家种子，采用重复繁殖法，其繁殖技术同育种家种子生产；二是种子来源于生产大田的单株选择，采用二圃制或三圃制原种繁殖法。

(1)单株选择。分 2 次进行，在抽穗开花期预选 1 次，当选株做上标记；在收获前复选 1 次，分株收获保存并做室内鉴定决选。

①选择标准，品种的典型性。

②选择数量，田间收获的单株要比室内决选的单株多 1.5～2 倍。

③收获，当选单株分别收获、分别脱离、分别存放，供下年株(穗)行比较鉴定用。

(2)株(穗)行圃。将上年当选单株种成小区，每区 3～4 行，每隔 9 个小区种植原品种的原种作为对照。在苗期、抽穗期、成熟期对每个小区进行评定取舍，当选小区分别收获、脱粒。

(3)株(穗)系圃。将上年入选的株行种子分别种成株系，田间选择、收获、鉴定同株行圃。

(4)原种圃。将当选株系的种子混合种植于原种圃中，除去杂株后收获的种子即原种。

(四)大田用种生产

种子生产方法与技术的关键是防杂保纯。繁种基地要严格做到一村一品种，并连片种植，周围设置隔离带。统一播种、统一收获，严防生物学混杂和机械混杂。

五、实验结果记录

谷子种子生产实验技术
实验结果记录：

六、思考题

(1)试述谷子二圃制生产原种的程序和方法。

(2)谷子杂交种生产过程中应注意哪些问题?

实验八　大豆种子生产实验技术

一、实验目的

学习和初步掌握栽培大豆育种家种子生产的 3 种程序及后续各级别种子生产的关键技术。

二、实验原理

大豆是高度自花授粉的作物,具有完全花,雌雄蕊被包裹在花冠中,虽有昆虫传粉,但可育株间的异交率一般在 1%以下。全球生产上种植的品种类型,主要是纯系品种和多个纯系的混合品种。

通常培育新品种的大豆育种家负责生产最初一批纯种——育种家种子。生产育种家种子有 3 种程序。第 1 种是最简单的混合选择程序。检查 1 份来自新品种产量试验的种子样本的脐色和种皮光泽,剔除异型种子。种植入选样本,会根据花色、毛色、荚色、熟期、株高及其他性状淘汰异型株,剩下的植株混合收获,所得即育种家种子。这个程序的优点是只需要 1 个季节和最少的工作量。但是,这种程序会消除所有异型株的能力,并且种子和植株的一致性都差于有后代测验的程序。第 2 种则是包含 1 个世代的后代测验的程序。从新品种中收获具有同样性状的单株 200～300 个,每个单株的种子种成 1 个株行,剔除异型株行,剩下的株行一起收获作为育种家种子。这种程序与混合选择程序相比,工作量较多,但可获得较高水平的遗传纯度。第 3 种是包含 2 个季节的后代测验的程序。具有相同性状的单株经过后代测验,剔除异型株行,入选的按株行单独收获,每个株行的种子下一季种成 1 个小区。在第 2 次后代测验中,剔除含有异型株的小区后,余下的小区一起收获即育种家种子。这种程序与前种相比,时间和工作量较多,但是可以获得更高水平的遗传纯度。

育种家种子用来生产基础种子(原原种)。一个品种的种子是需要每年生产的,因此,也必须每年都有育种家种子供应。除上述方法生产育种家种子外,还可以冷藏部分原始的纯种,定期用来更新繁殖,保持该品种的遗传纯度和真实性。

育种家种子用来生产原种。大豆纯系品种大田用种是从原种繁殖而来的。遗传纯度的保持需要注意防止偶尔的异交和种子混杂。在没有温湿度控制的条件下,储藏 1 年以上的种子就会丧失发芽力。多系混合品种,主要采用先分别繁殖各个成分纯系,清选时或清选后再按计划比例混合而成。

三、实验材料

1. 植物材料

大豆新品种育种家种子生产流程中处于成熟期的株行群体。

2. 仪器用具

大尼龙网袋(145 cm×100 cm,用于装载田间入选的该品种典型单株)、小尼龙网袋(30 cm×20 cm,用于装载各单株的籽粒)、可装 500 g 大豆种子的牛皮纸袋、包装绳、塑料挂牌、铅笔、橡皮、普通剪刀、米尺、三角盘、精度 0.01 g 的天平、记载本。

四、实验方法

(一)育种家种子生产(后代测定法)

1. 在株行圃中鉴别各个株行的植株典型性

成熟时主要根据熟期、株高、荚熟色、茸毛色、结荚习性、株型、倒伏度等特征,田间鉴别非典型单株,凡是含有非典型单株的株行一律淘汰。

2. 在典型株行中选拔典型单株

在余下的典型株行中,每个株行选拔 1～3 株典型单株,按单株分别装入尼龙网袋,放到水泥晒场上暴晒,晒干后就在尼龙袋中脱粒。脱粒后存入种子库,用作下一轮株行的种源。

3. 入选典型株行分别脱粒、分别鉴定种粒典型性

选拔完典型单株后的典型株行分别收获脱粒,经过室内对各株行种粒的典型性鉴别淘汰后,入选典型株行种粒混合在一起即育种家种子。

(二)后续各级别大豆种子生产

根据三级种子生产技术规程,育种家种子繁殖 1 代为育种家种子,育种家种子繁殖 1 代为原种,原种繁殖 1 代为大田用种。后三级种子的生产繁殖过程必须规范各个环节,以保证各等级种子质量不下降。

1. 设置等级种子田

育种家种子以后的各级别种子生产应设置等级种子田制,采用指定级别的种子播种。

2. 地块选择

宜选择地形平坦、肥力均匀、排灌方便、耕作细致的地块,从而易于判别杂株。不宜选择重茬和向日葵茬地块,防止病害加重。

3. 种子精选和包衣

播种前要再经过粒选、脐选,将病粒、虫蚀粒、破碎粒及杂粒剔除,以提高种子的播种质量和生活力。精选后可进行种子包衣。防治大豆根腐病、孢囊线虫病可选用 35%或 30%多克福种衣剂,防治大豆根腐病也可选用新型大豆种衣剂——2.5%适乐时悬浮种衣剂,效果好、持效期长。种衣剂和种子量按 1∶70 进行包衣。大豆根瘤菌剂拌种每 667 m^2 用 100 mL,包衣方法有机械包衣和人工包衣 2 种。人工包衣可采用铁锅或大盆包衣法,先将锅或盆固定,按比例称好种子和种衣剂量倒入锅或盆内,用木锨或双手快速翻动,拌匀后取出阴干备用;也可采用塑料薄膜包衣法,在离村庄较远的地方选 1 块背阴通风地,挖 1 个圆坑,在坑内铺放塑料薄膜,把种子和种衣剂按比例倒入坑里,进行搅拌,使种皮粘药均匀,然后取出摊放在薄膜上。3～4 h形成种衣后收起来保存备用。

4. 适时足墒播种

当播种层内的土壤日平均地温稳定高于 10 ℃时即可播种,14 ℃时播种较为安全。整地保墒良好，做到精量点播，保证一次全苗。行距宜便于田间作业及去杂、去劣。

5. 田间去杂、去劣

豆苗第1对真叶展开后，根据下胚轴色泽及第1对真叶形状去杂。花期再按花色、毛色、叶形、叶色及叶大小等去杂，拔除不正常、弱小植株和病株。成熟初期，按熟期、毛色、荚色、荚大小、株型及结荚习性严格去杂。

6. 加强肥水管理

播前施足底肥，于始花期追施氮肥，花荚期可进行叶面喷施微肥，如钼、硼、锌、锰等。翻地前每公顷施优质农家肥15 000～22 500 kg作为底肥。始花期结合开沟每公顷追施尿素225 kg、磷酸二铵75 kg、硫酸钾肥75 kg。开花结荚期每公顷用磷酸二氢钾2 250 g、尿素1 500 g、钼酸铵300～375 g兑水450 kg均匀喷施在叶面上，保荚、增粒、增重。大豆生育期，尤其是花期、鼓粒期遇干旱时，应适当灌水。当午后2:00～3:00，上部叶片翻背、叶色暗绿时，应及时灌水。花荚期和鼓粒期要保持田间湿润。每次灌水要灌匀、灌透，不留旱点。

7. 及时防除病虫草

通过中耕除草或施用药剂将杂草消灭在幼小阶段。于结荚期彻底消除大草，降低种子含草籽率。黄淮流域菟丝子、东北地区苍耳危害普遍，要特别注意防除。

紫斑病是全国性的种子病害；灰斑病和霜霉病在东北危害植株及籽粒；荚枯病、黑点病和炭疽病在南方高温多雨条件下会使大豆出现霉烂；花叶病毒病会使豆粒出现褐(黑)斑。东北地区的大豆食心虫和关内地区的豆荚螟，会使豆粒破碎、残缺，均应及时防治。大豆食心虫的防治方法如下。

(1)成虫防治。关键在于抓住发蛾盛期进行用药。在8月上旬开始选择重茬或距上年豆茬较近的豆田地块，固定4点，垅长50 m，每天下午4:00以后用木棍拨动大豆植株，发现蛾量成倍增长并有成群蛾飞翔，即成虫出现盛期，此时是防治最佳时期。药剂喷雾，用20%速灭威乳油(具有触杀、熏蒸作用)喷雾，每667 m^2用20 mL兑水25～30 kg；用5%来福灵乳油1 000倍液，每667 m^2药液25～30 kg喷雾。

(2)幼虫防治。成虫盛期后5～7d就是卵刚孵化出幼虫的盛期，此时幼虫裸露在外，抗逆性差，是防治幼虫的最佳时期。

①每667 m^2用2.5%敌杀死乳油40 mL(有效成分1 g)兑水50～60 kg喷雾，喷施均匀，不能漏喷幼荚。

②用25%氧乐菊酯乳油2 500倍液，每667 m^2喷50～60 kg。

③每667 m^2用20%氰戊菊酯(速灭杀丁)40 mL，兑水50～60 kg喷雾。

对于豆荚螟，用敌杀死1 200～1 500倍液防治。

8. 适时收获

在豆叶大部分脱落进入完熟期，种子水分降至14%～15%时适期早收。用机械脱粒时须预防损伤豆粒。东北地区在晒场结冰后用碳压法脱粒对豆粒损伤小。收获豆株的运送、堆垛，晒场及脱粒机械、麻袋仓库的清理，务必细致彻底，防止混杂。

9. 安全储存

大批大豆种子储存，含水量应控制在13%以下。大豆种子入库时，要注意标好品种名称，最好分品种单库堆放。对种子进行内在与外在品质检验，做好入库记录，注意采光、通风、防潮、防鼠，以确保种子的发芽率与完好率。

五、实验结果记录

大豆种子生产实验技术
实验结果记录：

六、思考题

简述大豆原种生产技术三圃制和二圃制的不同。

七、知识补充

大豆是豆科大豆属的一年生草本植物，高 30～90 cm。大豆蛋白质含量为 35％～40％。转基因大豆为滚圆形。大豆茎粗壮、直立，密被褐色长硬毛。叶通常具 3 小叶；托叶具脉纹，被黄色柔毛；叶柄长 2～20 cm；小叶宽卵形，纸质；总状花序短的少花，长的多花；总花梗通常有 5～8 朵无柄、紧挤的花；苞片披针形，被糙伏毛；小苞片披针形，被刚毛；花萼披针形，花紫色、淡紫色或白色，基部具瓣柄，翼瓣蓖状；荚果肥大，稍弯，下垂，黄绿色，密被褐黄色长毛；种子 2～5 颗，椭圆形、近球形，种皮光滑，有淡绿、黄、褐和黑色等。花期 6—7 月，果期 7—9 月。

大豆原产于中国，在中国各地均有栽培，同时广泛栽培于世界各地。大豆是中国重要粮食作物之一，已有五千年栽培历史，古称菽，中国东北为主产区，其种子含有丰富的植物蛋白质，大豆蛋白质含量为 35％～40％。大豆常用来做各种豆制品、榨取豆油、酿造酱油和提取蛋白质。

实验九　绿豆种子生产实验技术

一、实验目的

(1)学习和掌握防止绿豆优良品种混杂退化的技术措施。

(2)学习和掌握绿豆常规品种原种种子生产的实验技术。

二、实验原理

绿豆是自花授粉作物,天然异交率小于1%。生产上种植的绿豆品种主要是常规品种。从理论上讲,纯系常规品种在长期的生产过程中可以保持其种性不变。但是,绿豆品种的混杂退化现象是客观存在的,一般1个新品种在生产上大面积种植2~3年,田间杂株可达11.2%~17.0%,使原品种的种子生活力减退、产量下降、品质变劣。

绿豆的种子生产可采用"株系循环法",即在三圃制的基础上,经过第1轮的单株和株行选拔以后,在每个中选株系中留出一部分植株的种子作为下年株系的种源,其余植株的种子混合繁殖供种。以后每年从株系中选一部分单株继续种植株系,其余再混合繁殖供种。其优点是进入株系后,每年只有株系圃和繁殖田2部分,不需要每年进行单株选择和株行鉴定,可使产种量最大幅度增加,使种子生产具有更大的灵活性。

三、实验材料

1. 植物材料

绿豆新品种成熟期田间植株群体。

2. 仪器用具

铅笔、塑料挂牌、米尺、记载本、种子袋、包扎绳等。

四、实验方法

(一)防止绿豆良种混杂退化的技术措施

1. 防止机械混杂及生物学混杂

绿豆具有籽粒小、繁殖系数高、播种量少、脱粒及晾晒时易炸荚跳粒等特点。在生产过程中若有不慎,就可能混入杂豆,使后代纯度下降,品种典型性丧失。为防止机械混杂,在绿豆生长期间应多观察,发现杂株及时拔除;收获时做到按品种单收、单脱、单晾晒。另外,可采用隔离种植、与禾本科作物轮作或间作等方法来减轻鸟、鼠、虫、病害发生,以减轻由生物因素造成的品种混杂。

2. 进行合理的人工选择

人工选择是防止品种混杂退化的有效措施。在种子生产过程中,以品种性状的典型性为目标,对于株型、荚型、粒型、粒色等质量性状,严格按原品种的特征进行选择。对于株高、产量等数量性状,不宜采用限值选择法,否则会使群体遗传组成发生偏移、典型性发生变化。

3. 保证良好的栽培条件

品种优良性状的表现是以良好的栽培技术条件为基础的。如果1个优良品种长期处于不良的栽培条件下,群体中优良个体不能充分繁殖,而适应低水平的个体比例会逐年上升,最终将导致群体生产力下降。由于不良栽培条件的"筛选"作用,改变了品种群体的遗传组成,使原品种优良性状退化,因此种子生产田的栽培条件要远远好于大田生产的栽培条件,才能充分满足该品种对水肥的要求。

(二)绿豆原种的防杂保纯及原种生产

1. 防杂保纯

第1年在绿豆种子田或生产田中选出部分具有品种典型性的单株，方法同改良混合选择法。第2年种株行，重点淘汰不典型部分，留下中选株行，供第3年种株系，成熟后在每个株系中选出适量单株，供下年种株系圃，除去那些不具典型性的单株后混合脱粒，供第4年种原种圃获原种。经过这1轮单株选择后，将来只需在每个中选株系中留出一部分优良植株作为下年的株系材料，其余混合繁殖供种。几年来用此法生产的绿豆原种深受农民的欢迎。

2. 原种生产

原种生产田应有固定的技术人员负责，并有规范的田间观察记载。各项田间管理均要根据品种的特性采用先进的栽培管理措施，以提高种子繁殖系数，并应注意管理措施的一致性，同一管理措施尽量在同一天完成。

(1)浇水。有条件的地区在现蕾期和花荚期各灌水1次，在苗期和盛花期注意排涝。

(2)施肥。应掌握巧施氮肥、重施磷肥、有区别地施用钾肥、创造条件施用农家肥、提倡施用钼肥和生物肥料的原则，视田间长势、土壤肥力、前茬施肥情况和种肥施用情况来确定是否施用追肥。追肥一般在初花期进行。

(3)病虫防治。应以预防为主，综合防治。优先采用农业防治、物理防治、生物防治，科学、合理地使用化学防治。

①农业防治。与禾本科等非豆科作物合理轮作，加强田间管理，及时去除病株；及时耕翻土地，使土壤疏松，防止和减少幼虫或虫卵越冬；培育无病虫害壮苗；适期播种，使豆苗生长避开病虫害高发期。

②物理防治。根据害虫生物学特性，采取黄板、糖醋液、黑光灯或频振灯等方法诱杀蚜虫、豆荚螟等害虫的成虫。

③生物防治。保护和利用田间瓢虫等自然天敌，杀灭蚜虫等害虫。

④药剂防治。锈病和叶斑病发病初期，用75%百菌清可湿性粉剂400～500倍液喷雾。立枯病、枯萎病和白粉病用50%多菌灵可湿性粉剂800～1 000倍液喷雾，从现蕾期开始，每隔7～10 d喷1次，连喷2～3次。蛴螬和地老虎，结合播种，用90%敌百虫晶体兑少量水稀释后拌细土，沟施或穴施；用新鲜菜叶浸入90%敌百虫晶体400倍液10 min，傍晚放入田间诱杀；用90%敌百虫晶体配400倍液喷雾。螟虫类，用50%马拉硫磷乳油配1 000倍液喷雾，也可用20%氰戊菊酯乳油配2 000～3 000倍液喷雾。食心虫和造桥虫，用2.5%氯氟氰菊酯乳油配2 000～3 000倍液喷雾；可用2.5%溴氰菊酯乳油配3 000～4 000倍液喷雾。蚜虫，用10%吡虫啉1 500倍液或20%氰戊菊酯乳油、2.5%氯氟氰菊酯乳油、2.5%溴氰菊酯乳油3 000倍液喷雾。

绿豆适应性特强，一般砂土、山坡薄地、黑土、黏土均可生长。绿豆常与玉米、高粱、棉花、甘薯、芝麻、谷子等作物间作，也可种于田埂及间隙地等。绿豆忌连作，因连作病虫害多、品质差，更因有害微生物繁衍会抑制根瘤菌的发育。同时，绿豆也是重要的肥地作物，是禾谷类的优良前茬。所以，种绿豆要合理安排土地，实行轮作倒茬，最好与禾谷类作物，如玉米、高粱、小麦倒茬，不宜以大白菜为前茬，一般相隔2～3年为好。

五、实验结果记录

绿豆种子生产实验技术
实验结果记录

六、思考题

进行本次实验时需要注意哪些方面？

七、知识补充

绿豆是豆科豇豆属一年生直立草本植物，高 20～60 cm。羽状复叶，托叶盾状着生，卵形；小托叶显著，披针形；小叶卵形，全缘，先端渐尖，基部阔楔形或浑圆；总状花序腋生；种子淡绿色或黄褐色，短圆柱形，种脐白色而不凹陷。花期为初夏，果期为 6—8 月。绿豆在中国各地均产，皆为栽培；喜温，不耐霜冻；适于在丘陵地区同各种旱作物间作套种；用种子繁殖。

实验十　小豆种子生产实验技术

一、实验目的

(1)学习和初步掌握小豆常规品种种子生产的关键技术。
(2)了解小豆种子质量标准。

二、实验原理

小豆是自花授粉作物，天然异交率在 1%以下。小豆的花为黄色，深浅不一，生产上种植的品种类型都是纯系品种。由育种家种子、原种和大田用种 3 个环节组成的三级种子生产程序同样适用于小豆各级别种子生产。小豆硬实粒影响田间出苗率及整齐度，是小豆种子生产中的常见问题。全球有 30 多个国家种植小豆。中国小豆种植面积和产量均居世界第一，主产区为东北、华北、黄河中游、江淮下游，最佳生产区是东北及华北。小豆需氮肥较多，虽然有根瘤菌固定氮素，但增施农家肥有显著增产效果，尤其是适量增加磷、钾肥，增产更显著。如果没施底肥则在赤豆生育期间，于开花前 5～6d 追速效氮、磷肥，能使花荚增多，并防止落花、落荚。

三、实验材料

1. 植物材料

30 个籽粒大小和地理来源不同的小豆净种子各 1 000 粒。

2. 仪器用具

干燥箱、光照培养箱、直径 9 cm 的培养皿、滤纸、镊子、蒸馏水、铅笔、记录本。

四、实验方法

(一)小豆常规品种各级别种子生产关键技术

(1)选好种子生产田。所选生产区域最早早霜期应晚于品种收获期；种子田不宜重茬连作，避免土壤病虫害的传播。同一品种宜连片种植，避免品种间混杂。

(2)防止播种时出错混杂。各级种子田播种时，在种子接收和发放过程中，要严防差错。播前种子处理，如晒种、选种、催芽、药剂拌种等，要做到专人负责，不同品种分别进行，更换品种时要把用具清理干净。利用播种机播种，装种子前和换播品种时，要对播种机的种子箱和排种装置进行彻底清扫。

(3)合理密度，及时定苗。相比普通商品生产，小豆种子生产田应适当降低密度。小豆春播一般行距 60～70 cm，株距 15～18 cm，密度 9～10 株/m^2。夏播一般行距 50～55 cm，株距 12～15 cm，密度 11～12 株/m^2。

(4)适量施肥，及时排灌。小豆根瘤共生固氮只能满足自身生长发育所需的 2/3 左右，不足部分靠土壤中的氮素来供给。开花期植株体内氮和磷需要量很大。增施基肥，并用较多磷肥和少量氮肥做面肥，有利于形成壮苗。初花期补充以氮为主的肥料，并注意满足水分需求，促进多花多荚。

(5)严格去杂、去劣。小豆出苗后即可实施去杂、去劣。结合间苗、定苗和中耕除草，根据本品种特有的标志性状，如茎色、叶形、植株形态、荚色等进行严格去杂，拔除病株；生长后期根据植株长势去除劣株。

(6)及时防治田间病虫草害。田间较常规的措施是及时防除杂草和蚜虫。温热带地区要特别注意豇豆荚螟的防治，一般在初花期成虫迁徙而至，可采用 5%氯虫苯甲酰胺在花期进行有效防治。

(7)收获脱粒时防杂、防破碎。种子田要单收、单运、单脱、单晒，每一个品种、每一个级别的种子都要专场脱粒。用脱粒机脱粒时，要注意带齿滚筒转速，防止籽粒破碎；脱完一个品种后，必须彻底清理干净，再脱粒另一个品种。

(8)种子安全储存。种子入库前，要对种子库进行 1 次彻底清扫。入库小豆种子含水量不高于 13.0%(表 2-10-1)。除东北地区外，种子入库后，按照每立方米种子储存空间放置 1～2 片磷化铝(每片 3.3 g)的比例在密封的仓库内熏蒸 15～20 d，杀死小豆籽粒中绿豆象幼虫及表皮虫卵。小豆种子含水量控制在 12%以下，常温库保存 5 年，发芽率可在 70%～80%。农户少量种子用陶器或小屯保存时,应注意防潮、防虫。

表 2-10-1 小豆种子质量标准 %

作物名称	种子类别	品种纯度不低于	发芽率不低于	水分不高于
小豆常规种	原种	99.0	85	13.0
	大田用种	96.0	85	13.0

(二)小豆种子硬实率测定

处于休眠状态的种子,其种皮不能或不易透水,会影响种子正常吸胀与发芽,这种种子被称为硬实种子。硬实现象容易导致出苗不齐、缺苗等。

(1)取清洗干净的待测样品 50 粒,置于有 2 层滤纸的直径 9 cm 的培养皿中,注意籽粒之间间隔要均匀,倒入蒸馏水,水位达到小豆种子厚度约 2/3 处。每个样品重复 4 次。

(2)将置床好的培养皿放于设定温度为 28～30 ℃的培养箱中,恒温培养 72 h。

(3)72 h 后,按重复分别调查吸胀籽粒数。吸胀籽粒的体积明显变大,且种皮色泽变浅或变暗,与未吸水籽粒区别明显,此期未吸水的籽粒为硬实粒。

(4)计算硬实率。

(三)小豆种子质量检验

根据国家标准 GB 4404.2-2010 检验小豆种子质量(表 2-10-1)。

五、实验结果记录

小豆种子生产实验技术
实验结果记录:

六、思考题

一级种子田从选地到收获要经历哪些过程?

七、知识补充

小豆,一年生直立或缠绕草本,高可达 90 cm,羽状复叶;托叶盾状着生,箭头形,小叶卵形至菱状卵形，全缘或浅三裂，两面均稍被疏长毛。花黄色，花梗极短；小苞片披针形，花萼钟状，旗瓣扁圆形或近肾形，翼瓣比龙骨瓣宽，子房线形，花柱弯曲，荚果圆柱状；种子通常为暗红色或其他颜色，长圆形，种脐不凹陷。花期夏季，9—10 月结果。中国南北均有栽培。美洲及非洲的刚果、乌干达亦有引种。小豆种子供食用，煮粥、制豆沙均可。干豆含蛋白质 21%～23%、脂肪 0.3%、碳水化合物 65%。

实验十一　花生种子生产实验技术

一、实验目的

学习并初步掌握花生种子生产实验技术。

二、实验原理

新选育的品种经过审定并确定推广地区之后，要做好良种繁育工作。良种繁育是花生育种工作的重要组成部分，是品种选育的继续和品种推广的准备。良种繁育的主要任务是采用先进的栽培技术，加速繁殖优良品种的种子，迅速扩大其种植面积，防止品种的退化和混杂，保持品种的纯度和生产性能，使优良品种在生产上发挥更大的作用。

花生用种量大，繁殖系数低，用种量一般为 300～375 kg 荚果/hm^2，而一般大田产量在 4 500 kg/hm^2左右。花生的繁殖系数只有 10～15 倍，比其他作物低得多，因此花生新品种的推广普及相对缓慢，严重影响新品种的应用。单粒稀播高产、高倍繁殖是快速繁育花生良种的有效方法，繁殖系数可高达 50 倍左右。花生在中国不同地区与其他作物组成一年一熟、两年三熟、一年二或三熟的种植制度，从而有春花生、麦套花生、夏花生和秋花生之分，广东个别地区还可种植冬花生。在水稻田中发展了部分花生种植，形成花生—水稻或水稻—花生的轮作制度。有的地方生长季节较长，水稻品种搭配合适，还可与双季稻轮作。广东、福建等地种植秋花生收荚果留作第 2 年春播用种，可以提高出苗率，保证苗全、苗壮，当地俗称“翻秋留种”或“倒种春”。因地下结荚，要求疏松的沙土、砂砾土或砂壤土，以利于果针入土、荚果发育和收获。深耕、深翻有利于花生的生长发育。

花生良种高产、高倍繁殖的主要措施是单粒稀播，使花生在良好的栽培条件下充分发挥单株结果潜力。在良好的栽培条件下，单株结果数、饱果数、双仁果数、出仁率等都能随着单位面积播种量的减少而相应地提高，所以在提高繁殖系数的前提下仍能获得较高的产量。

三、实验材料

适宜花生种植的地块，适宜当地土壤气候条件的花生品种种子；化肥、农药、农具。

四、实验方法

(一)选好土地，合理施肥

选择土层深厚、土壤肥沃、不重茬、无病、有水浇条件的砂质壤土，耕作层内有机质含量 1.1%以上、碱解氮 100 mg/kg 以上、速效磷 30 mg/kg 以上、速效钾 100 mg/kg 以上，于冬前或早春深耕 25～30 cm，耕后耙平粉碎。每 667 m^2 施优质圈肥 4 000～5 000 kg、尿素 15～17 kg、过磷酸钙 60～80 kg、硫酸钾 15～20 kg。将全部有机肥、钾肥及 2/3 的氮磷化肥结合耕地施入耕作层内，剩余 1/3 的氮磷化肥在起垄时包施在垄内。

(二)起垄种植，单粒播种

露地栽培，应起小垄，早熟品种行距 50 cm，株距 15 cm；中晚熟品种行距 55 cm，株距 20 cm。覆膜栽培，应起双行大垄，不同品种垄距均为 90 cm，株距 20～22 cm。无论是否覆盖地膜，均采取单粒播种。

(三)加强田间管理

露地栽培的，在花生基本齐苗后，抓紧破垄退土清棵，使子叶节露出土面，促进花生蹲苗壮棵。结合清棵进行第 1 次中耕，再间隔 15～20d 进行第 2 次中耕，于 6 月中下旬花生封行前进行第 3 次中耕。7 月中旬前后进行培土，迎果针入土结实。地膜覆盖栽培的，应在播行(穴)膜上加盖 5 cm 高的小土垄(堆)，以引升子叶节出膜(土)。花生生育期间，遇旱及时浇水，遇涝及时排水，注意做好病虫草害的防治等工作。

(四)及时收获，安全储藏

成熟时要及时收获，使荚果既成熟、饱满又不过熟。收获前要在田间严格去杂、去劣，除去病株，收获时和收获后仍应继续去杂、去劣。收获后要及时充分晒干，使花生荚果含水量低于 9%，于干燥条件下安全储藏。

(五)花生种子质量检验

根据国家标准 GB 4407.2-2008 检验花生种子质量(表 2-11-1)。

表 2-11-1　花生种子质量标准　　%

作物名称	种子类别	纯度不低于	净度不低于	发芽率不低于	水分不高于
花生常规种	原种	99.0	99.0	80	10.0
	大田用种	96.0			

五、实验结果记录

花生种子生产实验技术
实验结果记录：

六、思考题

花生种子发芽分为几个阶段?

七、知识补充

豆科落花生属一年生草本植物,根部具根瘤;茎直立或匍匐,有棱;托叶被毛,小叶卵状长圆形或倒卵形,先端钝,基部近圆,全缘;花冠为黄色或金黄色;花柱伸出萼管外;荚果长,膨胀,果皮厚;花期6～7月;果期9～10月。

花生又名落花生,双子叶植物,叶脉为网状脉,种子有花生果皮包被。历史上曾叫长生果、地豆、落花参、落地松、成寿果、番豆、无花果、地果、唐人豆。花生滋养补益,有助于延年益寿,所以民间又称"长生果",并且和黄豆一样被誉为"植物肉""素中之荤"。

实验十二　甜菜种子生产实验技术

一、实验目的

学习并初步掌握甜菜各级种子生产实验技术。

二、实验原理

甜菜是二年生异花授粉作物,从种子萌发到新种子形成,完成生活史需要2年的时间。第1年主要进行营养生长,形成繁茂的叶丛与肥大的块根,并在块根中积累大量糖分和营养物质。第2年以生殖生长为主,必须经过春化、光照阶段,才能现蕾开花,经异花授粉形成种子。栽培的甜菜品种有杂种品种和自由授粉品种两大类型。二倍体自由授粉品种是我国目前主要的栽培类型,其种子级别分为育种家种子、原种、大田用种三级。二倍体自由授粉品种种子生产有2种制度。第1种是三级良种繁育制度,也称正规繁育制度,即由育种家种子繁育原种,再由原种繁育大田用种。育种家种子是指从利用育种家种子培育的块根田中选择的丰产、含糖高、根形好且整齐的优良块根(称为种根),经第2年隔离采种所获得的种子。原种是指用育种家种子播种培育的种根,经第2年隔离采种所获得的种子。大田用种是指用原种种子播种培育的种根,经过隔离采种所获得的种子。第2种是二级良种繁育制度,也称改良繁育制度,即由育种家种子直接繁育大田用种种子。二级良种繁育制度的优点是减少了繁育代数,缩短了繁育时间,可使新品种提前2年用于生产;有利于改善良种种性,容易保持品种的纯度。二级良种繁育制度的缺点是育种家种子的用种量比三级繁育制度增加100倍。同时因育种家种子采种量大,增加了隔离工作难度。

甜菜杂种品种有二倍体杂交种和三倍体杂交种2种类型。二倍体杂交种就是把几个自交系在繁育育种家种子和原种阶段分别隔离进行种根培育和采种(以保证各组分品系的纯度),然后再按各品系的组成比例将种子机械混合,用混合种子培育大田用种种根,栽植后相互授粉异交产生大田用种。三倍体杂交种的产生有2种方式,一种是用二倍体雄性不育系与四倍体父本杂交产生,另一种是用四倍体母本与二倍体父本杂交产生。

三、实验材料

1. 植物材料

甜菜二倍体自由授粉品种育种家种子种根培育田收获期植株。

2. 仪器用具

电子秤、锤度计、记载本、铅笔、计算器、尺子等。

四、实验方法

(一)甜菜二倍体自由授粉品种常规品种种子生产

1. 采用三级良种繁育制度生产大田用种种子的步骤

第 1 年:由甜菜科研单位用育种家种子培育育种家种根。种根收获时,根据根形和叶部性状选择大约 50%的种根。经过含糖量检测,从田间入选种根中选择 5%～10%。作为育种家种子生产的种根,30%～40%作为原种种子生产的种根,剩余的种根(包括田间落选的种根)作为大田用种种子生产的种根或削成原料送糖厂。

第 2 年:将第 1 年获得的 3 类种根,分别隔离采种。采得的育种家种子用来繁殖原种;采得的原种种子用来繁殖生产用种;采得的生产用种种子用于原料生产。

第 3 年:播种育种家种子,培育育种家种根。入选的育种家种根占 50%左右,剩余的 50%左右可附带作为生产大田用种的原种种根。

第 4 年:用上一年入选的育种家种根繁殖原种种子;用上一年的原种种根繁殖大田用种种子。

第 5 年:用上一年所采的原种种子大量培育原种种根。根据根形和叶部生长势除杂去劣。

第 6 年:用上一年所得的原种种根大量繁殖大田用种种子。

在甜菜种根培育的整个时期,严格淘汰罹病的和生长发育不良的植株;收获时对田间入选种根进行化验糖化(或测定种根的锤度),一般入选 40%～50%。第 2 年开花前拔除采种田内的劣株。

采用三级良种繁育制度,1 kg 育种家种子可以繁殖 100 kg 原种、10 000 kg 大田用种种子。

2. 采用二级良种繁育制度生产大田用种种子的步骤

第 1 年:由甜菜科研单位用原原种培育育种家种根。种根收获时,根据根形和叶部性状选择 70%～80%的种根用作种子生产,剩余的种根作为原料处理。经过含糖量检测后,从中选择 15%～20%作为育种家种子生产的种根,剩余的作为大田用种种子生产的种根。

第 2 年:用上一年糖检后入选的种根繁殖育种家种子。用糖检后未入选的种根繁殖部分大田用种种子。

第 3 年:用上一年育种家种子培育育种家种根。

第 4 年:用上一年育种家种根直接繁殖大田用种种子。

(二)甜菜杂种品种种子生产技术

1. 种根培育

春播种根培育与原料甜菜栽培技术基本相同,选择土壤肥沃、灌溉方便的砂壤土作为种根田。以5年未种过甜菜、前茬为小麦或玉米的地块为宜。培育种根的地块应与采种地相隔1 km以上，以防病虫害传播。春播种根的行距应为40～50 cm，株距可采用15～20 cm，留苗株数应在120 000株/hm^2左右。夏播种根培育的适宜前茬是豌豆、大麦、小麦。夏播培育的种根个体发育小，单株所需的营养面积小，因此可适当加大留苗密度，行距应在45 cm，株距可采用10 cm，播种深度3～4 cm。

露地越冬区甜菜的播期变幅较大，从6月中旬到9月中旬都可播种。采用间接法（种根露地越冬前后移栽）采种的种根田留苗密度为30 000株/hm^2左右；采用直接法（种根露地越冬前后不移栽）采种的种根田留苗密度为60 000～75 000株/hm^2。

2. 种根越冬

在南方夏、秋季播种培育的种根，当年不收获，原地越冬或冬栽露地越冬，翌年采种。这种方法具有成本低、便于机械化作业等优点，已逐步成为我国甜菜种子生产的主要方法。在北方需在霜冻前收完种根。种根经修削后在地上阴凉处堆放15 d后入窖储藏越冬。修削标准为不伤顶芽、侧芽，不见白皮，留叶柄1～2 cm，切除直径0.5 cm以下的根尾。挑选根重100 g以上、根色正常、主根直、无大分叉、无多头、不空心、无病虫害和无机械损伤的新鲜种根，于12月上旬移入窖内。窖的规格为深50 cm、宽50 cm，长度依种根数量多少而定。种根堆放30 cm厚，每隔1 m放一通气管，在种根上面盖土2～3 cm。以后随气温下降适当加厚盖土，原则上冻多深、盖多厚，到来年2月气温回升适当退土，以防生根发芽，影响窖藏质量。

3. 种子生产田安全隔离

甜菜是异花授粉作物，开花期主要靠风和昆虫传播花粉。风传播花粉的距离可达5～6 km，甚至10 km以外。因此，生产亲本育种家种子和原种种子时，普通二倍体品种之间空间隔离距离不少于1 km，不同类型如雄性不育系、四倍体品系和单粒型品系之间要有5 km以上。生产大田用种种子时，普通二倍体品种之间空间隔离距离不少于0.5 km，不同类型品种之间不少于2 km。

4. 种根移栽

四倍体亲本的种根和二倍体亲本的种根按3∶1或4∶1的比例栽植，可使大田用种的三倍体率达到60%以上。采种时一般是双亲混合收获，若单收四倍体植株上的种子，可以提高三倍体种子的比例。生产双亲育种家种子和原种时，应分别设置隔离区，一般四倍体亲本面积为二倍体亲本的3～5倍，以保证杂交制种时双亲的适宜比例。

不育系与授粉系种根按8∶2或16∶4栽植，两系间应留出1 m左右空行，以便收获种子前2周割除全部授粉系。繁殖不育系育种家种子时，不育系和保持系种根按2∶2行比栽植，繁殖不育系原种时，按4∶2行比栽植。开花期对不育系逐株观察，拔除少量半不育和恢复可育株，保证繁殖出的不育系不育株率达99.5%。

种根移栽的合理密度，露地越冬采种的一般以37 000～45 000株/hm^2为宜（父母本按确定的行比计算）。

5. 种根移栽后田间管理

种根移栽后要用毒饵防治地下害虫等。覆膜栽植的种根应及时进行查苗、放苗，防止烫伤幼苗。放苗应在上午10:00前或下午4:00后。对因栽植过深而迟迟不出苗的种根，应先将地膜撕一小口，用手铲轻轻扒去表土，使其露出顶芽，然后再盖1层湿土，压实膜口。对根头已经腐烂的种根，应挖出重新补栽。

种根出苗 30 d 后开始抽薹，当主薹高达 5～6 cm 时进行打薹，主薹切除长度以 2～3 cm 为宜。一般要打薹 2～3 次。植株抽薹后要及时浇水，每隔 15 d 浇 1 次。种株进入开花期和乳熟期用硼酸和磷酸二氢钾叶面喷施。种株盛花期用敌杀死 2 000 倍液防治甘蓝夜盗虫 3 龄前幼虫，用有机磷杀虫剂防治象鼻虫，用杀菌剂防治褐斑病和白粉病。

6. 人工辅助授粉

种株盛花期由 2 人拉 1 条光滑的绳子横向在田间来回走动，促使大量花粉飞扬，提高授粉率。辅助授粉在上午 10:00 以后进行，每隔 2～3 d 进行 1 次，共进行 2～3 次。授粉结束 2 周以后，将父本全部砍去，以提高通风透光性，促使母本籽粒成熟一致。

7. 种子收获

甜菜是无限花序，花序各部位种子成熟期不一致。收获时期的标准有 2 个：一是单株有 1/3 种球呈现青黄色，种皮为粉红色，种仁呈粉状时收获；二是种株田有 1/3 种株呈黄色时收割。收割后 2 次脱粒、晾晒干燥、清选装袋。

五、实验结果记录

甜菜种子生产实验技术
实验结果记录：

六、思考题

如何进行甜菜田间管理？

七、知识补充

甜菜，藜科甜菜属二年生或多年生草本植物，全株光滑无毛；根肥大；基生叶大，茎生叶较小；花小，两性；种子扁平，双凸镜状；花期 5—6 月，果期 7 月。甜菜原产于欧洲西部和南部沿海，从瑞典移植到地中海沿岸，大约在公元 1500 年从阿拉伯国家传入中国。甜菜的主产区有黑龙江、吉林、内蒙古、新疆、山西等地，在南部的高寒山地也有种植。甜菜喜欢阴凉的气候，抗寒能力强，但抗热能力差；喜富含有机质、排水好的土壤，在酸性土壤中不易发芽，很难生长；一般用播种、扦插和压条等方法繁殖。

实验十三　紫花苜蓿种子生产实验技术

一、实验目的

学习和初步掌握紫花苜蓿常规品种原种种子和大田用种种子生产的栽培、管理，以及提高种子产量和质量的关键技术。

二、实验原理

紫花苜蓿是多年生草本植物。播种当年，即使是春播的紫花苜蓿种子田，由于植株生长发育缓慢，不结实或结实很少，因此大多也不采种。一般播后第2年的种子田生产种子。管理得好，通常可连续生产种子4～5年。紫花苜蓿根系发达，具有根瘤。圆锥形主根深入土中，生长多年的老根可达数10米之深。侧根主要分布在20～30 cm的土壤表层。茎秆直立，深绿色，高60～110 cm不等，具棱角，略成方形，中空。羽状复叶，具大托叶，小叶倒卵形，长7～30 mm，宽3.5～15 mm。花呈簇状，排列成短的总状花序。花冠蝶形，花瓣5片，雄蕊9合1离，雌蕊1枚。荚果螺旋形，通常2～4圈，褐色，密生伏毛，每荚含有种子2～9枚。种子肾形，黄褐色，千粒重1.4～2.4 g。紫花苜蓿属于长日照作物，花芽分化需要的日照长度为14 h。紫花苜蓿耐旱、忌水渍，地下水位宜在土表以下1～1.5 m。

紫花苜蓿是异花授粉作物，其自交率一般不超过2.6%。生产上栽培的紫花苜蓿品种主要是开放授粉群体品种(常规品种)。紫花苜蓿在我国已有2000多年的栽培历史，但我国紫花苜蓿生产发展缓慢，目前紫花苜蓿种植面积仅占人工草地面积的10%，占全国草地面积的0.3%。其主要原因有：缺乏优良的苜蓿品种，种子质量低劣，紫花苜蓿种子繁育体系不健全，缺乏专业化种子生产基地。紫花苜蓿种子生产基地应选择在光照充足、土层深厚、排水良好、肥力适中、杂草较少的开阔地带。附近最好有防护林带、灌木丛或荒野，以利于野生昆虫授粉。种过不同品种苜蓿的种子田块，需隔几年后才能使用。间隔的年限，基础种子不少于4年；登记种子不少于3年；合格种子不少于2年，以避免遗留在土壤中的非本品种种子萌发而造成混杂。

三、实验材料

1. 植物材料

紫花苜蓿种子，不同种子成熟期的紫花苜蓿植株群体。

2. 实验用具

播种用纸杯、细土、浇水壶、尺子、精度0.000 1 g的天平、镊子、种子袋等。

四、实验方法

(一)紫花苜蓿常规品种原种种子生产技术

紫花苜蓿育种家种子和基础种子通常是由育种家本人或其代表生产的。当基础种子数量充足时，可采用直接播种的方式进行原种种子生产，此时播种间苗辅助授粉等栽培生产管理措施同大田用种生产，只是要求更严格些。当育种家种子和基础种子(或种株)数量有限时，原种生产可以用育苗移栽和茎段扦插的方法加速繁殖。具体做法如下。

(1)育苗移栽。用直径 6 cm、高 12 cm 的塑料杯或纸杯，装入细土，密排于苗床上，浇水，播入催芽的种子，播后覆土 0.5 cm。出苗后注意拔除杂草和适时浇水。苗高 8～10 cm 达到分枝期时，即可移栽至大田。育苗移栽每 667 m^2 仅需种子 8～10 g。

(2)茎节扦插。在现蕾期以前，选取优良植株上的健壮、无病茎枝，每 1～2 个茎节截为 1 段，节上部留茎长 1 cm，节下部留茎长 3～5 cm，剪去叶片保留节上嫩芽。斜插于苗床，微露节芽，插后及时浇水，1 个月左右即可生根成活，移栽定植。

(3)病虫草害防治。菟丝子是危害紫花苜蓿种子生产田的恶性杂草。发生轻微时，可人工拔除；用 25%敌草隆可湿性粉剂 1.125～1.500 kg/hm^2，加水 20 kg，定植前均匀喷于土壤表面，触杀菟丝子的幼芽。紫花苜蓿的主要病害是褐斑病、霜霉病和白粉病。可用杀菌剂 75%百菌清 500～1 000 倍液或 50%多菌灵可湿性粉剂 500～1 000 倍液定期喷洒防治。为害紫花苜蓿的害虫主要有蚜虫、苜蓿籽蜂、盲蝽、蓟马等。蚜虫聚集在紫花苜蓿的茎、叶、幼芽和花的各部位上。吸取汁液，使被害植株叶子卷曲，花蕾变黄脱落，影响种子产量。严重发生时可用敌百虫 0.5%～0.8%的稀释液早晚喷洒。药剂防治要选用对虫害高效而对蜜蜂等授粉昆虫杀伤力小的农药，同时要提早在现蕾前喷施，以保护授粉昆虫。采用生物防治和培育抗虫品种是防治害虫的理想途径。

(4)辅助授粉。紫花苜蓿的自交授粉率一般不超过 2.6%，主要借助昆虫传粉。碱蜂有很好的传粉效果。此外，也可进行人工授粉。在紫花苜蓿盛花期每日上午 8:00～12:00，用扫帚在紫花苜蓿植株顶部轻轻扫动，或两人各执光滑的长绳的一端在紫花苜蓿梢部拉过，使花药破裂，花粉弹出而授粉。每日赶粉 1～2 次，连续 3～5 d，可取得较好的辅助授粉效果，

(5)种子收获。紫花苜蓿具有无限开花习性，开花期可延续 40～60 d，种子成熟极不一致，容易因拖延收获而使早熟的荚果脱落，或因推迟收获遭遇连续阴雨天气使荚果内种子发芽而造成严重损失。紫花苜蓿种子收获的时期取决于收获的方法。大面积种子田的收获方法有 2 种：两次作业法和一次作业法。

两次作业法就是先割晒、后脱粒。此法收获的时期是目测田间有 65%～75%的荚果变为褐色的时间段。收割可人工进行，也可使用机械。晒到叶片水分含量降低到 12%～18%时进行脱粒。脱粒可就地利用脱粒机完成，也可运回场院碾压脱粒。两次作业法可使一部分成熟度稍差的荚果通过后熟作用提高种子质量。华北平原紫花苜蓿种子成熟时，当荚果有 50%变成褐色时即可进行，否则遇雨后，不但种子质量下降，而且植株上成熟的种子也会因大量发芽而失去利用价值。

一次作业法就是用联合收割机一次完成收割和脱粒。此法的收获时期是在几乎所有荚果都变为褐色的时间段。为提高收割的工作效率，可以喷洒化学干燥剂，如敌草快、草铵膦和敌草隆等。喷药后 3～5 d(温暖地区)或 5～12 d(冷凉地区)，荚果含水量降至 15%～20%时(此时茎秆尚绿)，及时用联合收割机一次完成收获和脱粒。

紫花苜蓿种子收获后，通过晾晒，使种子含水量降到 12%以下，才能安全储藏。干燥的种子再用种子清选机清选，清除杂质和尘土，使种子质量达到国家对紫花苜蓿商品种子分级标准中所规定的各项要求。

(二)紫花苜蓿常规品种大田用种种子生产技术

(1)种子处理。符合国标的1 kg紫花苜蓿种子拌接5 g根瘤菌剂。接种根瘤菌后的种子不要进行阳光直射,不要与农药、生石灰及大量化学肥料接触。

(2)播前准备。紫花苜蓿种子小,苗期生长特别慢,容易受杂草危害,所以播前一定要进行犁地、耙地和捞地,精细平整播种地块。播前施入20 t/hm^2 的有机肥做底肥,也可按150～225 kg/hm^2 的用量施入氮、磷混合肥,氮、磷比例为1∶1或磷肥比例稍多一些。播前可将种子浸泡在50～60 ℃热水中30 min,然后置于阳光下暴晒,夜间移到凉处,并经常洒一些水,使种子保持湿润,经2～3 d趁墒播种。

(3)播种要求。我国北方栽培地区,秋播、春播均可。采用宽幅条播,行距60～80 cm。播种量可比收获饲草用的播种量减少一半或更少一些,每667 m^2 播种3.75～7.5 kg即可。实际播种量还需要根据种子质量、土壤墒情、整地质量、病虫鼠害发生情况进行适当调整。播种深度2 cm左右,稍覆土,后镇压。

(4)田间管理。

①间苗。出苗后30 d左右应间苗。株距保持在10～20 cm。每公顷留苗10万～16万株。

②施肥和灌溉。种子田必须施用经过腐熟的有机肥,避免用未腐熟的有机肥,以防带进杂草种子污染土地。播种前施用少量氮肥,配合施用磷钾肥,有利于幼苗和群体的建植。叶面施用硼肥,有利于叶绿素的形成,促进花的发育和流蜜数量,以吸引更多的传粉昆虫,增加种子产量。在我国北方,由于冬春干旱、雨雪少,为使紫花苜蓿安全越冬和返青后正常生长,需浇冬水或返青水。在干旱区,盛花期灌溉可显著提高种子产量和质量。

防除杂草和病虫害、辅助授粉、种子收获方法与技术同前述原种种子生产技术。

五、实验结果记录

紫花苜蓿种子生产实验技术
实验结果记录:

六、思考题

如何降低紫花苜蓿种子成本?

七、知识补充

紫花苜蓿，豆科苜蓿属，多年生草本植物，原产于亚洲西部，主要分布于中国黄河中下游及西北地区，在西北、华北、东北、华东分布面积较大，甘孜州中、北部有分布，偶有小片群落。紫花苜蓿喜欢温暖和半湿润到半干旱的气候，抗寒性较强；适合种植在排水良好、水分充足、土壤肥沃的沙土或土层深厚的黑土。紫花苜蓿的繁殖方式主要是种子繁殖。

实验十四　甘薯种子脱毒技术与生产实验技术

一、实验目的

(1)学习和初步掌握甘薯种子脱毒技术的操作流程及病毒检测技术。

(2)学习和掌握甘薯种子生产实验技术。

二、实验原理

甘薯是旋花科甘薯属异花授粉作物。甘薯在我国粮食生产中占有相当重要的位置。生产中发现甘薯病毒病是引起甘薯产量降低、品质下降和种性退化的主要因素之一。多年来，国内外许多学者都致力于甘薯抗病毒育种及甘薯脱毒的研究工作，以寻求防治甘薯病毒病的最佳途径。目前，我国还没有育成抗病毒品种，也无特效药剂防治甘薯病毒病。茎尖脱毒技术仍是防治甘薯病毒病最有效的措施。

甘薯脱毒技术是生物技术与病毒学技术相结合的产物，其关键是茎尖组织培养、病毒检测和防止病毒的再侵染。它的原理是根据病毒在植物体内的运转及分布特点和规律，采取茎尖剥离，进行茎尖分生组织培养，从而获取无毒苗。病毒在植物体内的运转方式有 2 种，一种是通过胞间连丝运转，速度很慢，难以追上活跃的茎尖分生组织；另一种是随着营养物质流在维管束系统运转，速度较快。但因茎尖分生组织中维管束系统尚未形成，病毒颗粒很难通过；同时，因茎尖分生组织细胞剧烈的新陈代谢，使病毒无法控制寄主的生物蛋白质合成，且分生组织中生长素浓度较高，也阻碍病毒的复制，从而使病毒无法复制。所以，病毒极少或没有侵染茎尖分生组织。病毒浓度越靠近茎尖越低，从薯块上切取 0.2～0.4 mm 茎尖培养的试管苗极少或没有感染病毒。将茎尖组织培养成的试管苗，再经指示植物嫁接法或血清学法进行病毒检测，即可得到真正的甘薯脱毒苗。

三、实验材料

1. 植物材料

适宜当地栽培的高产优质、生长健壮的甘薯品种植株。

2. 仪器用具

超净工作台、高压灭菌锅、分析天平、锥形瓶、烧杯、量筒、移液管、定容瓶、玻璃棒、镊子、手术刀、封口膜、麻绳、培养箱、剪刀等。

3. 药品试剂

MS 培养基、75%酒精、多菌灵、蒸馏水、无菌水、IAA、6-BA、GA_3、蔗糖、NaOH、pH 试纸。

四、实验方法

(一)培养基的配制

1. 培养基母液的配制和保存

MS 培养基含有近 30 种营养成分,为了避免每次配制培养基都要对这几十种成分进行称量,可将培养基中的各种成分按原量的 20 倍或 200 倍分别称量,配成浓缩液,这种浓缩液叫作培养基母液。每次使用时,取其总量的 1/20(50 mL)或 1/200(5 mL),加水稀释,制成培养液。现将制备培养基母液所需的各类物质的量列于表 2-14-1 至表 2-14-5,供配制时使用。

表 2-14-1　大量元素(母液 I,20 倍)

药品名称	药品用量/(mg/L)
NH_4NO_3	33 000
KNO_3	38 000
$CaCl_2 \cdot 2H_2O$	880
$MgSO_4 \cdot 7H_2O$	740
KH_2PO_4	340

表 2-14-2　微量元素(母液 Ⅱ,200 倍)

药品名称	药品用量/(mg/L)
KI	166
H_3BO_3	1 240
$MnSO_4 \cdot 4H_2O$	4 460
$ZnSO_4 \cdot 7H_2O$	1 720
$Na_2MoO_4 \cdot 2H_2O$	50
$CuSO_4 \cdot 5H_2O$	5
$CoCl_2 \cdot 6H_2O$	5

表 2-14-3　铁盐(母液 Ⅲ,200 倍)

药品名称	药品用量/(mg/L)
$FeSO_4 \cdot 7H_2O$	5 560
Na_2-EDTA · $2H_2O$	7 460

表 2-14-4　有机成分(母液 IV,200 倍)

药品名称	药品用量/(mg/L)
肌醇	20 000
烟酸	100
盐酸吡哆醇(维生素 B_6)	100
盐酸硫胺素(维生素 B_1)	20
甘氨酸	400

表 2-14-5　生长调节物质(母液 V,200 倍)

药品名称	药品用量/(mg/L)
NAA	2
6-BA	200
GA_3	200

以上各种营养成分的用量,除母液 I 为 20 倍浓缩液外,其余的均为 200 倍浓缩液,单独配成 1 L 的储备液。

配制母液 I 时,应做到分别称量、充分溶解,在混合次序上应最后加入 Ca^{2+},混合时要边加边混合。配制母液Ⅱ时,应注意充分溶解后再依次混合。母液Ⅲ必须单独配制,否则易产生沉淀。EDTA 钠盐须用温水溶解,然后与 $FeSO_4$ 液混合,在 75～80 ℃让其螯合 1 h。母液 IV 中的维生素和氨基酸类物质不能配成混合母液,一定要分别配成单独的母液,使用时根据需要量取。母液 V 是激素类物质,应单独配制。NAA 可溶于热水或少量 95%酒精后,再加水定容;6-BA 应先溶于少量 1 mol/L HCl 中,然后定容;GA_3 先溶于少量 95%酒精,再加水定容。

各种母液配完后,分别用玻璃瓶储存,并且贴上标签,注明母液号、配制倍数、日期等,保存在冰箱的冷藏室中。

2. 配制培养液

用量筒或移液管从各种母液中分别取出所需的用量一起放入烧杯中。同时按照需要量用天平分别称取 7.5 g 琼脂和 30 mg 蔗糖,放入另一烧杯中,再加入 500 mL 蒸馏水,用电炉加热,边加热边用玻璃棒搅拌,直到液体呈半透明状。然后再将配好的混合培养液加入煮沸的琼脂中,最后加蒸馏水定容至 1 000 mL,搅拌均匀。

3. 调 pH

用滴管吸取浓度为 1 mol/L 的 NaOH 溶液或 1 mol/L HCl,逐滴滴入熔化的培养基中,边滴边搅拌,并随时用精密的 pH 试纸测定培养基的 pH,一直到培养基的 pH 为 5.8 为止(培养基的 pH 必须严格控制在 5.8)。

4. 培养基的分装

熔化的培养基应该趁热分装。分装时,先将培养基倒入烧杯中,然后将烧杯中的培养基倒入锥形瓶(50 mL 或 100 mL)中。注意不要让培养基沾到瓶口和瓶壁上。锥形瓶中培养基的量为锥形瓶容量的1/5～1/4。培养基分装完毕后应及时封盖瓶口。用2块封口膜中间夹1层薄牛皮纸封盖瓶口，并用线绳捆扎，最后在锥形瓶外壁贴上标签。

5. 高压灭菌

培养基的高压灭菌包括以下几个步骤。

(1)码放锥形瓶。将装有培养基的锥形瓶直立于金属小筐中，再放入高压蒸汽灭菌锅内。

(2)放置其他需要灭菌的物品。将其他需要灭菌的物品也放入高压蒸汽灭菌锅内，如装有蒸馏水的锥形瓶、带螺口盖的玻璃瓶、烧杯、广口瓶(以上物品都要用牛皮纸封口)、用牛皮纸包裹的培养皿、剪刀、解剖刀、镊子、滤纸、铅笔等。

(3)灭菌。待需要灭菌的物品码放完毕后，盖上锅盖。在98 kPa、121.3 ℃下，灭菌20 min。灭菌后取出锥形瓶，让其中的培养基自然冷却凝固。最好放置1 d后再使用。

(二)茎尖接种与脱毒苗的培养

1. 接种环境灭菌

实验前先将超净工作台的紫外线灯打开进行灭菌，然后关闭紫外灯，用棉球蘸75%酒精擦拭双手及台面。

2. 接种茎尖消毒

选择适宜当地栽培的高产优质、生长健壮的甘薯品种植株作为母株，取枝条，剪取茎尖顶端3～5 cm，去掉叶片，用自来水冲洗干净，用滤纸吸干表面水分，随后在超净工作台上用75%酒精浸泡10 s，再用0.1%多菌灵浸泡8 min，0.1%升汞消毒10 min，无菌水冲洗5次。

3. 接种

把消毒好的芽放在解剖镜下，在无菌条件下剥去顶芽和腋芽上较大的幼叶，切取0.2～0.4 mm含1～2个叶原基的茎尖组织，接种在培养基上。

4. 培养

将接种好的试管苗移至培养箱中，在温度25～28 ℃、光照度1 500～2 000 lx、光照时间14 h/d条件下培养。培养20 d左右，茎尖形成2～3 mm的小芽点，且在基部逐渐形成绿色愈伤组织。此时应将培养物转入无激素的MS培养基上，以阻止愈伤组织的继续生长，使小芽生长和生根。

(三)试管苗的脱毒鉴定

组织培养产生的试管苗，经过严格检测后才能确认为脱毒试管苗。常用的鉴定方法有指示植物嫁接法和血清学法等，其中以指示植物嫁接法为好。本实验以巴西牵牛为指示植物，几乎所有侵染甘薯的病毒都感染巴西牵牛。检测的具体方法如下。

(1)将要检测的甘薯植株，单茎切段作为接穗，去叶削成楔形。

(2)将防虫网中培育的没有感染病毒、具有2～3片真叶的巴西牵牛作为砧木，把其下部茎以15°角斜切一切口，然后将楔形的接穗插入，韧皮部对齐，用绳子扎好。

(3)固定嫁接苗并挂牌标记，在防虫网室内遮阴保温3～5 d，随后正常管理。

(4)嫁接15 d左右，观察嫁接苗。如果接穗带有病毒，在巴西牵牛新生叶片上即开始出现明显症状。每样本应接种一株，有株发病即认为该样本带毒；如果都不发病，应重复嫁接1次，经2次测定均不发病可认为该样本已脱毒。

（四）脱毒苗的快繁

脱毒试管苗可进行试管切段快繁，也可在防虫条件下于无菌基质中栽培、繁殖。试管繁殖脱毒苗一般 30～40 d 为 1 个繁殖周期（1 代），1 个腋芽可长出 5 片以上的叶，繁殖系数约为 5。在防虫温室或网室内，可将经炼苗后的脱毒试管苗移至蛭石、河沙等基质中，待其成活后，栽入已消毒的土壤中。缓苗后薯苗迅速生长，之后定期（约 10 d）剪秧扦插，以苗繁苗，其性能与试管苗无异，以求短期内获得大量脱毒苗。

（五）育种家种子的生产

在防虫温室或网室的无病毒土壤上种脱毒苗，让其结薯，即育种家种薯，育出的薯苗为育种家种苗。育种家种子比试管苗更便于分发运送，可用以供应生产原种。

（六）原种生产

原种生产可在防虫网室内无病原土壤进行，也可在多年未种过甘薯、四周 500 m 以内无甘薯的地块中栽种。以育种家种子（苗）为种植材料，培育的种薯即原种。

（七）种薯生产

1 级种薯生产要栽培原种（包括育苗），其地块要轮作，四周 500 m 内无甘薯，生长期及时去除可疑病株及其薯块。2 级或 3 级种薯生产地块的条件可适当低于 1 级种薯的。种薯每 1 年降 1 级，需要经过几级繁殖才能用于大田生产，可视当地具体情况而定。

（八）种薯检验和病毒监察

各级种薯必须有质量标准，要有适当机构监督和发证。在开始应用阶段，育种家种子应要求不带有病毒（嫁接指示植物或 NCM-ELISA 检测）和其他病原，原种只允许带有少量病毒，生产商品用的种薯 要求适当放宽。生产各级种薯的温室、网室和地块中都可种少量指示植物，观察是否有毒源存在，有无蚜虫传毒。如果指示植物发病，那么育种家种子和原种都应降级，并找出蚜虫产生的原因，加以改进。在防虫网室、温室中定期喷杀虫剂消灭外来和内部滋生的蚜虫是必不可少的工作。各级种薯也应采用杀菌剂浸种防病。

（九）种薯的收获、储藏

脱毒试管苗的保存需要有一定的设备条件，一般在科研单位和大专院校进行。脱毒种薯的收获、储藏，与普通种薯没有根本差别，但要特别注意防止品种混杂和同普通种薯混杂。另外，脱毒薯萌芽性能好，应注意控制温度，防止提早萌芽。

五、实验结果记录

甘薯种子脱毒技术与生产实验技术
实验结果记录：

六、思考题

简述甘薯种子生产技术要点。

七、知识补充

甘薯块茎顶端多分枝，茎左旋，基部有刺，附着有丁字形柔毛；叶片为心脏形，有丁字形长柔毛，尤以背面较多，叶柄有刺；花被为浅杯状，附着柔毛；果实较少成熟，三棱形；花期初夏；分布于中国广东、海南乐东，广西合浦、博白有栽培。亚洲东南部，栽培及野生均有。

实验十五 马铃薯种子脱毒技术与生产实验技术

一、实验目的

(1)了解马铃薯茎尖脱毒的原理、脱毒苗快繁的方法。

(2)初步掌握马铃薯种子脱毒技术与生产实验技术。

二、实验原理

(一)茎尖脱毒

马铃薯属自花授粉作物，其自然异交率一般不超过0.5%。马铃薯脱毒种薯生产中常说的"茎尖脱毒"，即把感染了病毒、出现退化症状的植株，在无菌操作下，将植株或分枝或块茎上芽的顶部生长点切下，进行组织培养。切取生长点的长度一般为0.2～0.3 mm，带1～2个叶原基。利用MS培养基把切取的茎尖放在三角瓶中进行培养。切取茎尖和培养过程必须在严格消毒、灭菌条件下完成。经过4～6个月的培养，茎尖即可长成小苗。这些小苗是否脱掉了病毒，还必须进行检测。由茎尖长成的小苗，在4～5片叶时即可切段繁殖，用繁殖的茎尖苗做病毒检测。通常用血清、电镜和指示植物接种等方法检测。淘汰仍带有病毒的茎尖苗，保留确实无病毒的茎尖苗，这个过程就是茎尖脱毒。一般无病毒的茎尖苗的比例为百分之几或千分之几。只有经过检测确认无病毒的茎尖苗，才是可靠的脱毒苗，才能进行繁殖，在生产上应用。不经过病毒检测，不宜繁殖推广。

茎尖培养之所以能根除病毒，主要是利用了病毒在植物组织中分布的不均匀性和病害受一定环境条件制约的特点。除利用病毒在组织中分布不均匀的特点进行茎尖培养可获得无毒苗外，用高温处理植株也可提高茎尖苗的脱毒率。

(二)脱毒苗快繁

马铃薯脱毒试管苗在获得之初只有很少几棵试管苗，而马铃薯用薯块繁殖的系数只有10～15倍。另外，种薯经过脱毒，不仅脱去了致病的强系，同时也把具有保护作用的弱系去掉了，使脱毒种薯被强系侵染后表现病毒性退化更快。为此，需要不断地给生产上提供大量的脱毒种薯。只有加快繁殖高质量的脱毒种薯，不断用脱毒种薯更替退化种薯，才能完全摆脱病毒危害，使产量得到保证。加快脱毒种薯的生产，就必须利用组织培养快繁技术，以工厂化生产的方式快速繁殖脱毒苗，达到在生产上快速利用的目的。

三、实验材料

1. 植物材料

马铃薯鲜薯块茎、脱毒试管苗。

2. 仪器用具

超净工作台、体视显微镜、解剖针、小镊子、酒精灯、烧杯、纱布、手术剪刀、大镊子等。

3. 药品试剂

MS 固体培养基(内添加不同种类及浓度激素，分别用于茎尖脱毒和试管苗快繁)、酒精、漂白粉溶液、无菌水。

四、实验方法

(一)茎尖脱毒

1. 取材和消毒

将入选的无性系块茎解除休眠之后，在温室里催芽，当芽长达 4～5 cm 剪取芽尖，然后剥去外面的几层叶片，放在烧杯中，用纱布封口，放在自来水下冲洗 0.5 h。在无菌室进行消毒，消毒时先在 95%酒精中迅速蘸一下，消除叶片茸毛的表面张力，然后放在漂白粉溶液中浸泡 5～10 min，再用无菌水冲洗 3～5 次。

2. 剥离茎尖和接种

在无菌条件下，将消毒过的芽置于 40 倍的解剖镜下，用解剖针剥去幼叶，露出带有叶原基的圆滑生长点。挑取带有 1～2 个叶原基的茎尖，接种在有培养基的试管中。

3. 培养与病毒鉴定

接种后的试管茎尖在室温 25 ℃、光照度 2 000～3 000 lx、每天光照 16 h 的条件下培养。30～40 d 即可看见明显伸长的茎，叶原基形成可见的小叶，这时可将苗转移到无生长调节剂的培养基中，再经过 4～5 个月，可发育成 3～4 个叶片的小植株，这时就可以转移到繁殖培养基上扩繁。同时，开始对植株进行病毒含量的检测。

(二)脱毒苗快繁

在无菌条件下，将试管或三角瓶中的脱毒苗按单节切段，每节带 1 个叶片，接种到盛有固体繁殖培养基的试管或三角瓶中，接种时叶芽向上，每 150 mL 三角瓶可接种 10～12 个节。繁殖试管苗的温度应在 25 ℃左右、每天 16 h 光照、光照度 2 000～3 000 lx。接种后 5 d 左右生根，幼芽从叶腋发出 25～30 d 即可长成 6～7 个茎节的小植株，也可切段繁殖。为降低成本，切段繁殖培养基可不加植物生长调节剂，有些有机成分如生物素、泛酸钙、烟酸、肌醇等亦可省去，蔗糖可以用白糖代替，无离子水可以用蒸馏水代替。试管苗在网棚生产脱毒薯。

五、实验结果记录

马铃薯种子生产实验技术
实验结果记录：

六、思考题

(1)简述马铃薯种薯茎尖脱毒技术原理。

(2)影响马铃薯茎尖成活和脱毒效果的因素有哪些?

(3)简述马铃薯种薯的快速繁殖方法。

七、知识补充

马铃薯，是茄科茄属的一年生草本植物。其地上茎呈菱形，有毛。马铃薯叶片初生时为单叶，逐渐生长成奇数不相等羽状复叶，大小相间，呈卵形至长圆形；伞房花序生长在顶部，花为白色或蓝紫色；果实为浆果；块茎扁圆形或球形，无毛或被疏柔毛；薯皮白色、淡红色或紫色；薯肉有白、淡黄、黄色等色；花期夏季。马铃薯因酷似马铃铛而得名。马铃薯原产于热带美洲的山地，16世纪传到印度，继而传到中国，现广泛种植于全球温带地区。马铃薯喜冷凉、干燥气候，适应性较强，以疏松、肥沃沙质土为宜，生长周期短而产量高。因种子繁殖会导致性状分离，所以马铃薯最常用的繁殖方式是无性块茎繁殖。

第三篇

种子检验学

实验一　种子扦样技术

一、实验目的

(1)了解种子扦样原则。

(2)熟悉种子扦样工具和分样器的构造及使用方法。

(3)掌握种子扦样和分样的过程方法。

二、实验原理

种子扦样技术是指使用专用的扦样工具从袋装或散装种子批里扦取一定数量的、重量适当的、具有代表性的、供分析检验使用的种子样品的过程。扦样是种子检验工作的第1个环节,是做好种子检验工作的基础和首要步骤。扦样是否正确,样品是否具有代表性,直接影响到后续各项种子检验结果的正确性。因此扦样时一定要注意以下几点:

(1)被扦种子批的质量应保证均匀一致。

(2)确保扦样点的均匀分布。

(3)保证每个扦样点扦取的种子数量基本相同。

(4)选取合格的扦样员进行扦样。

(5)确保样品的可追溯性和原始性。

三、实验材料

1. 材料

数量充足的各种作物的袋装、散装或小包装种子批(小麦、水稻、玉米、花生等)。

2. 用具

单管扦样器、双管扦样器、圆锥形扦样器、横格式分样器、钟鼎式分样器(圆锥形分样器)、分样板、样品盒、样品袋、标签、记号笔、天平等。

四、实验方法

1. 扦样前的准备工作

为确保扦样时种子批质量符合同品种、同来源、同年度、同时期和质量基本一致,在规定数量之内的种子,进行扦样前应先了解种子批基本情况,向供检单位询问清楚种子的来源、品种、繁育次数、田间纯度等。对于仓库储存的种子,还要了解入库后是否熏仓、倒仓、受冻、受潮,以及仓内是否存在虫、鼠等。此外,种子批的每一容器应有统一编号的批号或其他标识,这样才能实现样品的可追溯性,否则检验结果只能代表样品,不能代表种子批。

确定种子批质量均匀一致,符合要求后,可以进行扦样,根据种子批的种类和储存容器准备相应的扦样器具、样品盒、标签等用品。

2. 划分种子批

检查种子批的重量,与《农作物种子检验规程　扦样》(GB/T 3543.2—1995)规定重量进行比较(容许差距为5%)。如果种子批重量超过规定,则应分成几批并分别扦样,若经检查后种子批不符合同品种、同来源、同年度、同时期和质量基本一致,则另行划批。

3. 扦取初次样品

扦取初次样品时应根据种子批大小和堆放形式确定扦样点数目和扦样点分布;根据种子批种类和包装形式确定扦样器具;根据扦样点数和送验样品数量计算每点扦取样品的数量。

(1)袋装种子扦样。

①计算扦样袋数。根据种子批袋数确定应扦样袋数,参考表3-1-1。

表3-1-1　种子批总袋数和应扦袋数

<table>
<tr><th colspan="2">国家标准</th><th colspan="2">国际标准</th></tr>
<tr><th>种子批袋数
(容器数)</th><th>应扦取的最低袋数
(容器数)</th><th>种子批袋数
(容器数)</th><th>应扦取的最低袋数
(容器数)</th></tr>
<tr><td>1～5</td><td>每袋都扦取,至少扦取5个初次样品</td><td>1～5</td><td>每袋都扦取,至少扦取5个初次样品</td></tr>
<tr><td>6～14</td><td>不少于5袋</td><td rowspan="2">6～30</td><td rowspan="2">每3袋至少扦取1袋,不少于5袋</td></tr>
<tr><td>15～30</td><td>每3袋至少扦取1袋</td></tr>
<tr><td>31～49</td><td>不少于10袋</td><td rowspan="2">31～400</td><td rowspan="2">每5袋至少扦取1袋,不少于10袋</td></tr>
<tr><td>50～400</td><td>每5袋至少扦取1袋</td></tr>
<tr><td>401～560</td><td>不少于80袋</td><td rowspan="2">401或以上</td><td rowspan="2">每7袋至少扦取1袋,不少于80袋</td></tr>
<tr><td>561以上</td><td>每7袋至少扦取1袋</td></tr>
</table>

②设置扦样点。对于储藏期间的袋装种子批,将扦样点均匀分布在种子堆的上、中、下各部位;对于运输、加工、装卸过程中的种子批,根据总袋数和应扦袋数每隔一段距离均匀设置扦样点。

③初次样品的扦取。根据种子的大小、形状不同选用合适的扦样器具进行扦样。对于中小粒种子,使用单管扦样器;对于可拆袋口的大粒种子,使用双管扦样器进行扦样;对于特大粒种子(如花生、棉花等),应采取徒手倒包法进行扦样。

(2)小容器种子批扦样。

将100 kg种子的重量作为扦样的基本单位(种子批),为了便于扦样,将每个扦样"单位"作为一个"容器",再按上述规定扦样。

(3)散装种子扦样。

①确定扦样点数。根据种子数量确定扦样点数,参考表3-1-2。

②设置扦样点。确保水平、垂直两个方向均匀设置扦样点。

③初次样品的扦取。扦取时避免扰乱种子批层次,应根据设置的扦样点位置先扦上层,后扦中层,最后扦下层。

表 3-1-2　散装种子的扦样点数

种子批重量/kg	扦样点数	种子批重量/kg	扦样点数
50 以下	不少于 3 点	5 001～20 000	每 500 kg 至少扦取 1 点
51～1 500	不少于 5 点	20 001～28 000	不少于 40 点
1 501～3 000	每 300 kg 至少扦取 1 点	28 001～40 000	每 700 kg 至少扦取 1 点
3 001～5 000	不少于 10 点		

4. 混合样品的配置

若初次样品无明显差异，可合并在一起组成一个混合样品。若初次样品存在明显差异，当差异显著时可小心排除该初次样品所代表的种子，当无法排除时，则本次扦样无效，应重新处理种子批后再进行扦样。

5. 分取送验样品

(1)送验样品的最低重量根据检验项目确定。若进行水分测定，则送验样品最低重量为 50 g(需磨碎的样品 100 g)；若进行纯度鉴定，室内测定大粒种子最低重量 1 000 g，中小粒种子最低重量 500 g，同时进行田间鉴定时，重量加倍。

(2)送验样品的分取。利用横格式分样器、钟鼎式分样器或分样板将混合样品均匀减少至规定的重量。

6. 送验样品的包装和发送

(1)包装。根据不同的种子检验项目，送验样品的包装也有所不同。对于进行净度分析和发芽试验的种子，用经过消毒的坚实布袋或清洁、坚实的纸袋包装；对于进行水分测定和病虫害检验的种子，用清洁、干燥、能密闭的防湿容器包装，并使容器装满。

(2)发送。样品发送应及时。包装、封缄后应尽快送至检验室，并注意样品绝对不能交给种子所有者、申请者及其他人员，同时在发送样品时必须附有扦样证书。

(3)样品的验收和登记。

①验收内容。扦样证明书的有无，填写是否正确，送验样品重量是否符合要求。

②登记内容。送验单位、人员、品种、检验项目、样品编号、检验结果报告日期。

7. 填写扦样单

扦样单一般一式两份，其中一份交给种子检验室，另一份则由被扦单位保存。如果是监督检验，则扦样单必须一式三份，由承检结构和被抽查企业各留存一份，报送下达抽查任务的农业行政主管部门一份。《ISTA 种子检验室认可标准》中规定扦样单必须填报以下内容：扦样员详细信息及签名；被扦样单位的名称及地址；扦样日期；种子批号或标签号；种和品种名称；种子批重量；容器数量及种类；检测项目；可能影响检测结果的扦样环境条件的说明；被扦样单位提供的其他信息。

五、注意事项

(1)当扦取一批种子样品时，种子批种子应均匀，堆放时应便于扦样，扦样人员至少能靠近种子批堆放的两个面，否则必须移动扦样位置。

(2)在扦样时，从每个被扦样的容器(袋内)或散装种子(仓柜、汽车、货车等内)的各个部位扦取大约相同数量的种子。

(3)种子样品通常应装入布袋或纸袋中，以防在运输中损坏。发芽试验的样品不应装入防潮容器中；反之，测定种子水分的样品必须装入防潮容器中。

实验二　种子净度分析

一、实验目的

(1)掌握种子净度分析的方法。

(2)正确识别净种子、其他植物种子、杂质。

二、实验原理

种子净度是种子质量标准中的四大指标之一。种子净度是指样品中除去杂质和其他植物种子后，留下的本作物净种子重量占样品总重量的百分率。种子净度检验需测定供检样品中不同成分(净种子、杂质、其他植物种子)各自的重量及所占百分率，测定样品混合物特性，依此推测种子批的组成；了解一批种子中洁净的、可利用的种子的真实重量，为计算种子用价提供一项指标；了解种子批中其他植物种子及无生命杂质的种类和含量，便于采取适当的清理方法，提高种子质量。

三、实验材料

1. 材料

水稻或小麦及蔬菜种子 1 罐，小麦最低送检样品 1 000 g，按粒重的大小至少 250 000 粒种子单位，各种杂草种子标本。

2. 用具

工业天平、分样器(横格式分样器、钟鼎式分样器、离心式分样器)、手筛、木盘、小钵、镊子、放大镜、毛笔等。

四、实验方法

1. 重型混杂物的检查

收到送验样品(或至少是净度分析试样重量的 10 倍)后，首先检验是否有与供检种子在大小或重量上明显不同并且会严重影响结果的重型混杂物，如土块、石子或小粒种子中混有大粒种子(如供检种子为小麦种子，其中的玉米种子即可视为重型混杂物)等。在净度分析前，应将重型混杂物挑出并称重，然后将重型混杂物分离为其他植物种子和杂质。

2. 试验样品的分取

用于净度分析的试验样品应按照规定的方法从送验样品中分取。试验样品应估计至少含有 2 500 个种子单位的重量才有代表性，一些主要作物规定的试验样品最低重量见表 3-2-1。

净度分析可以用规定重量的一份试样或两份半试样(符合规定的一份试样重量的一半)进行检验。使用分样器(横格式分样器、钟鼎式分样器等)进行试验样品的分取,直至试样接近规定的最低重量即可称重计数。其中,试验样品称重的精确度因试样重量而异,详见表 3-2-2。

表 3-2-1　主要作物规定的试验样品最低重量

种(变种)名	种子批的最大重量/kg	样品最小重量/g		
		送验样品	净度分析试样	其他植物种子计数试样
小麦	25 000	1 000	120	1 000
玉米	40 000	1 000	900	1 000
大豆	25 000	1 000	500	1 000
高粱	10 000	900	90	900
棉花	25 000	1 000	350	1 000
花生	25 000	1 000	1 000	1 000

表 3-2-2　称重与小数位数

试样或半试样及其成分重量/g	小数位数
1.000 以下	4
1.000～9.999	3
10.00～99.99	2
100.0～999.9	1
1 000 或 1 000 以上	0

(1)横格式分样器的使用。

①将分样器内部清理干净,确保没有残余种子,水平放置分样器。

②将 2 个承接器置于 2 个出料口位置。

③均匀地将样品从高于分样器 5 cm 处倒入分样器,样品全部倒入分样器后用手轻轻拍打分样器。

④样品全部倒入分样器后取出承接器。

⑤被分离的样品可再一次混合后重复上述操作。

(2)钟鼎式分样器的使用。

①将分样器内部清理干净,确保没有残余种子,水平放置分样器。

②关上漏斗开关,将 2 个承接器置于出料口。

③均匀地将样品从高于分样器 5cm 处倒入漏斗内,刮平样品然后打开漏斗开关。

④取出 1 个承接器,按照上述操作方法继续分样,直至 1 个承接器中的样品重量接近所需试样的重量为止。

(3)离心式分样器的使用。

①水平放置分样器,调节仪器底部的螺丝,拧紧螺母,具体参照仪器上的水平仪。

②根据不同的种子,将电机调节至合适的转速。

③检查分样器是否处于关闭状态,确认后再接通电源,将种子装入漏斗(种子一定要超过漏斗的 1/2,并且要保持种子倒在漏斗中间)。

④打开仪器电源后仪器迅速开始分样,5 s 内完成分样,为确保精确度,可重复进行 2 次。

3. 试样的分离

对分取完毕的试验样品进行称重,根据规定将样品分为净种子、其他植物种子和杂质 3 部分。使用尺寸合适的筛子筛理样品有助于更好地将净种子及其他成分区分开。筛理样品时一般选取 2 层筛孔适宜的筛子,上层为大孔筛,下层为小孔筛。大孔筛孔径大于要分析的种子,可以用于分离较大成分;小孔筛孔径小于要分析的种子,用于分离细小物质。筛理时应在小孔筛下面套一层无孔筛底,上面套大孔筛,将样品倒入上层大孔筛中,然后盖上筛盖。筛子可以手摇,也可以使用电动筛选机筛动 2 min。筛理完毕后,落入筛底的为泥土、砂粒、碎屑或其他细小的种子等;留在上层大孔筛中的为茎、叶、稃壳及较大的其他植物种子等;留在小孔筛中的大部分试样为净种子和其他与净种子大小类似的成分。

对试验样品完成筛理后,即可对各层筛上的物质进行分析。通常使用净度分析桌或净度分析工作台对样品进行分析,分析时最好配备放大镜、反光镜等用品,以更好地进行净度分析。分析时,将试验样品倒在水平桌面上,使用镊子、毛笔等工具逐粒进行观察、鉴定。把净种子、杂质和其他植物种子区分开,并放入对应的小钵中。

五、注意事项

(1)分离样品时可以借助放大镜、反光镜、筛子、吹风机、毛笔等器具,或用镊子施压,在不损伤发芽力的基础上进行检查。

(2)进行样品的分离时,必须根据种子的明显特征,对样品中各个种子单位进行细致的分析、检查,并根据形态学特征、种子标本等加以鉴定。若不同植物种之间区分困难或不可能区分时,则填报属名,并认定该属的全部种子为净种子,还需附加说明。

(3)对于种皮或果皮没有明显损伤的种子单位,无论其是空瘪或充实,均可以作为净种子或其他植物种子;当种皮或果皮有一个裂口时,检验员则必须判断留下的种子单位是否超过了种子原来大小的一半,若不能迅速做出这种判断,则将种子单位列为净种子或其他植物种子。

(4)准确称量各份净种子、其他植物种子和杂质,尤其是轻杂质,防止轻杂质丢失影响结果。

六、结果计算

按照规定,将试样分离成净种子、其他植物种子和杂质 3 种成分后,将每份试样的净种子、其他植物种子和杂质分别称重,称量的精确度与试样称重时相同。

1. 结果计算

(1)核查分析过程中的重量增加和损失。

无论使用一份试样还是两份半试样进行净度分析,都应将分析后各成分重量之和与原始重量进行比较,核对在净度分析期间是否有物质增加和损失。若核对后发现净度分析过程中存在重量增失且增失差超过原始重量的 5%，则本次试验结果无效，必须重做。填报的结果也应为重做后的结果。

(2)计算各成分的重量百分率。

对试验样品进行分析时，所有成分(含净种子、其他植物种子、杂质)的重量百分率数值应计算到 1 位小数。进行半试样分析时，需对每 1 份半试样的所有成分(净种子、其他植物种子、杂质)分别进行计算。半试样分析时各成分的重量百分率应至少保留至 2 位小数。

需要注意的是，各种成分重量的百分率必须根据分析后各成分重量的总和进行计算，而不是根据试验样品的原始重量进行计算。

(3)检查重复间的误差。

若对两份半试样进行净度分析，则分析完成后任一成分的相差不允许超过表 3-2-3 所示的重复分析间的容许差距。如果所有成分的实际差距都在容许范围内，则计算每一成分的平均值。而当所有成分的实际差距超过表 3-2-3 所示的容许差距时，则需再分析一份试样。若再次分析后的最高值和最低值差异未大于容许差距的 2 倍时，可填报 3 次的平均值。若 3 次分析中的其中 1 次或几次结果明显是由于差错所造成的，则应去除该结果。

表 3-2-3 同一实验室内同一送验样品净度分析的容许差距(5%显著水平的两尾测定)

两次分析结果平均		不同测定之间的容许差距			
50%以上	50%以下	半试样		试样	
		无稃壳种子	有稃壳种子	无稃壳种子	有稃壳种子
99.95～100.00	0.00～0.04	0.20	0.23	0.1	0.2
99.90～99.94	0.05～0.09	0.33	0.34	0.2	0.2
99.85～99.89	0.10～0.14	0.40	0.42	0.3	0.3
99.80～99.84	0.15～0.19	0.47	0.49	0.3	0.4
99.75～99.79	0.20～0.24	0.51	0.55	0.4	0.4
99.70～99.74	0.25～0.29	0.55	0.59	0.4	0.4
99.65～99.69	0.30～0.34	0.61	0.65	0.4	0.5
99.60～99.64	0.35～0.39	0.65	0.69	0.5	0.5
99.55～99.59	0.40～0.44	0.68	0.74	0.5	0.5
99.50～99.54	0.45～0.49	0.72	0.76	0.5	0.5
99.40～99.49	0.50～0.59	0.76	0.80	0.5	0.6
99.30～99.39	0.60～0.69	0.83	0.89	0.6	0.6
99.20～99.29	0.70～0.79	0.89	0.95	0.6	0.7
99.10～99.19	0.80～0.89	0.95	1.00	0.7	0.7
99.00～99.09	0.90～0.99	1.00	1.06	0.7	0.8

续表 3-2-3

两次分析结果平均		不同测定之间的容许差距			
		半试样		试样	
50%以上	50%以下	无稃壳种子	有稃壳种子	无稃壳种子	有稃壳种子
98.75～98.99	1.00～1.24	1.07	1.15	0.8	0.8
98.50～98.74	1.25～1.49	1.19	1.26	0.8	0.9
99.25～98.49	1.50～1.74	1.29	1.37	0.9	1.0
98.00～98.24	1.75～1.99	1.37	1.47	1.0	1.0
97.75～97.99	2.00～2.24	1.44	1.54	1.0	1.1
97.50～97.74	2.25～2.49	1.53	1.63	1.1	1.2
97.25～97.49	2.50～2.74	1.60	1.70	1.1	1.2
97.00～97.24	2.75～2.99	1.67	1.78	1.2	1.3
96.50～96.99	3.00～3.49	1.77	1.88	1.3	1.3
96.00～96.49	3.50～3.99	1.88	1.99	1.3	1.4
95.50～95.99	4.00～4.49	1.99	2.12	1.4	1.5
95.00～95.49	4.50～4.99	2.09	2.22	1.5	1.6
94.00～94.99	5.00～5.99	2.25	2.38	1.6	1.7
93.00～93.99	6.00～6.99	2.43	2.56	1.7	1.8
92.00～92.99	7.00～7.99	2.59	2.73	1.8	1.9
91.00～91.99	8.00～8.99	2.74	2.90	1.9	2.1
90.00～90.99	9.00～9.99	2.88	3.04	2.0	2.2
88.00～89.99	10.00～11.99	3.08	3.25	2.2	2.3
86.00～87.99	12.00～13.99	3.31	4.49	2.3	2.5
84.00～85.99	14.00～15.99	3.52	3.71	2.5	2.6
82.00～83.99	16.00～17.99	3.69	3.90	2.6	2.8
80.00～81.99	18.00～19.99	3.86	4.07	2.7	2.9
78.00～79.99	20.00～21.99	4.00	4.23	2.8	3.0
76.00～77.99	22.00～23.99	4.14	4.37	2.9	3.1
74.00～75.99	24.00～25.99	4.26	4.50	3.0	3.2
72.00～73.99	26.00～27.99	4.37	4.61	3.1	3.3
70.00～71.99	28.00～29.99	4.47	4.71	3.2	3.3
65.00～69.99	30.00～34.99	4.61	4.86	3.3	3.4
60.00～64.99	35.00～39.99	4.77	5.02	3.4	3.6
50.00～59.99	40.00～49.99	4.89	5.16	3.5	3.7

(4)修约。

填报各种成分的重量百分率结果时,应保留 1 位小数。

各种成分的重量百分率之和应为 100.0%，重量百分率小于 0.05%的微量成分在计算中应除外。当各种成分的重量百分率之和为 99.9%或 100.1%时，应从各成分重量百分率的最大值（通常为净种子）增加或减少 0.1%。当修约结果大于 0.1%时，则应检查计算是否有差错。

(5)有重型混杂物的结果换算。

净种子：

$$P_2(\%)=P_1\times\left[\frac{(M-m)}{m}\right]\times 100\%$$

其他植物种子：

$$OS_2(\%)=OS_1\times\left[\frac{(M-m)}{M}\right]+\left(\frac{m_1}{M}\right)\times 100\%$$

杂质：

$$I_2(\%)=I_1\times\left[\frac{(M-m)}{M}\right]+\left(\frac{m_2}{M}\right)\times 100\%$$

式中，M 为送验样品的重量，g；m 为重型混杂物的重量，g；m_1 为重型混杂物中的其他植物种子重量，g；m_2 为重型混杂物中的杂质重量，g；P_1 为除去重型混杂物后的净种子重量百分率，%；I_1 为除去重型混杂物后的杂质重量百分率，%；OS_1 为除去重型混杂物后的其他植物种子重量百分率，%。

最后应检查：$(P_2+I_2+OS_2)\%$是否等于 100.0%。

2. 结果表示

净度分析结果以 3 种成分的重量百分率表示。

净度分析的结果应保留 1 位小数，各种成分的重量百分率总和必须为 100%。成分重量百分率小于 0.05%的填报为“微量”，若其中 1 种成分的结果为零，则填“—0.0—”。

当测定发现某 1 种其他植物种子或某 1 类杂质的重量百分率达到甚至超过 1%时，必须在结果报告单上注明。

3. 其他植物种子数目测定

对其他植物种子数目进行测定时，结果用在测定过程中发现的种（或属）的种子数来表示，也可折算为每单位重量（如每千克）的种子数。

$$\text{其他植物种子含量(粒/kg)}=\left[\frac{\text{其他植物种子数}}{\text{试验样品重量(g)}}\right]\times 1\,000$$

表 3-2-4 可用来判断 2 个测定结果是否有显著差异。但在比较时，2 个样品的重量须大致相当。

4. 结果报告

对试验样品进行其他植物种子数目项目测定时，需将测定种子的实际重量、学名和该重量中找到的各个种的种子数如实填写在结果报告单上，并注明采用何种方法进行的检验（完全检验、有限检验或简化检验）。

根据送验者的不同要求，其他植物种子数目的测定可采用完全检验、有限检验和简化检验。

表 3-2-4 其他植物种子数目测定的容许差距(5%显著水平的两尾测定)

两次测定结果的平均值	容许差距	两次测定结果的平均值	容许差距
3	5	152～160	35
4	6	161～169	36
5～6	7	170～178	37
7～8	8	179～188	38
9～10	9	189～198	39
11～13	10	199～209	40
14～15	11	210～219	41
16～18	12	220～230	42
19～22	13	231～241	43
23～25	14	242～252	44
26～29	15	253～264	45
30～33	16	265～276	46
34～37	17	277～288	47
38～42	18	289～300	48
43～47	19	301～313	49
48～52	20	314～326	50
53～57	21	327～339	51
58～63	22	340～353	52
64～69	23	354～366	53
70～75	24	367～380	54
76～81	25	381～394	55
82～88	26	395～409	56
89～95	27	410～424	57
96～102	28	425～439	58
103～110	29	440～454	59
111～117	30	455～469	60
118～125	31	470～485	61
126～133	32	486～501	62
134～142	33	502～518	63
143～151	34	519～534	64

(1)完全检验。

试验样品不得小于 25 000 个种子单位的重量或表 3-2-1 所规定的重量。借助放大镜、筛子和吹风机等器具,按规定逐粒进行分析、鉴定。取出试样中所有的其他植物种子,并数出每个种的种子数。当发现有的种子不能准确确定所属种时,允许鉴定到属。

(2)有限检验。

有限检验的检验方法同完全检验,但只限于从整个试验样品中找出送验者指定的其他植物种的种子。如送验者只要求检验是否存在指定的某些种，则发现 1 粒或数粒种子即可。

(3)简化检验。

如果送验者所指定的种难以鉴定时，可采用简化检验。简化检验是用规定试验样品重量的 1/5(最少量)对该种进行鉴定。简化检验的检验方法同完全检验。

实验三　种子标准发芽试验

一、实验目的

(1)掌握主要种子的标准发芽试验条件。

(2)掌握主要种子的标准发芽试验技术。

二、实验原理

种子发芽力是指种子在适宜条件下发芽并长成正常植株的能力。一般用发芽势和发芽率表示。种子发芽势是指种子发芽初期(规定日期内)正常发芽种子数的百分率。种子发芽势高，代表种子的活力强，发芽整齐，出苗一致，增产潜力高。种子发芽率是指在发芽试验终期(规定日期内)全部正常发芽种子数占供试种子数的百分率。种子发芽率是种子质量标准中的四大指标之一。种子发芽率越高，表明有生活力的种子数目越多，播种后出苗数越多。种子发芽试验的目的是测定待检测种子批的最大发芽潜力，并可以以此为依据比较不同种子批的质量，继而对种子批的田间播种价值进行评估。在田间条件下进行发芽试验，通常面临着复杂的气候和环境条件，使其试验结果没有可靠的重演性，导致试验结果常常不能令人满意。因此，就发展了可以最大限度控制外部环境条件的实验室方法进行发芽试验，可以使作物的大多数种子样品得到最整齐、最迅速、最完全的发芽。室内标准发芽试验的各项条件已经标准化，因此所得到的试验结果可以最大限度地在接近随机样品变异所容许的范围内重演。种子发芽试验在种子经营和农业生产中具有极为重要的实际意义。在种子收购时做好发芽试验，可以根据种子的发芽力正确地进行种子分级和定价；种子储藏期间做好发芽试验，可以掌握储藏期间种子发芽力的变化情况，以便及时调整储藏条件，确保种子的安全储藏；种子运输前做好发芽试验，可以防止盲目调运发芽力低的种子，节约人力和财力；播种前做好发芽试验，可以根据要求的田间保苗数来确定适宜的播种量，选用发芽力高的种子播种，可以保证苗齐、苗壮，防止种子浪费，保证播种质量。

三、实验材料

1. 材料

水稻(籼、粳各一个品种)、小麦、玉米或蔬菜种子。

2. 用具

发芽箱、发芽盒、石英砂、温度计、镊子、纱布、吸水纸、棉绒、标签等。

3. 试剂

2％次氯酸钠、75％乙醇、蒸馏水。

四、实验方法

1. 选用发芽床,调节适合温度

按表 3-3-1 中主要农作物种子发芽的技术规定,针对进行发芽试验的作物品种挑选最适合的发芽床。发芽盒应预先使用 75% 乙醇进行清洗、消毒,用乙醇消毒完毕后,使用蒸馏水冲洗 3 遍后晾干备用。一般小、中粒种子推荐使用纸上(TP)发芽床;中粒种子采用纸间(BP)发芽床;大粒种子或对水分敏感的小、中粒种子以及活力较低的种子适宜用砂床(S)。例如,小麦发芽规定可以使用纸上(TP)、纸间(BP)或砂床(S)3 种发芽床。确定好合适的发芽床后,根据不同种子发芽的技术规定以及所选取的不同发芽床的特性,调节发芽试验的温度。

表 3-3-1　主要农作物种子发芽的技术规定

种(变种)名	发芽床	温度/℃	初次计数天数/d	末次计数天数/d	附加说明,包括破除休眠的建议
花生	BP;S	20～30;25	5	10	去壳;预先加温(40 ℃)
裸燕麦(莜麦)	BP;S	20	5	10	
普通燕麦	BP;S	20	5	10	预先加温(30～35 ℃)
大豆	BP;S	20～30;20	5	8	
棉花	BP;S	20～30;30;25	4	12	
向日葵	BP;S	20～30;25;20	4	10	预先冷冻;预先加温
大麦	BP;S	20	4	7	预先加温(30～35 ℃);预先冷冻;GA_3
菜豆	BP;S	20～30;25;20	5	9	
高粱	TP;BP	20～30;25	4	10	预先冷冻
小黑麦	TP;BP;S	20	4	8	预先冷冻;GA_3
小麦	TP;BP;S	20	4	8	预先加温(30～35 ℃);预先冷冻;GA_3
玉米	BP;S	20～30;25;20	4	7	

注:TP 代表纸上,BP 代表纸间,S 代表砂床。

2. 数取试样

在经过充分混合的净种子中,用数种设备(如数粒板、电动数粒仪等)或手工随机数取 400 粒种子。中、小粒种子,每份试样数取 100 粒,做 4 次重复;大粒种子,每份试样数取 50 粒或 25 粒种子,做 8 次或 16 次重复。使用 1%～4% 的次氯酸钠溶液对数取的种子进行灭菌处理,可以有效防止在发芽试验过程中可能出现的种子霉变、腐烂等现象,因此在数取种子后,可以用 2% 次氯酸钠溶液浸泡种子 15 min,然后用蒸馏水清洗 3 遍后再进行后续的置床处理。

3. 种子置床、粘贴标签

发芽试验无论使用纸床还是砂床，均应在种子置床前先添加适量的蒸馏水。在种子置床时，使用镊子将试样种子均匀地分布在发芽床上，保证每粒种子在发芽床上彼此间有足够的距离，尽量减少相邻种子生长空间小对幼苗发育造成的影响及病菌的互相感染。同时还要求每粒种子要接触水分良好，使其吸水一致，发芽整齐。置床后应在发芽盒等发芽容器的侧面贴上标签或在其内侧放上标签，标签上应注明操作人、置床日期、样品编号、品种名称及重复次数等信息，然后盖好容器盖子。

4. 置箱培养与管理

种子置床完毕后，将发芽盒等发芽器皿放进调至适合温度的发芽箱内进行恒温或变温培养(发芽箱设定温度根据不同作物的种类而不同，具体参照表 3-3-1)。一般农作物种子最好给予人工或自然光照，这样利于幼苗的正常发育，并便于进行幼苗鉴定。在种子发芽期间，一般要求每天观察检验种子发芽试验情况，始终保持适宜的发芽条件。检查种子发芽情况时应注意发芽床要始终保持湿润，发芽床不宜水分过多或过干，切忌加水不及时或加水过多，要始终保持适宜的发芽水分。发芽箱温度应保持在所规定温度的±1 ℃范围内，需防止因控温部件失灵、意外断电、电器损坏等非人为事故所造成的温度失控。对于变温发芽试验的种子，每天严格执行在规定时间变换温度。发芽试验期间若发现霉菌滋生，应及时取出发霉种子并用清水洗涤去霉，但当发霉种子超过 5%时，应及时调换发芽床，以免霉菌传开。如果发现腐烂、死亡的种子，则应将其除去并记录。试验期间还应当注意氧气的供应是否充足，避免因缺氧导致正常的种子发芽受影响。

5. 观察记载

(1)试验持续时间。每个作物种子的发芽试验持续时间参照表 3-3-1，试验前或试验期间用于破除休眠处理所需的时间不记为发芽试验时间的一部分。

当样品在规定试验时间内仅有几粒种子出现发芽时，则可将发芽试验时间延长 7 d，或是延长规定试验时间的一半。根据具体试验情况，可增加计数的次数。另外，若在规定试验时间前结束试验，即样品已达到最高发芽率，则该试验可提前结束。

(2)幼苗鉴定和观察记数。幼苗鉴定要在幼苗的主要构造已经发育到一定时期时进行，鉴定每株幼苗时都应按照规定的标准进行操作。根据发芽试验物种的不同，试验中绝大多数幼苗应达到以下标准：叶片从胚芽鞘中伸出(如小麦属)、子叶从种皮中伸出(如莴苣属)、初生叶展开(如菜豆属)。有一些种(如胡萝卜)在试验末期时，并非所有幼苗的子叶都能够从种皮中伸出，但在末次计数时，至少应能清楚地看到其子叶基部的“颈”。

根据发芽技术规定的初次计数时间和末次计数时间进行观察计数。在初次计数时，应当把发育良好的正常幼苗从发芽床中拣出，而可疑的或出现损伤、畸形或不均衡的幼苗，通常可以留到末次计数。出现严重腐烂的幼苗和发霉的种子应及时从发芽床中除去，并随时增加计数。在末次计数时，将发芽床中的所有种子按正常幼苗、不正常幼苗、新鲜不发芽种子或硬实粒和死种子分类计数。

6. 破除休眠

当发芽试验结束，仍存在较多硬实粒或不发芽的新鲜种子时，可以采用下面几种方法破除种子休眠。当预先知晓或怀疑种子处于休眠状态时，也可在进行发芽试验前先进行破除休眠处理。

(1)低温处理。试验前，将种子放在湿润的发芽床上，在 5～10 ℃内进行预冷处理，然后在规定温度下进行发芽(如麦类，在 5～10 ℃处理 3 d 即可)。

(2)硝酸处理。处于休眠状态的水稻种子可用 0.1 mol/L 硝酸溶液浸种 16～24 h，然后置床发芽。

(3)硝酸钾处理。禾谷类、茄科等许多种子可用 0.2%硝酸钾溶液湿润发芽床破除休眠。试验期间，发现水分不足时则加水湿润处理。

(4)赤霉素(GA_3)处理。燕麦、黑麦、大麦和小麦种子可用 0.05% GA_3 溶液湿润发芽床以破除休眠。种子休眠较浅时用 0.02%浓度 GA_3 溶液，当休眠较深时需用 0.1%浓度 GA_3 溶液。

(5)过氧化氢处理。过氧化氢可用于大麦、小麦和水稻等休眠种子的处理。用 29%浓度过氧化氢浸种处理小麦 5 min、大麦 10～20 min、水稻 2 h 可达到破除种子休眠的作用。用低浓度过氧化氢处理也可破除小麦、大麦及水稻种子的休眠，小麦用 1%浓度、大麦用 1.5%浓度、水稻用 3%浓度，浸种 24 h 后即可破除种子休眠。需要注意的是，用高浓度过氧化氢处理种子后，需马上用吸水纸吸去残留在种子上的过氧化氢，然后才能置床发芽。

(6)去稃壳处理。用出糙机脱去水稻稃壳；有稃大麦剥去胚部稃壳(外稃)；菠菜剥去果皮或切破果皮；瓜类嗑开种皮。

7. 重新试验

当发现出现下列情况中的任意一种时，都应重新进行发芽试验。

(1)当有较多的新鲜不发芽种子时，可能是因为种子处于休眠状态，此时可采用规定的破除休眠种子的处理方法进行试验，然后将得到的最佳结果进行填报，并注明所用的方法。

(2)当真菌或细菌严重蔓延而使试验结果不一定可靠时，可采用砂床或土壤进行发芽试验。此外，必要条件下可以增加种子之间的距离。

(3)当正确鉴定幼苗数发生困难时，可采用表 3-3-1 中规定的一种或几种方法在砂床或土壤上重新进行发芽试验。

(4)当发现试验条件、幼苗鉴定或观察计数发生差错时，必须采用同样的方法重新进行发芽试验。

(5)当 100 粒种子重复间的差距超过表 3-3-2 中的最大容许差距时，必须采用同样的方法进行重新试验。当第 2 次试验结果与第 1 次结果一致，即其差异不超过表 3-3-3 中所示的容许差距时，则将 2 次试验结果的平均数填报在结果报告单上。当第 2 次试验结果与第 1 次试验结果不一致，即其差异超过表 3-3-3 所示的容许差距时，则应采用同样的方法进行第 3 次试验，填报符合要求的结果平均数。

表 3-3-2　同一发芽试验 4 次重复间的最大容许差距(2.5%显著水平的两尾测定)

平均发芽率		最大容许差距
50%以上	50%以下	
99	2	5
98	3	6
97	4	7
96	5	8
95	6	9
93～94	7～8	10
91～92	9～10	11
89～90	11～12	12
87～88	13～14	13
84～86	15～17	14
81～83	18～20	15
78～80	21～23	16
73～77	24～28	17
67～72	29～34	18
56～66	35～45	19
51～55	46～50	20

表 3-3-3　同一或不同实验室来自相同或不同送验样品间发芽试验的容许差距(2.5%显著水平的两尾测定)

平均发芽率		最大容许差距
50%以上	50%以下	
98～99	2～3	2
95～97	4～6	3
91～94	7～10	4
85～90	11～16	5
77～84	17～24	6
60～76	25～41	7
51～59	42～50	8

五、结果计算及报告

如表 3-3-4 所示，填报发芽结果时，需填报正常幼苗、新鲜不发芽种子、不正常幼苗、硬实粒和死种子等所有成分的百分率。当其中任何一项结果为零时，则填写符号“—0—”。由于种子发芽试验过程中发芽床、发芽温度是根据种的不同规定而选择的，并且发芽试验中发芽床和发芽温度对于发芽试验结果有较大影响，因此在填报正常幼苗等各成分粒数百分率的同时，还应填报试验所采用的发芽床种类、发芽箱温度、发芽试验持续时间以及为促进发芽所采用的处理方法。发芽试验所采用的方法可以用种子发芽试验规程中约定的缩写符号注明。

表 3-3-4　种子发芽结果报告单

<table>
<tr><td>送验单位</td><td colspan="2"></td><td colspan="2">产地</td><td colspan="2"></td></tr>
<tr><td>作物名称</td><td colspan="2"></td><td colspan="2">代表数量</td><td colspan="2"></td></tr>
<tr><td>品种名称</td><td colspan="2"></td><td colspan="2"></td><td colspan="2"></td></tr>
<tr><td>正常幼苗/%</td><td>硬实粒/%</td><td colspan="2">新鲜不发芽种子/%</td><td colspan="2">不正常幼苗/%</td><td>死种子/%</td></tr>
<tr><td></td><td></td><td colspan="2"></td><td colspan="2"></td><td></td></tr>
<tr><td>发芽床</td><td colspan="2">温度</td><td colspan="2">试验持续时间</td><td colspan="2">发芽前处理方法</td></tr>
<tr><td></td><td colspan="2"></td><td colspan="2"></td><td colspan="2"></td></tr>
</table>

检验员签字：　　　　　　　　　　　　　　　　　　检验日期：

在发芽试验中，正常幼苗的百分率应修约至最接近的整数，等于或超过 0.5 进位。计算其余成分百分率的整数，并获得其总和。如果总和为 100，修约程序到此结束。如果总和不是 100，则继续执行下列程序：在不正常幼苗、新鲜不发芽种子、硬实粒和死种子中，首先，找出其百分率中小数部分最大值者，修约此数至最大整数，并作为最终结果；其次，计算其余成分百分率的整数，获得其总和，如果总和为 100，修约程序到此结束，如果不是 100，重复此程序。如果小数部分相同，优先次序为不正常幼苗、硬实粒、新鲜不发芽种子和死种子。如果发芽试验时间超过规定时间，应在规定栏中填报末次计数的发芽率。超过规定时间以后的正常幼苗应填报在附加说明中，模板：到规定时间 Xd 后，有 Y% 为正常幼苗。

六、注意事项

(1)怀疑种子休眠(即有较多的新鲜不发芽种子)时，可采用破除休眠的方法进行试验，将得到的最佳结果填报，应注明所用的方法。

(2)真菌或细菌的蔓延使试验结果不一定可靠时，可采用砂床或土壤进行试验。如有必要，应增加种子之间的距离。

(3)当发现试验条件、幼苗鉴定或计数有差错时，以及当正确鉴定幼苗数有困难时，应采用同样的方法重新进行试验。

(4)当 100 粒种子重复间的差距超过最大容许差距时，应采用同样的方法重新进行试验。

实验四　种子快速发芽试验

一、实验目的

(1)掌握主要种子的快速发芽条件。

(2)掌握主要种子的快速发芽试验技术。

二、实验原理

在实际生产中，偶尔会遇到急需了解种子发芽能力的情况，而标准发芽试验所需时间较长，难以满足快速了解种子发芽情况的需求，因此可以采取快速发芽试验技术了解种子的发芽情况。快速发芽技术的原理是应用适当的高温、高湿处理促进种子的吸胀并加快种子内部的生理生化代谢，抑或是去除阻碍种子发芽的因素，继而加速种子的发芽。快速发芽试验技术并不能作为正规的检验种子发芽能力的方法，仅可在特殊情况下应急使用。快速发芽试验根据原理可划分为物理方法和化学方法。物理方法包括剥胚部种皮法、去壳法、高温盖砂法等；化学方法包括硫酸法、赤霉酸法等。

三、实验材料

1. 材料

玉米、水稻、大豆、棉花或菠菜种子。

2. 用具

发芽箱、发芽盒、出糙机、毛巾卷、石英砂、温度计、镊子、剪刀、手术刀片、纱布、吸水纸、标签等。

3. 试剂

浓硫酸。

四、实验方法

1. 玉米剥胚部种皮法

玉米种子由坚韧的果种皮包被，并且其果柄覆盖了胚根尖端，阻碍种胚的生长。因此，切除玉米的果柄并撕去包被其种胚部位的果种皮，就能够促进玉米种子的发芽。操作时，使用数粒设备或手工数取玉米种子 400 粒，分为 4 次重复，每次重复含 100 粒玉米种子。将种子在 30～35 ℃温水中浸泡 3～4 h，然后取出种子，将有胚的一面朝下，用锋利的手术刀片切下玉米种子胚根尖端的果柄。注意，不要切断下面的种皮。然后用手指捏住果柄后撕下胚部外边的种皮，再将种子置于砂床中，35 ℃下培养 2 d，即可计算发芽率。

2. 水稻去壳法

先使用出糙机将水稻种子的谷壳（包括内外稃）除去，然后取完整米粒 400 粒，分为 4 个重复，每个重复含 100 粒水稻种子。在 30 ℃温水中浸种 3～4 h，或者在室温条件下浸种 12 h，置于纸床。然后在 30 ℃发芽箱中发芽，如果是籼稻则 48 h 后检查计算发芽率；如果是粳稻则 36 h 后检查计算发芽率。需要注意的是，失去谷壳保护的米粒更容易受霉菌侵染，因此在发芽期间，每天都应注意检查有无霉变种子。若发现有霉菌滋生，则需将发霉种子取出，用清水冲洗后再放回原处继续进行发芽试验，霉烂的种子则应除去并记录。

3. 禾谷类、豆类高温盖砂法

采取高温盖砂法破除种子休眠时，因种的不同，处理方法也有所差异。豆类试样需数取 200 粒种子，4 次重复，每个重复含 50 粒豆类种子；禾谷类试样则需数取 400 粒种子，4 次重复，每次重复含 100 粒禾谷类种子。数取试样完毕后，先在 30 ℃的温水中浸种 4～6 h，或者在室温下浸种 12 h（若是水稻种子则需浸种 24 h）。按照标准发芽技术规定准备好砂床。然后将种子置床，禾谷类种子的种胚朝上，其上先盖上 1 层湿纱布，再覆盖 1 层 0.5～1.0 cm 厚的湿砂，贴好标签后置于适当高温环境中发芽。一般玉米、籼稻 35～37 ℃，麦类、豆类 25～28 ℃，花生 30 ℃，粳稻 32 ℃，经 48 h（粳稻 96 h）后揭去纱布和砂，检查计算发芽率。

4. 玉米、棉花毛巾卷发芽法

首先将种子置于 30 ℃温水中浸泡 3 h，期间可准备用于发芽试验的毛巾。毛巾应于沸水浴消毒处理 20 min 左右后捞出冷却，拧干后备用。用镊子把浸泡好的种子均匀地放置在湿润的毛巾（半块）上，边缘留 3～4 cm，然后将另一半毛巾折盖在种子上，也可用同样大小的毛巾覆盖在种子上。然后小心地将毛巾卷成柱状（即毛巾卷），毛巾卷的松紧程度以种子在 2 层毛巾间不松动、不发生位移为宜。毛巾卷的两端用橡皮筋扎住，然后将毛巾卷竖放在发芽盒或其他发芽容器上，置于 35 ℃条件下发芽。3～4 d 再打开毛巾卷观察计数，计算种子发芽率。注意，在打开毛巾卷时小心操作，避免幼苗的幼根或幼芽折断，影响正常幼苗的判定。

5. 菠菜剥壳法

使用数种设备或人工数取菠菜净种子 400 粒，4 次重复，每个重复包含 100 粒菠菜种子。先用剪刀剪去一小部分菠菜种子的果皮，继而将整个果皮剥掉。将剥皮后的菠菜种子置于砂床上，放置在 15 ℃或 20 ℃发芽箱中培养 7 d，检查计算发芽率。

6. 棉花硫酸法

使用数种设备或手工数取 400 粒棉花净种子，4 次重复，每次重复含 100 粒棉花种子，置于烧杯中，然后加入适量的浓硫酸后立即用玻璃棒进行搅拌。当棉籽上的绒毛脱净后即可迅速用流水冲洗种子，直到无酸性即可。然后将硫酸脱绒后的棉籽放置于垫板上，用锋利的手术刀片在内脐附近斜切长约为种子长度 1/4 的小口，再将种子切口面向下摆放在含有适宜水分的砂床上，其上先盖 1 层湿纱布，再盖 1 层湿砂（0.5 cm 厚），贴好标签后放置于 35 ℃的发芽箱内发芽，经 48 h 后检查计算发芽率。

五、结果计算及报告

快速发芽试验结果计算及填报与标准发芽试验相同。种子发芽结果报告单见表 3-4-1。

表 3-4-1　种子发芽结果报告单

<table>
<tr><td>送验单位</td><td colspan="2"></td><td colspan="2">产地</td><td></td></tr>
<tr><td>作物名称</td><td colspan="2"></td><td colspan="2">代表数量</td><td></td></tr>
<tr><td>品种名称</td><td colspan="2"></td><td colspan="2"></td><td></td></tr>
<tr><td>正常幼苗/%</td><td>硬实粒/%</td><td colspan="2">新鲜不发芽种子/%</td><td>不正常幼苗/%</td><td>死种子/%</td></tr>
<tr><td></td><td></td><td colspan="2"></td><td></td><td></td></tr>
<tr><td>发芽床</td><td colspan="2">温度</td><td colspan="2">试验持续时间</td><td>发芽前处理方法</td></tr>
<tr><td></td><td colspan="2"></td><td colspan="2"></td><td></td></tr>
</table>

检验员签字：　　　　　　　　　　　　　　　　检验日期：

六、注意事项

（1）怀疑种子有休眠（即有较多的新鲜不发芽种子）时，可采用破除休眠的方法进行试验，将得到的最佳结果填报，应注明所用的方法。

(2)当100粒种子重复间的差距超过最大容许差距时，应采用同样的方法进行重新试验。

实验五　种子含水量标准法的测定

一、实验目的

(1)掌握低温烘干法、高温烘干法和高水分种子预先烘干法的原理。

(2)掌握低温烘干法、高温烘干法和高水分种子预先烘干法的主要操作步骤。

二、实验原理

种子含水量是指按照规定程序把种子样品烘干后所失去的重量占供检样品原始重量的百分率。生产实践经验表明，种子含水量与种子成熟度、收获的最佳时间、人工干燥的合理性、人为和自然伤害(热量、霜冻、病虫为害)、机械损伤因素、安全包装等关系密切。所以测定种子的含水量、控制种子含水量是保证种子质量的关键途径。随着现代化农业的发展，机械播种与收获越来越普遍。机械收获可以在很大程度上节省人力、物力，但其也存在一定局限性，如机械收获容易对种子造成伤害。为了避免这种机械损伤，减少农业生产损失，在收获前应先测定种子的含水量，只有当种子的含水量降低、硬度增加、对机械抗性提高时，才是机械收获种子的最佳时机。在人工干燥种子前，也应先测定种子含水量，以便确定种子干燥的温度、时间和干燥方法。在种子加工后也要测定其含水量，以检查种子含水量是否达到标准要求。对种子进行包装和储藏前了解种子的含水量有助于确保种子的安全包装和储藏，可以帮助确定保存时间的长短。在种子储藏期间和调运种子时，测定种子含水量，可以确保储藏期间和运输过程中的种子安全。

种子中的水分按特性分为自由水和束缚水2种，测定种子含水量时必须保证种子中自由水和束缚水全部除去，同时尽最大可能减少氧化、分解或其他挥发性物质的损失。自由水容易蒸发，因此在测定种子水分前要减少自由水的损失；束缚水不易受外界环境条件影响，因此需要适当提高烘干温度和时间使其蒸发出来。种子中有些化合物，如糖，在分解后也可产生水分，这种水通常被称为化合水，但其并不是真正意义上的水分，所以在烘干时应掌握温度和时间，避免种子释放出化合水，导致测定的种子含水量偏高。

三、实验材料

1. 材料

水稻、小麦或萝卜种子。

2. 用具

电热式恒温干燥箱、样品盒、温度计、干燥器、电子天平、粉碎机、磨口瓶、隔热手套、毛笔等。

四、实验方法

1. 低温烘干法

低恒温烘干法是指将处理好的样品在(103±2)℃的烘箱内烘8 h，这种方法适用于葱属、芸薹属、辣椒属、棉属，以及花生、亚麻、大豆、萝卜、茄子、芝麻、蓖麻、向日葵等种子。低温烘干法测定种子含水量必须在相对湿度为70%以下的室内进行，具体操作步骤如下。

(1)样品盒恒重。进行水分测定前，将待用样品盒(含盒盖)用清水洗净，然后在130 ℃条件下烘1h。戴好隔热手套后取出样品盒并马上将其放入干燥器内，冷却后称重。称重完毕后再将样品盒继续在130 ℃条件下烘干30 min，取出放入干燥器内冷却后称重。当2次样品盒重量差值小于或等于0.002 g时，取两次重量的平均值作为样品盒的重量，否则继续烘干直至样品盒恒重。

(2)预调烘箱温度。低温烘干法需要的烘干温度为(103±2) ℃，而在打开烘箱门放入样品的过程中，烘箱内温度会快速下降并且通常情况下温度回升较慢，因此可以将烘箱温度预先调至115 ℃，以便送入样品后烘箱内温度快速回升并控制在所需的温度。

(3)取样与样品的制备。用于水分测定的送验样品的重量规定如下:需要磨碎的种子重量不少于100 g，不需要磨碎的种子重量不少于50 g。烘干前必须磨碎的种子种类及磨碎细度见表3-5-1。取样时需先将密闭容器内的样品充分混合，然后用勺子从中分别取出2个独立的试验样品15～25 g，分别放入2个磨口瓶中。剩余的送验样品应继续存放在密闭容器内，以备复检。取样时避免直接用手触摸种子造成误差，应使用勺子进行取样。

表3-5-1　必须磨碎的种子种类及磨碎细度

作物种类	磨碎细度
燕麦、水稻、甜荞、苦荞、黑麦、玉米，以及高粱属、小麦属	至少有50%的磨碎成分通过0.5 mm筛孔的金属丝筛，而留在1.0 mm筛孔的金属丝筛子上不超过10%。
大豆、豌豆、西瓜、花生、蓖麻，以及菜豆属	需要粗磨，至少有50%的磨碎成分通过4.0 mm筛孔的筛
巢菜属、棉属	磨碎或切成薄片

(4)称样烘干。将处理好的样品在磨口瓶内充分混合，用感量1/1 000的天平称取4.000～5.000 g试验样品2份(分别从2个独立的试验样品中取得)，然后分别放入恒重的样品盒。盒盖垫于盒底部，记下盒号、盒重、样品重，将样品摊平，立即放入预先调好温度(115 ℃)的烘箱内烘干。样品盒距温度计的水银球约2.5 cm，迅速关闭烘箱门，待箱温回升到(103±2) ℃时开始计算时间，烘干8 h[《国际种子检验规程》为(17±1)h]。用坩埚钳或戴上手套盖好盒盖(此操作在烘箱内进行)，取出样品盒后放入干燥器内冷却至室温(需30～45 min)后称重。

2. 高恒温烘干法

高恒温烘干法是指将样品放在130～133 ℃的条件下烘干1 h。适用于芹菜、石刁柏、西瓜、甜菜、胡萝卜、甜荞、苦荞、大麦、莴苣、番茄、烟草、水稻、豌豆、黑麦、高粱、菠菜、玉米，以及燕麦属、甜瓜属、南瓜属、苜蓿属、草木樨属、黍属、菜豆属、狗尾草属、小麦属、野豌豆属等。其程序与低恒温烘干法类似，但烘干温度和时间不同。

高恒温烘干法样品盒恒重处理方法与低温烘干法完全一致，但烘箱预调温度有所不同。首先将烘箱预热到140～145 ℃，确保打开箱门5～10 min后烘箱温度能保持130～133 ℃，样品烘干时间为1 h(《国际种子检验规程》规定玉米烘4 h，其他禾谷类烘2 h，其他作物种子烘

1 h)。高恒温烘干法必须严格控制烘干温度和时间，如温度过高或时间过长，易使种子的干物质氧化，种子释放出化合水，使测定的种子水分含量偏高。此外，高恒温烘干法测定种子含水量时对实验室的相对湿度没有特殊要求。

3. 高水分预先烘干法

高水分预先烘干法也称两次烘干法。需磨碎或切片的高水分种子必须采取高水分预先烘干法进行种子含水量的测定。禾谷类种子水分超过18%，豆类和油料种子水分超过16%时可认定为高水分种子，必须采用高水分预先烘干法进行种子水分的测定。因为高水分种子难以磨碎到规定的细度，并且在磨碎过程中容易丧失水分，所以需要采用二次烘干。首先对整粒种子做初步烘干，然后对其进行磨碎或切片，最后再测定水分。

称取2份样品(25.00±0.02)g，置于直径大于8 cm的样品盒内，在(103±2) ℃烘箱中预烘30 min(油料种子在70 ℃烘箱中预烘1 h)，取出后在室内冷却后称重。然后立即将这2个半干样品分别磨碎，从磨碎物中各取1份样品按低恒温或高恒温烘干方法进行测定。

五、结果计算及报告

1. 低温烘干法/高温烘干法

$$水分=\frac{样品烘前重量-样品烘后重量}{样品重量}\times 100\%$$

2. 高水分预先烘干法

计算公式有2种。

(1)分别计算2次烘干各自的水分含量 S_1、S_2，再计算种子样品的水分。

$$种子水分=S_1+S_2-(S_1\times S_2)/100\%$$

式中，S_1 为第1次整粒种子烘干后失去的水分，%；S_2 为第2次磨碎种子烘干后失去的水分，%。

(2)直接代入下式计算。

$$种子水分=\frac{(m_1\times m_3-m_2\times m_4)}{m_1}\times m_3\times 100\%$$

式中，m_1 为整粒样品的重量，g；m_2 为整粒样品预烘后的重量，g；m_3 为磨碎试验样品的重量，g；m_4 为磨碎试验样品烘后的重量，g。

2个重复间的容许差距为0.2%，超过需重做。

种子水分测定结果报告单见表3-5-2。

表3-5-2　种子水分测定结果报告单

送验单位		产地	
作物名称		代表数量	
品种名称			
检验方法			
种子含水量			

检验员签字：　　　　　　　　　　　　　　　　　检验日期：

六、注意事项

高温烘干时应控制好烘干的时间和温度，时间过长或温度过高，结果都偏高。

实验六　四唑染色法测定种子生活力

一、实验目的

(1)掌握四唑染色法测定种子生活力的原理。
(2)掌握四唑染色法测定种子生活力的主要操作步骤。

二、实验原理

种子生活力是指种子的潜在发芽能力或种胚所具有的生命力，是种子预期具有长成正常幼苗的潜在能力。在种子植物中，许多植物种子具有休眠这一特性，如一般情况下新收获的水稻、芹菜、小麦、大麦、红松、羊茅等种子发芽率通常不高，其中某些品种只有10%～50%的发芽率，尤其是野生性强的种子，如野生稻、花卉、杂草和药材种子，休眠性更强，新收获种子的发芽率更低。但实际上，绝大多数不发芽的种子只是因为处在休眠状态中所以暂时不能全部发芽，而不是不具有生活力。因此，在一个种子样品中，应该包括能发芽的种子和暂时不能发芽但具有生命力的休眠种子这两个部分。

无色的氯化三苯基四氮唑(四唑)可以作为指示剂，四唑被种子吸收后，可在种子组织里参与活细胞的还原过程，其从脱氢酶接受氢离子，使氯化(或溴化)三苯基四氮唑在活细胞里产生红色、稳定、不扩散的三苯基甲臜。

根据四唑染色的颜色和部位，可以区分种子中有生活力的部分(染为红色)和无生活力的部分(无色)。一般来说，单子叶植物种子的胚和糊粉层、双子叶植物种子的胚及部分双子叶植物的胚乳、裸子植物种子的胚和配子体等属于活组织，具有生活力，含有脱氢酶，在四唑渗入后能被染成红色，而种皮和禾谷类的胚乳等为死组织，不能被四唑染色。除可被完全染色的有生活力的种子和完全不被染色的无生活力的种子外，还可能出现一些被部分染色的异常颜色或不染色的坏死组织。判断种子有无生活力主要取决于胚和(或)胚乳(或配子体)坏死组织的部位和面积的大小，而不一定在于颜色的深浅。通过颜色的差异可以将健全的、衰弱的和死亡的组织判别出来。染色的深浅可以区别种子的健壮程度，即染色越深，种子生活力越旺盛。

三、实验材料

1. 材料

水稻、小麦、大豆、玉米等种子。

2. 用具

数粒仪、样品盒、吸水纸、镊子、刀片、恒温箱、垫板等。

3. 试剂

四唑溶液、硫酸铝钾硬化液等。

四、实验方法

1. 简易步骤

种子预湿──→随机数取 100 粒(50×2)──→沿胚纵切──→取其中一半──→放入小烧杯──→倒入 0.1%四唑溶液──→放入恒温箱 40 ℃,1 h──→取出冲洗──→凡是胚大部分被染红为有生活力。

2. 具体种子具体做法

(1)水稻种子四唑染色法测定。取种子样品 200 粒,去壳,置于纸间或水中 30 ℃预湿 12 h。沿种子侧面将胚纵切,然后放入 0.1%四唑溶液后置于 35 ℃恒温箱中染色 1～2 h。凡是胚的主要构造均被染成正常鲜红色,或胚根尖端 2/3 不染色而其他部分正常染色的种子可认定为有生活力的水稻种子。

(2)小麦、玉米种子四唑染色法测定。取种子样品 200 粒,放入 30 ℃水中,预湿 3～4 h,或置于纸间 12 h。沿胚纵切,将种子浸入 0.1%四唑溶液中,然后放在 35 ℃恒温箱中 0.5～1 h。凡是胚的主要构造染成正常鲜红色,或盾片上下任一端 1/3 不染色(小麦胚根大部分不染色,但不定根原基染色)的,为有生活力的种子。若种子的盾片中央不染色,表明已受热损伤,则为无生活力的种子。

(3)大豆种子四唑染色法测定。取种子样品 200 粒种子,放在湿毛巾间预湿 12 h,然后剥去大豆种皮,将种子浸入 1%四唑溶液,放于 35 ℃恒温箱中 2～3 h。凡是整个种子染色正常明亮鲜红,或仅胚根尖端 1/2 不染色,或子叶顶端(离胚芽端)1/2 不染色的为有生活力的种子。

(4)洋葱种子四唑染色法测定。取种子样品 200 粒,放在湿纸间置于 30 ℃恒温箱中预湿 12 h。沿扁平面切去种子上面,露出胚体,放入 0.2%四唑溶液中浸泡 0.5～1.5 h。凡是种胚和胚乳全部染成鲜红色,或仅少量不与胚相连的胚乳不染色的,为有生活力的种子。

(5)甘蓝种子四唑染色法测定。取种子样品 200 粒,放入纸间然后置于 30 ℃恒温箱中 5～6 h,剥去种皮,浸入 1%四唑溶液后放入 35 ℃恒温箱中 2～4 h。凡是整个胚被染成鲜红色,或仅有胚根尖端 1/3 不染色,或子叶顶端仅部分坏死的,为有生活力的种子。

(6)番茄种子四唑染色法测定。取种子样品 200 粒,放湿纸间置于 30 ℃恒温箱中预湿 12 h,然后在种子中心处刺破种皮和胚乳,浸入 0.2%四唑溶液,放入 35 ℃恒温箱中 0.5～1.5 h。凡是胚和胚乳全部被染色的,为有生活力的种子。

(7)黄瓜和西瓜种子四唑染色法测定。取种子样品 200 粒,浸入水中,置于 30 ℃恒温箱中浸泡 6～8 h,然后将种子纵切一半,或剥去种皮(因西瓜种子表面滑溜,可用软布揩擦或用 5%硫酸铝钾硬化液处理,然后进行上述样品准备)。浸入 1%四唑溶液置于 35 ℃恒温箱中 2～3 h。凡是整个胚染成鲜红色,或仅胚根尖端 1/2 不染色,或仅子叶顶端 1/2 不染色的,为有生活力的种子。

五、结果计算及报告

在测定 1 个样品时,应记录各个重复中有生活力的种子。重复间最大容许差距不应超过 GB/T 3543.7—1995 的规定。如未超过,平均百分率计算到最近似的整数;如超过,应采用同样的方法进行重新试验。在结果报告单"其他测定项目"栏中填报"四唑染色法测定有生活力的种子 $X\%$"。

对豆类、棉花和蕹菜等种子需增填"试验中发现的硬实百分率",硬实百分率包括在所填报有生活力种子的百分率中。

六、注意事项

(1)四唑盐类见光易还原,因此,染色应在黑暗或弱光下进行。已用过的四唑溶液不能循环使用。

(2)染色时间过长或染色温度过高,易致种子组织劣变,影响对种子生活力的判断。

实验七　溴麝香草酚蓝染色法测定种子生活力

一、实验目的

(1)掌握溴麝香草酚蓝染色法测定种子生活力的原理。

(2)掌握溴麝香草酚蓝染色法测定种子生活力的主要操作步骤。

二、实验原理

有生活力种子的活细胞有呼吸作用,能吸收空气中的 O_2,释放出 CO_2,而 CO_2 溶于水会成为 H_2CO_3,H_2CO_3 可解离成 H^+ 和 HCO_3^-,使种胚周围环境的酸度增加。溴麝香草酚蓝(BTB)是一种可以来测定酸度的改变的指示剂。BTB 的变色范围为 pH6.0~7.6,环境为酸性时呈黄色,环境为碱性时呈蓝色,中间经过绿色(变色点为 pH7.1)。因此,将 BTB 用作指示剂时可以看到活种子周围呈黄色晕圈,而无生活力的种子无此反应。

三、实验材料

1. 材料

水稻、小麦、大豆或玉米种子。

2. 用具

数粒仪、样品盒、培养皿、镊子、刀片、恒温箱、垫板等。

3. 试剂

溴麝香草酚蓝(BTB)、琼脂、稀氨水等。

四、实验方法

配制 1%琼脂凝胶,内含 0.1%BTB。用稀氨水数滴将溶液颜色调为蓝绿色或蓝色,摇晃均匀后趁热倒入数个培养皿中,使其在培养皿中形成均匀的薄层。在凝胶冷却后、凝固前,取已经吸胀的种子 100 粒,2 个重复,整齐地将胚朝下放于凝胶中(种子平放,间隔至少 1 cm)。将培养皿加盖置于 30~35 ℃恒温箱中培养 2~4 h,然后取出培养皿放在蓝色背景下进行观察，种胚周围呈现较深黄色晕圈的，为有生活力的种子，否则是无生活力的种子。

五、结果计算及报告

通过计算种胚附近出现黄色晕圈的种子数，算出有生活力的种子的百分率。重复间最大容许差距不应超过 GB/T 3543.7—1995 的规定。如未超过，平均百分率计算到最近似的整数；如超过，应采用同样的方法进行重新试验。在结果报告单“其他测定项目”栏中填报“溴麝香草酚蓝染色法测定有生活力的种子 *X*%”。

实验八 红墨水/靛蓝染色法测定种子生活力

一、实验目的

(1)掌握红墨水/靛蓝染色法测定种子生活力的原理。

(2)掌握红墨水/靛蓝染色法测定种子生活力的主要操作步骤。

二、实验原理

活细胞的原生质膜都具有选择吸收能力，而死掉的种胚细胞的原生质膜则丧失了这种能力，因此染料可以进入死细胞中使其染色，而无法进入到活细胞中。红墨水染色法测定种子生活力的原理就是依据原生质膜的选择透性。一般具备发芽能力、有生活力的种子，原生质膜具有选择透性，不会让红墨水进入细胞内，因此其种子胚不会被染色；而不具备发芽能力、无生活力的种子，原生质膜没有选择透性，可以让红墨水自由通过，使种子胚部被染成红色。此外，靛蓝染色法测定种子生活力的原理和方法与红墨水法相同，只是所染的颜色不同，靛蓝染色法无生活力的种子胚为蓝色，有生活力的种子胚为无色。该法适用于豆类、谷类、棉花、瓜类和林木等大粒种子。

三、实验材料

1. 材料

水稻种子。

2. 用具

数粒仪、样品盒、烧杯、量筒、玻璃棒、镊子、刀片、恒温箱、垫板等。

3. 试剂

红墨水、靛蓝等。

四、实验方法

(1)取 200 粒种子，2 次重复，用 28～30 ℃的温水浸种 3～5 h，然后小心剥去谷壳。

(2)用刀片沿胚将种子纵切成两半，将其中的一半置于培养皿或小烧杯中。

(3)加入 5%红墨水(以淹没种子为度)，染色 5～10 min(温度高时可缩短时间)。

(4)染色完成后倒去红墨水液,用流水多次冲洗直至冲洗液无色为止。

(5)凡种胚不染色或略带红色的种子,为有生活力的种子,凡胚和胚乳染色一致的种子,为无生活力的种子。

五、结果计算及报告

重复间最大容许差距不应超过GB/T 3543.7—1995的规定。如未超过,平均百分率计算到最近似的整数;如超过,应采用同样的方法重新进行试验。在结果报告单"其他测定项目"栏中填报"红墨水/靛蓝染色法测定有生活力的种子 $X\%$"。

实验九　ATP含量测定种子活力

一、实验目的

(1)理解ATP含量测定种子活力的原理。

(2)掌握ATP含量测定种子活力的检测方法。

二、实验原理

ATP(三磷酸腺苷)是种子生命活动的高能量物质,ATP可以与加入的底物——"荧光素"在荧光素酶的催化下反应并产生光。当底物和酶充足的条件下,光产量与ATP含量成正比,而在吸胀种子中,ATP含量与种子活力呈显著正相关。该方法适用于蔬菜种子的活力测定。

三、实验材料

1. 材料

白菜、油菜种子。

2. 用具

比色皿、分光光度计、冰箱、标签、记号笔、电子天平等。

3. 试剂

ATP标准样品、Tris、HCl、EDTA、荧光素酶、牛血清白蛋白、$MgSO_4 \cdot 7H_2O$、甘氨酰甘氨酸、蒸馏水。

四、实验方法

1. 制作标准曲线

(1)配制0.02 mol/L Tris。称取0.606 g Tris溶于蒸馏水,加入1 mol/L HCl 4 mL,再用水稀释至250 ml,即成为pH7.4～7.8的溶液。

(2)称取3 mg ATP标准样品溶于1 mL 0.02 mol/L Tris溶液中,配成5 μmol/L(5×10^{-6} mol/L)ATP原液,再稀释成5×10^{-7} mol/L、5×10^{-8} mol/L、5×10^{-9} mol/L、5×10^{-10} mol/L、5×10^{-11} mol/L、5×10^{-12} mol/L、5×10^{-13} mol/L系列浓度ATP工作液。

(3)分别取 0.2 mL ATP 系列溶液注入 5 mm 比色杯中，放入光度计暗室。在测定时再分别加入 1 mL 荧光素酶，并立即记录光产量最高峰读数，然后绘制 ATP 标准曲线。

2. 配制荧光素酶液

(1)配制 0.05 mol/L 甘氨酰甘氨酸缓冲液。称取 $MgSO_4 \cdot 7H_2O$ 0.247 g 10 mL、EDTA 0.037 2 g 1 mL、甘氨酰甘氨酸 0.660 g，分别溶解后用 0.5 mol/L KOH 调节 pH 至 7.4～7.8，然后定容至 100 mL。配制溶液时，按每毫升加 1 mg 规格现加牛血清白蛋白，以保证酶的稳定。

(2)配制荧光素酶液。称取 40 mg 荧光素酶粉剂放入剥离匀浆容器内，加入 15 mL 含有牛血清白蛋白的 0.05 mol/L 甘氨酰甘氨酸缓冲液，研磨离心，取上清液备用。酶液在 4 ℃下可保存 2 d，在冰箱内冷冻则可保存数天。

3. 种子提取液测定

(1)小粒种子称取一定重量，大粒种子数取一定粒数，重复 3 次，浸泡 1～24 h。

(2)大粒种子取胚，小粒种子用整粒，放入具塞试管或小瓶中，加入 5 mL 蒸馏水，置于沸水中或蒸汽上加热 5～10 min，然后立即冷却。

(3)吸取 0.2 L 提取液注入 5 mm 比色杯中，置于光度计暗室内，再注入 1 mL 酶液，立即记录每个试样的光产量最高峰读数。

五、结果计算及报告

将反应时记录的每个样品的光产量高峰值读数作为发光强度(表示 ATP 含量的相对高低)，或从标准曲线上查出 ATP 的浓度，再换算成每克或每一定粒数种子的 ATP 含量。

六、注意事项

配制 ATP 标准溶液时，若要较长期使用，最好用 0.02 mol/L Tris pH 7.4～7.8 溶液配制。如用蒸馏水配制，须立即使用，不能贮存。

实验十　电导率法测定种子活力

一、实验目的

(1)掌握电导率法测定种子活力的基本原理。

(2)掌握电导率法测定种子活力的方法。

二、实验原理

当种子寿命较长或受到严重的外界刺激(如盐、干旱等)等时，会造成细胞膜的完整性逐渐下降，细胞内的内含物会从细胞膜中游离出来。因此，膜系统的完整性往往与衰老、活力密切相关。在种子吸胀初期，细胞膜的重建和修复能力影响了电解质(如氨基酸、糖、有机酸及其他离子)的渗出程度。活力高的种子，细胞膜重建和修复能力强，细胞膜完整性好，电解质渗出物较少;而活力低的种子,细胞膜重建和修复能力较弱,细胞膜完整性差,电解质渗出物较多。因此,高活力种子浸泡液的电导率较低,而低活力种子浸泡液的电导率较高。用电导率法测定种子活力时,《国际种子检验规程》中测定豌豆种子活力的标准方法,目前还可应用于大豆、菜豆、绿豆、玉米、棉花、番茄、洋葱等种子的活力测定。

三、实验材料

1. 材料

豌豆种子。

2. 用具

恒温培养箱(或发芽箱、发芽室)、电烘箱、电子天平、电导仪、烧杯、标签、记号笔、保鲜薄膜或铝箔、滤纸等。

3. 试剂

KCl、去离子水或蒸馏水。

四、实验方法

1. 试验前的准备

(1)电极的校正。电导仪的电极常数必须达到 1.0。在使用电导仪前或在电导仪使用一段时间(2 周)后,应及时对其电极进行校正。标定液为 0.01 mol/L 的 KCl 溶液(用 0.745 g 分析纯的 KCl 溶解于 1 L 去离子水中,配成 0.01 mol/L 的 KCl 溶液 1 L)。该标定液在室温(20 ℃)下的电导率为 1 273 μS/cm,或略高于此(因去离子水或蒸馏水本身存在电导率)。如果读数不准确,则应重新调整或修理电导仪。

(2)测定用水的准备。试验最好使用去离子水,没有去离子水的情况下也可使用蒸馏水。但无论使用哪种水,测定前都必须进行电导率测定。室温(20 ℃)下去离子水的电导率不应超过 2 μS/cm,蒸馏水电导率不应超过 5μS/cm。测定前水的温度应保持在(20±1)℃。

(3)温度的检查。检查培养箱(或发芽箱、发芽室)和水的温度,调整温度至(20±1)℃才可进行电导率的测定。

(4)种子含水量检查。用于电导率测定种子的含水量应为 10%~14%,如果种子含水量高于 14%或是低于 10%,应在试验前对种子进行水分调节,否则试验不能进行。如果事先不知道种子含水量,可采用标准法测定。

(5)准备烧杯。为保证水适度地浸没种子和电极,应选用 500 mL 的烧杯。使用前必须将烧杯冲洗干净,并用去离子水或蒸馏水冲洗 2 次后再倒入 250 mL 的去离子水或蒸馏水备用。在盛放种子前,先在(20±1)℃下平衡 24 h。

2. 准备试样

随机数取大小均匀、表面无损伤的豌豆种子 50 粒,4 次重复,用电子天平分别称重,精确至 0.01 g。

3. 浸种

将已称重完毕的种子放入盛有 250 mL 去离子水或蒸馏水的烧杯中,贴好标签。轻轻摇晃烧杯,确保所有种子被完全浸没,然后用保鲜薄膜或铝箔盖好,在(20±1)℃下放置 24 h。

4. 测定电导率

测定电导率前,先将电导仪提前启动至少 15 min。24 h 浸种结束后,应立即测定水和种子浸泡液的电导率。测定前,应将盛有种子的烧杯轻轻摇晃 10～15 s,然后移去保鲜薄膜或铝箔,将电极插入溶液中,此时一定小心不要使电极触碰到种子。如果读数不稳定,可将种子滤出后重新测定。测完 1 个试样重复后,用去离子水或蒸馏水冲洗电极 2 次,然后用干净的滤纸吸干,再测定下 1 个试样重复。如果在测定期间发现有硬实种子,则应在测定结束后将其除去,干燥表面后进行称重,并从 50 粒种子样品重量中减除。一批测定时间一般不超过 15 min。

五、结果计算及报告

根据以下公式计算每一重复单位重量的电导率。4 次重复间最大值和最小值的容许误差为每克 5 μS/cm,如果未超出容许差距,可计算 4 次重复的平均值;如果超出,则需重新试验。

$$每克电导率(\mu S/cm)=\frac{样品值-对照值}{样品种子重量}$$

根据电导率测定结果,对试验种子的活力水平进行评判,详见表 3-10-1。

表 3-10-1 豌豆种子电导率值的解释

每克电导率/(μS/cm)	结果解释
<25	在不利条件下,没有迹象表明种子不适合提前播种或适时播种
25～29	种子可提前播种,但在不利条件下可能有出苗率低的风险
30～43	不适合提前播种,特别是在不利的条件下
>43	种子不能适时播种

六、注意事项

(1)浸泡种子必须使用去离子水或蒸馏水,浸泡前可用高灵敏度的电导仪检测所用水是否符合标准,试验过程一定要严格掌控温度和浸泡时间。

(2)种子试样必须是完整的、未受损伤的籽粒,种子应大小均匀、数量相等。

(3)老化处理的种子含水量须为 10%～14%,因此种子样品需在恒温、恒湿条件下进行水分平衡处理,让种子含水量达到老化处理的要求。

实验十一 玉米胚根伸长计数法测定种子活力

一、实验目的

(1)掌握玉米胚根伸长计数法测定种子活力的基本原理。

(2)掌握玉米胚根伸长计数法测定种子活力的操作步骤。

二、实验原理

种子老化的直观表现就是发芽速率减缓,这也是种子活力降低的最主要原因。对玉米种子发芽早期的胚根进行伸长计数,可以准确了解种子的发芽情况,并且实践表明这种单一计数结果与其他发芽指数相关性很高。因此,发芽早期的玉米种子胚根伸长计数越高,说明种子活力越高;计数越低,则说明种子活力越低。

三、实验材料

1. 材料

玉米种子。

2. 用具

发芽箱、发芽纸、塑料袋等。

四、实验方法

1. 置种

根据纸卷发芽试验要求设 8 个重复,每个重复取 25 粒种子。将种子置于 20 cm×30 cm 的发芽纸上,注意将胚根朝下。一般种子按两排放置在发芽纸上,一排 12 粒,另一排 13 粒。纸卷竖直放置在塑料袋中以防干燥。每次试验都设置对照。

2. 发芽

将盛有纸卷的塑料袋放置在规定温度的发芽箱中,发芽箱温度一般设置为(20±1)℃或(13±1)℃。温度是整个试验中最重要的潜在变量,因此,试验过程中需实时监控温度。每 24 h 翻转 1 次纸巾卷,以保持种子周围水分均匀。

3. 胚根伸长计数

胚根伸长计数的时间与测试的温度有关。

(1)测试温度为 20 ℃时,于置床后第 66 h±15 min 对发芽种子计数。值得注意的是,发芽试验开始的时间必须合理,如果试验在 16:00 开始,则初次计数的时间应该在 3 d 后的 10:00,提前计算好发芽试验开始时间,避免初次计数时间时试验人员无法准时操作。准确计数的时间对于 20 ℃下的发芽试验非常重要,因为此时胚根伸出非常快。

(2)测试温度为 13 ℃时,于置床后第(144±1)h(6 d±1 h)对发芽种子计数。同样地,设置试验开始的时间,应当方便后续胚根伸长计数。

将胚根伸长超过 2 mm 的种子计为发芽种子。

五、结果计算及报告

将 4 个 25 粒种子的重复整合成 1 个 100 粒种子的重复,计算胚根伸长的种子的百分率,并计算 2 个 100 粒重复的平均胚根伸出百分率。如果 2 个 100 粒种子重复之间的差异超过最大限度,则必须重复试验。如果第 2 次试验结果与第 1 次相近,则取 2 次试验的平均值。

六、注意事项

(1)必须实时监控发芽箱中的温度，严格保证试验温度不发生变化。

(2)确保每隔 24 h 翻转 1 次纸卷，确保纸卷上的水分均匀。

(3)试验人员判断胚根已经伸出的标准要一致(最好不要多人同时操作，避免人为因素造成误差)，选择清晰、明显的胚根进行计数。

实验十二　化学法鉴定种子纯度

一、实验目的

(1)了解化学法鉴定种子纯度的基本原理。

(2)掌握化学法鉴定种子纯度的方法。

二、实验原理

化学法是用化学的原理来鉴别品种纯度的方法，使用不同的化学试剂给种子染色，根据种子被染色与否或种子被染色的深浅程度来判断种子的纯度。使用的药剂很多，有苯酚、愈创木酚、碱液、盐酸等。

三、实验材料

1. 材料

大豆、小麦、高粱种子。

2. 用具

培养皿、恒温培养箱、发芽纸、水浴锅、手术刀片、试管等。

3. 试剂

苯酚、愈创木酚、氢氧化钠、过氧化氢、甲醇、氢氧化钾、蒸馏水、盐酸等。

四、实验方法

1. 小麦种子苯酚染色法

(1)从已完成净度检验的净种子中，随机数取试样 2 份，每份 100 粒。

(2)将种子放入烧杯，然后加入 1%苯酚溶液于室温下浸泡 15 min。

(3)准备干净的培养皿，在培养皿中铺放滤纸，然后用 1%苯酚溶液浸润滤纸。

(4)浸泡完的小麦种子取出，腹沟朝下放在铺有 1%苯酚溶液浸润滤纸的培养皿上，再盖上贴有 1%苯酚溶液浸润的滤纸(加盖)。

(5)将培养皿放入 35 ℃培养箱，染色 0.5～1 h，然后取出观察，鉴定、计算纯度。

(6)根据小麦种子在种皮和颖壳内化学物质的不同，与苯酚反应会产生不同的颜色，可分为不染色、浅褐色、褐色、深褐色、黑色 5 级。

2. 小麦种子氢氧化钠染色法

(1)从已完成净度检验的净种子中,随机数取试验 4 份,每份 100 粒。

(2)用 95%甲醇在室温下浸泡种子 15 min,随后取出种子干燥 30 min。

(3)在室温下将种子浸泡在 5 mL 氢氧化钠溶液中 5 min,然后将种子转移至培养皿内。注意不可加盖,让其在室温下干燥,根据种子颜色深浅加以区别。

3. 大豆种皮愈创木酚染色法

(1)从已完成净度检验的净种子中,随机数取试样 4 份,每份 100 粒。

(2)用手术刀片将每粒大豆种子的种皮剥下,分别放入小试管中。

(3)向试管中注入蒸馏水 1 mL,放入 30 ℃水浴锅中浸泡 1 h。

(4)向每支试管中加入 10 滴 0.5%的愈创木酚溶液。

(5)10 min 后,每支试管加入 1 滴 0.1%的过氧化氢溶液。

(6)1 min 后计数,试管内种皮浸出液呈现颜色差异,根据颜色区分本品种种子和异品种种子。

4. 高粱种子氢氧化钾-漂白粉测定法

(1)配制 1 : 5(m/v)的氢氧化钾和新鲜普通漂白粉(5.25%漂白粉)的混合液,即 1 g 的氢氧化钾加入 5 mL 漂白粉。

(2)将种子放入培养皿中,加入氢氧化钾-漂白粉溶液(以浸没种子为宜)。棕色种皮浸泡 10 min。浸泡时定时轻轻摇晃培养皿,使种子与溶液充分接触。

(3)将种子倒在纱网上,用自来水冲洗后把种子放在纸上晾干,待种子干燥后,记录黑色种子数与浅色种子数。

实验十三　SSR 技术鉴定种子纯度

一、实验目的

(1)掌握 SSR 技术鉴定种子纯度的基本原理。

(2)掌握 SSR 技术鉴定种子纯度的操作步骤。

二、实验原理

SSR 技术是基于 DNA 序列上短重复序列的多态性而开发的一种分子标记技术。这些短重复序列通常为 2～6 个碱基的重复序列,如 ATATAT、AGAGAG 等。在不同个体中,这些短重复序列的重复次数和排列方式不同,因此可以用作分子标记区分不同品种。

SSR 技术的基本原理是:首先从待分析的种子样品中提取出 DNA,并使用特定引物用 PCR 技术扩增出含有 SSR 位点的 DNA 片段;然后,利用电泳技术将扩增出的 DNA 片段分离出来,并通过特异性的显色剂进行染色;最后,通过比较不同个体的 DNA 条带图谱,确定不同个体之间的遗传差异。

三、实验材料

1. 材料

3 个品种的玉米或大豆种子。

2. 用具

研钵、电泳仪、电泳槽、胶板、移液器、吸头、低温离心机、离心管、PCR 仪等。

3. 试剂

去离子水、NaOH、Tris、HCl、EDTA、NaCl、β-巯基乙醇、异戊醇、三氯甲烷、硼酸、硫代硫酸钠、过硫酸铵、SSR 引物、Taq 酶、TEMED、硝酸银等。

四、实验方法

1. 配置试剂

(1)1 mol/L Tris-HCl(pH8.0,100 mL):12.1 g Tris-HCl,加去离子水至 100 mL,用 NaOH 调节 pH 到 8.0,4 ℃保存备用。

(2)0.5 mol/L EDTA(pH8.0,100 mL):18.6 g EDTA,2 g NaOH,加去离子水至 100 mL,4 ℃保存备用。

(3)CTAB 缓冲液(100 mL):2 g CTAB,10 mL 1 mol/L Tris-HCl(pH8.0),0.74 g EDTA,8.18 g NaCl,1 mLβ-巯基乙醇,4 ℃保存备用。

(4)DNA 提取液(三氯甲烷:异戊醇=24v:1v,100 mL):4 mL 异戊醇溶于 96 mL 三氯甲烷。

(5)5×TBE 电泳缓冲液(1 000 mL):54 g Tris,2.5 g 硼酸,20 mL 0.5 mol/L EDTA(pH8.0),加去离子水至 1 000 mL,室温保存备用。

(6)10%硫代硫酸钠(10 mL):1 g 硫代硫酸钠溶于 10 mL 去离子水,室温保存备用。

(7)20%过硫酸铵(10 mL):2 g 过硫酸铵溶于 10 mL 去离子水,室温保存备用。

(8)40%丙烯酰胺凝胶液(1 000 mL):380 g 丙烯酰胺,20 gN,N-甲叉双丙烯酰胺,加去离子水定容至 1 000 mL,室温保存备用。

(9)8%丙烯酰胺(30 mL 每块胶):6 mL 40%丙烯酰胺,6 mL5×TBE,300 μL20%过硫酸铵,20~30 μLTEMED(根据室内温度和凝胶的快慢决定),18 mL 去离子水。

(10)加样缓冲液(100 mL):0.25 g 溴酚蓝,0.25 g 二甲苯青 FF,40 g 蔗糖溶于 100 mL 去离子水。

(11)固定液(10%冰醋酸,500 mL):50 mL 冰醋酸加去离子水至 500 mL。

(12)染色液(0.1%硝酸银,500 mL):0.5 g 硝酸银,750 μL 甲醛,加去离子水至 500 mL。

(13)显色液(500 mL):15 g 无水碳酸钠,750 μL 甲醛,120 μL 1%硫代硫酸钠,加去离子水至 500 mL(无水碳酸钠加水 500 mL 溶解后,预冷,用前加甲醛和硫代硫酸钠)。

(14)无水乙醇:用于沉淀 DNA,用前预冷。

(15)PCR 反应试剂:dNTP、Taq 酶和 10×PCR 缓冲液(含 $MgCl_2$)。

(16)SSR 引物。

2. 种子 DNA 提取

(1)用研钵或研磨机将种子样品逐粒研碎，分别置于 1.5 mL 离心管中，每管样品量 0.05 g左右(约至离心管 0.1 mL 刻度)。

(2)向每个有种子样品的 1.5 mL 离心管中加入 600 μLCTAB 缓冲液，65 ℃水浴 30 min。

(3)向每个离心管中加入 600 μL DNA 提取液，轻柔混匀 10 min，10 000 r/min 离心 10 min。

(4)上清液转入另一个 1.5 mL 离心管，加入 2 倍体积预冷的无水乙醇，轻柔混匀，4 ℃静置 20 min。

(5)10 000 r/min 离心 2 min，此时，DNA 沉淀于管底。

(6)DNA 风干后溶于 100 mL 去离子水，－20 ℃保存，DNA 稀释 5 倍后为工作液，可用于 PCR 反应。

3. SSR 引物的筛选

分别选取 3 个大豆/玉米品种的 1 个 DNA 样品进行多对 SSR 引物的 PCR 扩增，筛选对其中 1 个品种有特异性的 SSR 引物。

4. PCR 反应

(1)PCR 体系：总体积为 10 μL：1 μL 10×PCR 缓冲液(含 $MgCl_2$)，1 μL 0.2 mM dNTP，1 μL 引物工作液，2 μL 样品 DNA 工作液，0.5U Taq 酶，加纯水至 10 μL。

(2)PCR 扩增程序：先于 95 ℃变性 5 min，然后进行 35 个循环(95 ℃变性 30 s，55 ℃复性 30 s，72 ℃延伸 30 s)。

5. 凝胶制备

将配好的 8%丙烯酰胺凝胶灌入制胶器中 2 块玻璃板的间隙中(1 mm 厚)，立即插入样品梳，3～5 min 内凝胶聚合，聚合后小心抽出样品梳，并用洗瓶冲洗样品胶孔。

6. 电泳

扩增产物加入 3 μL 加样缓冲液，上样 6 μL 电泳。电泳缓冲液为 1×TBE(每个电泳槽 500 mL 左右)，恒定电压 120～150 V，电泳 4 h 左右。

7. 凝胶染色

(1)电泳完毕后，取下胶板，在盛有 500 mL 10%冰醋酸的塑料盒中固定 20 min(1 个塑料盒可固定、染色 2 块胶板)。

(2)500 mL 去离子水漂洗 2 次，每次 5 min。

(3)500 mL 0.1%硝酸银染色液染色 20 min。

(4)500 mL 去离子水快速漂洗，不超过 10 s。

(5)放入预冷的 500 mL 显色液中显色，不断摇动，谱带显色清晰后加入 10%冰醋酸终止反应，用蒸馏水漂洗 1 次。

(6)将染色后的凝胶进行带型分析或扫描记录，或者放入 5%的甘油溶液中浸泡 30～60 min 制成干胶，室温干燥后，进行带型分析或扫描记录。

8. 纯度鉴定

将检测样品中每粒种子的 SSR 扩增产物的电泳图谱进行比较，根据 DNA 谱带的组成(带型)的一致性(或多态性),计算品种纯度。

五、注意事项

(1)提取出的DNA样品质量和浓度要符合要求,否则会导致后续试验失败。

(2)电泳过程中,需注意,要在前沿指示剂移至凝胶底部3/4左右时结束电泳。

实验十四　种子含水量快速测定

一、实验目的

(1)了解种子含水量快速测定方法。

(2)掌握电阻式水分测定仪和电容式水分测定仪的主要操作步骤。

二、实验原理

标准法测定种子含水量用时较长,步骤烦琐,在一些情况下并不适用,此时可以使用一些电子仪器进行种子含水量的快速测定。如电阻式水分测定仪、电容式水分测定仪、红外水分测定仪和微波式水分测定仪等电子仪器。在我国,最常用的水分测定仪为电阻式水分测定仪和电容式水分测定仪。

电阻式水分测定仪是将种子作为一个电阻接入电路中,根据欧姆定律,在闭合电路中,当电压不变时,电流与电阻成反比。当种子中的水分含量高时,溶解的物质增多,电阻变小,电流变大;反之,当种子含水量低时,电阻变大,电流变小。因此只要有不同水分的标准样品,就可在电表上刻出标准水分与电流量变化的对应关系,即把电表的刻度转换成相应水分的刻度,或者经电路转换、数码管显示,就可直接读出水分的百分率。但种子水分与电流并非呈直线关系(而是呈倒数函数关系),所以电流表上的刻度不是均等的刻度。当种子含水量太低时,相当于断路;当种子含水量太高时,相当于短路。因此,用电阻式水分测定仪的种子含水量测定范围一般为8%～20%。

电容式水分测定仪是将种子作为电容的一个组成部分,当样品量一定时(两极板对应面积S一定),并且两极板距离一定时(d为常数),电容量的变化只与介电常数(ε)变化有关(空气的介电常数为1.000585;种子中的干物质为10,水分为81)。因此,种子样品的介电常数随种子内水分的变化而变化,从而引起电容的变化,测得电容的大小就可以间接测得种子的含水量。

三、实验材料

1. 材料

水稻、棉花、大豆、小麦、玉米或花生等种子。

2. 用具

电阻式水分测定仪、电容式水分测定仪等。

四、实验方法

(一)电阻式水分测定仪(TL-4 型钳式智能水分测定仪)

目前我国市场上电阻式水分测定仪的型号众多,但其基本构造、使用原理和测定方法都基本相同,如青州无线电厂产的 TL-4 型钳式智能水分测定仪、日本 Kett PT-2700 型在线谷物水分测定仪。其中,TL-4 型钳式智能水分测定仪的水分含量测量范围为 10%～25%,测量误差≤0.5%。

1. 安装

将测量传感器的插头安装在仪器上,确保传感器处于空载状态。

2. 开机

按下"电源"键开机,此时微电脑处理器将对测量传感器、仪器本身及环境温度进行自动检测与补偿,显示器将显示 3s 的环境温度值。当检测正常时,仪器最终显示"00.0%水分",此时可进行水分测量。

3. 品种的选择

长按"功能"键 3s,听到"嘀"后,即可按键选择品种,每按 1 次功能键可选择 1 种测量品种。当选定待测品种后不要再按"功能"键,2s 后,微电脑处理器将长久记忆,重新启动仪器微电脑处理器仍会保留记忆,除非重新进行品种选择。

4. 测量

开始测量时应将钳柄夹紧,使钳柄的定位钳互相接触,此时显示屏上显示的数值即被测种子的水分值,这个水分值包括温度补偿在内。

当被测品种水分值超过 25%时,仪器将显示闪烁的"99.9"报警字符。

5. 关机

测量完毕后,长按"电源"键 3 s,听到"嘀"后仪器关机;如果开机后 20 min 内不触碰按键、不测量,仪器将自动关机,以延长电池的使用寿命。

6. 校准

种子样品电阻大小除受种子含水量影响外,还受待测样品温度的影响。当水分含量一定时,温度高,电离度增加,电阻降低,测定值偏高;温度低,电离度降低,电阻升高,则测定值偏低。因此,在不同温度条件下测定种子水分时,还需进行温度校正。

一般仪器以 20 ℃为标准,高于或低于 20 ℃均需进行校正。高于 20 ℃时,每高 1 ℃,应减去 0.1%水分;低于 20 ℃时,每低 1 ℃,应加上 0.1%水分。公式如下:

$$实际水分(\%)=读数值-0.1\times(种子温度-20\ ℃)$$

误差:TL-4 型钳式智能水分测定仪重复间容许误差为 0.5%(标准法为 0.2%)。

(二)电容式水分测定仪(PM-8188NEW 型电容式水分测定仪)

我国市场上电容式水分测定仪种类也很多,其基本构造、使用原理和测定方法也都基本相同,如日本 Kett PM-8188-A 谷物水分测定仪、PM-640-2 谷物水分测定仪、PM-8188-A 谷物水分测定仪。

1. 接通电源

按下开关键开机，开机时屏幕会显示本机仪器型号，等待 3 s。

2. 选择品种

按下“选择”键选择测定样品代码，每按 1 次选择键，品种编号将增加 1 个，品种编号增加至“12”后会回到“1”。

3. 盛样

扣好自动料斗底部盖子，将自动料斗从主机上取下，然后将样品缓慢地、均匀地注入自动料斗，直至样品可以溢出杯体。然后水平移开自动料斗，用刮板刮去多余样品，使样品为平满的 1 杯。

4. 测量

将自动料斗杯体安装在仪器上，使定位槽切口向前。仪器内置电子天平，所以要正确安装台座，不要触碰仪器上部环盖部位，以免影响测定值，按“测定”键进行测量(小数点闪烁显示)。

当“POUR”开始闪烁后，按下自动料斗按钮，自动料杯底部阀门会自动打开，物料瞬间倾入仪器内。“POUR”消失，小数点闪烁 4 次后，仪器屏幕会显示水分值和测定次数。

注意，水分值超出测定范围时，比测定范围高显示“FFF”；比测定范围低显示“AAA”。

5. 倒掉样品

将自动料斗的闸门向前拉至关闭，将底部恢复到原状，从测定仪上卸下自动料斗和台座，然后倒出样品。此时水分值保持不变，继续测定，从步骤 3 开始。

6. 平均值的显示

测定次数在 2～9 次时，按下“平均”键后，仪器会显示测定次数和平均值，再次按“平均”键，下 1 次测定水分时，显示次数将从“1”开始。

五、注意事项

(1)对于新购进或长期不用的仪器，使用前必须与标准法进行校正。电容式水分测定仪需校正基数(基数不为 0)，准备高、中、低 3 个水平的标准水分进行仪器标定。

(2)由于不同作物种子的化学组成不同，操作前应先选择所测作物的特定表盘或选择旋钮。测定时样品不得过多或过少。

(3)有些电阻式水分测定仪已设定自动校正，如日本的 Kett L 型数字显示谷物水分仪，已用热敏补偿方法来解决，无须校正。电容量也受温度的影响，电容式水分测定仪一般有热敏电阻补偿，所以测定值不必校正。

(4)对于电容式水分测定仪，当种子水分在一定范围时，表现为线性关系，如洋葱种子水分在 6%～10%时，电容量与种子水分呈线性关系，测定结果比较准确；但在 2%～6%或 10%～14%时，并非线性关系，这时测定准确性较差。

实验十五　作物种子生产田间检验

一、实验目的

掌握作物种子生产田间检验时期、检验内容、取样点分布和取样方法等。

二、实验原理

田间检验是指在种子生产过程中，在田间对品种真实性进行验证，对品种纯度进行评估，同时对作物的生长状况、杂草、异作物等进行调查，并确定其与特定要求符合性的活动。田间检验的作用，一是检查制种田的隔离情况，防止因外来花粉污染而导致的混杂，检查种子生产技术的落实情况，特别是去杂、去雄情况，去杂可以防止杂株对生产种子纯度的影响，去雄可以防止产生自交粒；二是检查田间生长情况，特别是花期相遇情况，及时提出调整花期措施，避免花期不育造成的产量降低；三是检查品种的真实性和鉴定品种纯度，判断种子生产田生产的种子是否符合种子质量要求，报废不合格的种子生产田，防止低纯度的种子对农业生产的影响；四是通过田间检验，为种子的质量认证提供依据。

三、实验材料

水稻、玉米等作物大田用种试验田。

四、实验方法

1. 生产田基本情况的调查

生产田基本情况的调查包括被检单位和地址，作物、品种、类别、位置、编号和面积，农户姓名和电话，前茬作物情况，播种的种子批号、种子来源、种子世代，栽培管理情况和检验品种证明书。

(1)了解情况。了解被检验品种的特征、特性；了解被检单位和地址，作物类型，品种名称，被测种子田位置、编号和面积，前茬作物情况，种子来源及世代，田间栽培管理情况；检验品种证明书等。

(2)调查隔离情况。被检单位应当向检验员提供种子田及其周边田块的地图。检验员首先围绕待测种子田绕行一圈，检查种子田隔离情况。对于由虫媒或风媒传粉杂交的作物种，必须检查种子田周边与种子田传粉杂交规定的最小隔离距离内的任何作物。若发现种子田与花粉污染源的隔离距离不符合要求，检验员应当建议部分或全部消灭污染源以使种子田达到合格的隔离距离，检验员也可淘汰达不到隔离条件的部分田块。生产水稻常规种、保持系和恢复系的大田用种至少要求空间隔离 20 m；粳型杂交稻制种田要求空间隔离 500 m；籼型杂交稻制种田要求空间隔离 200 m；玉米自交系至少要求空间隔离 500 m；杂交种制种田要求空间隔离 300 m。

此外，检验员还应检查种子田和相邻田块中的自生植株或杂草，它们也是可能的花粉污染源。检查也应该保证种子田与其他已污染种传病害作物的隔离。对种子田整体状况进行检查后，检验员还应对种子田进行更为详细的检查，尤其是需要仔细观察四周的情况，避免部分田块可能播有不同的作物，成为污染源。

(3)检查品种真实性。为进一步核实品种的真实性，必须要核查品种标签，生产者应保留种子批的 2 个标签，1 个在田间，1 个自留。对于杂交种，则必须保留其父母本的种子标签以备检查。检验员还必须了解种子田前茬作物情况，避免来自前茬杂交种母本自生植株生长的影响。检验员在进行周围隔离检查的同时，需根据品种田间的特征、特性与品种描述的特征、特性，实地检查不少于 100 个植株或穗，确认其真实性是否与品种描述中所给定的品种特征、特性一致。

(4)调查种子生产田生长状况。对于倒伏严重、杂草丛生或另外一些原因引起生长不良的种子田，不可进行品种纯度评价，此类种子田必须淘汰。当种子田处于中间状态时，检验员可以使用小区预控制的证据作为田间检验的补充信息，对种子田进行总体评价，确定是否有必要详细检查品种纯度。

2. 确定田间检验时期

田间检验应在被测品种特征特性表现最明显的时期进行，一般主要大田作物可分苗期、开花期(抽穗期、现蕾期、穗花期或薹花期)、成熟期(蜡熟期、结实期或结铃盛期)3 个阶段，具体见表 3-15-1。

表 3-15-1　主要大田作物品种纯度田间检验时期

作物种类	检验时期			
	第 1 期		第 2 期	第 3 期
	时期	要求	时期	时期
水稻	苗期	出苗 1 个月内	抽穗期	蜡熟期
小麦	苗期	拔节期	抽穗期	蜡熟期
玉米	苗期	出苗 1 个月内	抽穗期	成熟期
花生	苗期		开花期	成熟期
棉花	苗期		现蕾期	结铃盛期
谷子	苗期		穗花期	成熟期
大豆	苗期	2～3 片真叶	开花期	结实期
油菜	苗期		薹花期	成熟期

3. 取样

取样前必须制订详尽的取样方案，考虑样区数目(样区频率)、样区(取样区域)大小和样区分布。一般来说，总样本大小(包括样区频率和样区大小)应与种子田作物生产类别的要求联系起来，并符合“4N 原则”，即如果规定的杂株标准为 $1/N$，总样本大小至少为 $4N$。这样如果杂株率最低标准为 0.1%(即 1/1 000)，其样本大小至少应为 4 000 株(穗)，具体见表 3-15-2。

表 3-15-2　农作物品种纯度田间检验面积、取样点及取样株数

作物种类	面积/亩	取样点数	每点取样株(穗)数
稻、麦、谷子	5 以下	5	100
	6～20	8	
	21～50	11	
	51～200	15	
玉米、高粱	5 以下	5	50
大豆、薯类	6～20	8	
油菜、花生	21～50	11	
棉花、黄麻	51～200	15	

(1)样区数目(样区频率)。样区数目应考虑被检作物、田块大小、播种方式、授粉方式及种子生长的地理位置等因素，见表 3-15-3。一般来说，样区数目应随种子田的面积大小成比例增加，由于原种和亲本种子要求标准高，这些高纯度作物种子被检植株的数目要比大田用种多。在国际标准中，基础种子生产田被检植株的数目多于认证种子生产田。

表 3-15-3　种子田最低样区数目(频率)

面积/hm^2	最低样区数目(频率)		
	生产常规种	杂交种母本	杂交种父本
<2	5	5	3
3	7	7	4
4	10	10	5
5	12	12	6
6	14	14	7
7	16	16	8
8	18	18	10
9～10	20	20	10
大于 10	在 20 基础上，每公顷递增 2	在 20 基础上，每公顷递增 2	在 10 基础上，每公顷递增 1

(2)样区大小。样区的大小和模式取决于被检作物、田块大小、播种方式、授粉方式及种子生长的地理位置等因素。例如，面积大于 10 hm^2 的禾谷类常规种子的种子田，可采用宽 1 m、长 20 m、面积 20 m^2、与播种方向成直角的样区。检验生产杂交种的种子田时，可将父母行视为不同的“田块”，由于对父母本的品种纯度要求不同，应分别检查每一“田块”，并分别报告母本和父本的检验结果。对于宽行距种植的种子田，如玉米田，通过行或条的样区模式来核查。

对于面积较小的常规种，如水稻、大麦、小麦、大豆，每样区至少含 500 穗(株)；面积较大的

宜为 20 m^2；对于玉米等宽行种植的作物，样区可为行内 500 株。对玉米及水稻杂交制种田，父母本分别检查和计数。玉米杂交制种田的样区为行内 100 株或相邻两行各 50 株；水稻每样区 500 株。

(3)样区分布。凡同一品种、同一繁殖世代、同一来源、同一栽培条件的相连田块，设置为 1 个检验区。1 个检验区的最大面积为 500 亩。样区的位置应尽量覆盖整个种子田。设置样区分布时，要参考种子田的形状和大小，并考虑到每一种作物的特征。取样样区分布需要随机并且广泛，检验员不得故意选择优于或差于一般水平的样区。在实际设置样区分布过程中，为了做到这一点，需要先确定相邻 2 个样区之间的距离，此外还要考虑播种的方向。对于播种方式为条播的作物，尽量保证每一个样区通过不同的条播种子。取样路线和样区分布如图 3-15-1 所示。

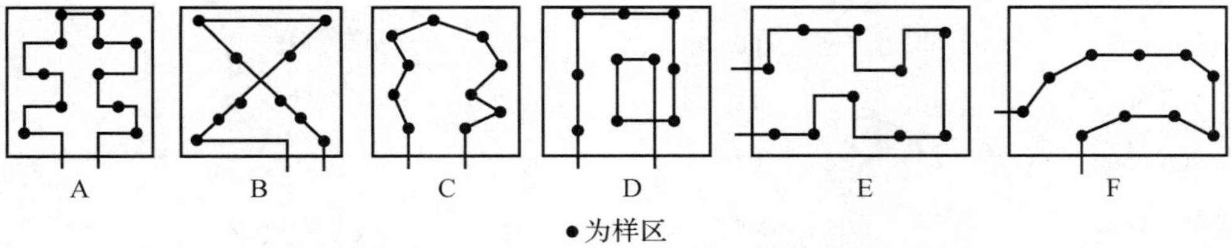

A. 双十字循环法（观察 75%田块）；B. 双对角循环法（观察 60%～70%田块）；
C. 随机路线法；D. 顺时针路线法；E. 双槽法（观察 85%田块）；F. 悬梯法（观察 60%田块）

图 3-15-1　取样路线和样区分布

4. 检验

进行检验时，田间检验员应缓慢地沿着样区的预定方向前进，通常是采取边设点边检验的方法，直接在田间进行分析鉴定。检验员应在熟悉供检品种特征、特性的基础上逐株观察，并应基于已建立的品种间相互区别的特征、特性进行检查，以鉴定被测品种与已知品种特征、特性的一致性。这些特征、特性分为主要性状（通常为品种描述规范的强制性项目）和次要性状，检验员需根据品种的主要性状来判定品种真实性和品种纯度。但当使用主要性状难以得出结论时，可参考次要性状进行鉴定。检验时尽量背光行走，避免在阳光暴晒、刮风、大雨等极端天气下进行检查。一般田间检验在朝露未干时进行，此时品种性状和色素表现比较明显。必要时可将部分样品带回室内进行分析鉴定。每点分析结果按本品种、异品种、异作物、杂草、感染病虫株（穗）数分别记录，同时注意观察植株田间生长等是否正常。

田间检验员宜获得相应小区鉴定结果，以证实在前控中发现的杂株。杂株包括与被检品种特征、特性明显不同（如株高、育性、形状、颜色、成熟度等）及不明显不同（只能在植株特定部位进行详细检查才能观察到，如叶形、叶茸毛、花和种子性状）的植株。利用雄性不育系生产杂交种子的田块，除记录父母本杂株率外，还需记录检查的母本雄性不育的质量。记录在样区中发现的杂株数。

5. 品种纯度计算

检验完毕，将各点检验结果汇总，计算各项成分的百分率。

(1)品种纯度。

①淘汰值。对于品种纯度高于 99.0%或每公顷低于 1 000 000 株或穗的种子田，需要采用淘汰值。可利用淘汰值确定育种家种子、原种是否符合要求。总面积为 200 m^2 的样区在不

同品种纯度标准下的淘汰值见表 3-15-4，当变异株大于或等于规定的淘汰值时，应当淘汰该种子批。

表 3-15-4　总面积为 200 m^2 的样区在不同品种纯度标准下的淘汰值

估计群体	品种纯度标准				
（每公顷植株/穗）	99.9%	99.8%	99.7%	99.5%	99.0%
60 000	4	6	8	11	19
80 000	5	7	10	14	24
600 000	19	33	47	74	138
900 000	26	47	67	107	204
1 200 000	33	60	87	138	—
1 500 000	40	73	107	171	—
1 800 000	47	87	126	204	—
2 100 000	54	100	144	235	—
2 400 000	61	113	164	268	—
2 700 000	67	126	183	298	—
3 000 000	74	139	203	330	—
3 300 000	81	152	223	361	—
3 600 000	87	165	243	393	—
3 900 000	94	178	261	424	—

要查出淘汰值，应计算群体株（穗）数。对于行播作物（如禾谷类等作物，通常数穗而不数株），可应用下列公式计算每公顷植株（穗）数。

$$P=1\ 000\ 000\times\frac{M}{W}$$

式中，P 为每公顷植株（穗）总数；M 为每一样区内 1 m 行长的株（穗）数的平均值；W 为行宽（cm）。

对于撒播作物，则计数 0.5 m^2 面积中的株数。撒播每公顷群体可应用下列公式计算。

$$P=20\ 000\times N$$

式中，P 为每公顷植株数；N 为每样区内 0.5 m^2 面积的株（穗）数的平均值。

根据群体数，从表 3-15-4 查出相应的淘汰值。将各个样区观察到的杂株相加，与淘汰值相比较，做出接受或淘汰种子田的决定。如果 200 m^2 样区内发现的杂株总数大于等于表 3-15-4 中估计的群体和品种纯度的给定数目，就可淘汰种子田。

②杂株（穗）率。对于品种纯度低于 99.0%或每公顷超过 1 000 000 株或穗的种子生产田，不必采用淘汰值，可以直接采用公式计算杂株（穗）率，并与标准规定的要求相比较。

$$杂株率=\frac{样区内的杂株数}{样区内供检本作物株数}\times 100\%$$

(2)其他指标。

$$杂草=\frac{杂草株(穗)数}{供检本作物总株(穗)数+杂草株(穗)数}\times 100\%$$

$$病(虫)感染=\frac{感染病(虫)株(穗)数}{供检本作物总株(穗)数}\times 100\%$$

杂交制种田,应计算母本散粉株及父(母)本散粉杂株。

$$母本散粉株=\frac{母本散粉株数}{供检母本总株数}\times 100\%$$

$$父(母)本散粉杂株=\frac{父(母)本散粉杂株数}{供检父(母)本总株数}\times 100\%$$

6. 检验报告

完成田间检验后,田间检验员需及时填报田间检验报告,并根据检验结果签署下列意见。

(1)当田间检验的所有要求,如隔离条件、品种纯度等都符合生产要求时,建议被检种子生产田符合要求。

(2)当田间检验的所有要求,如隔离条件、品种纯度等有一部分未符合生产要求,但通过整改措施(如去杂)可以达到生产要求时,应签署整改建议。整改后,还要重新复查确认,符合要求后才可建议被检种子生产田符合要求。

(3)当田间检验的所有要求,如隔离条件、品种纯度等有一部分或全部不符合生产要求,且通过整改措施仍不能达到生产要求时,应建议淘汰被检种子生产田。

五、注意事项

在检查时,如遇以下情况,可以采取一些特殊的处理。

(1)当种子田中有杂株,而小区种植鉴定中没有观察到时,必须记录和考虑这些杂株,以决定接受或拒绝该田块。委托检验的机构要核实小区前控和田间检验的结果。若小区鉴定和田间检验结果有较大偏离,有必要在小区鉴定和种子田中进行进一步检查,以获得正相关的结果。

(2)倒伏严重、杂草丛生、病虫害严重或由于其他因素导致生长受阻或生长不良的种子田,不得进行品种纯度评定,应建议淘汰该种子田。当种子田状况处于难以判别的中间状态时,田间检验员应将小区种植前控鉴定得出的证据作为田间检验的补充信息,加以判断。

(3)如果发现种子田品种存在严重混杂的现象,田间检验员只需检查2个样区,取其平均值,推算群体,查出淘汰值。若杂株超过淘汰值,则应淘汰该种子田并停止检查。若检测值少于淘汰值,则依此类推继续检查,直至检查完所有的样区。这种情况只适用于检查品种纯度,不适用于其他情况。

(4)当在某一样区内发现了多株杂株,而在其他样区中很少发现同样的杂株时,表明正常的检查程序不适宜这种情况。这种现象通常发生在杂株与被检品种非常相似的情况下,只能非常接近、仔细地检查穗部才能发现。

实验十六　幼苗形态特征鉴定及田间小区种植鉴定

一、实验目的

(1)掌握不同作物品种的幼苗形态特征鉴定及田间小区种植鉴定的原理。

(2)掌握不同作物品种的幼苗形态特征鉴定及田间小区种植鉴定的操作步骤。

二、实验原理

十字花科、豆科等植物的幼苗形态及性状丰富,因此对其幼苗进行鉴定是一种切实有效的品种真实性和纯度鉴定方法。幼苗鉴定可以通过两个主要途径进行:一是给植株提供加速发育的条件(类似于田间小区鉴定,只是所需时间较短),当幼苗达到适宜评价的发育阶段时,对部分或全部幼苗进行鉴定;二是通过让幼苗在特殊的逆境条件下生长,测定不同品种幼苗对逆境的反应来进行鉴别。

田间小区种植是鉴定品种真实性和测定品种纯度最为准确、可靠的主要手段。为了鉴定品种真实性,应在鉴定的各个阶段将被检样品植株与标准样品进行比较。对照标准样品可以为栽培品种提供准确的、全面的、系统的品种特征特性描述。作为对照的标准样品最好是育种家种子,能够代表品种原有的特征特性。标准样品的数量也应足够多,以便能持续使用多年。标准样品种子应在低温、干燥条件下储藏,更换时最好从品种培育的育种家处获取。

三、实验材料

1. 材料

玉米、高粱、燕麦、小麦、大豆、莴苣、甜菜等种子。

2. 器具

培养箱、温室、培养皿、砂等。

3. 试剂

缺磷的 Hoagland 1 号培养液:在 1 L 蒸馏水中加入 4 mL 1 mol/L $Ca(NO_3)_2$ 溶液、2 mL 1 mol/L $MgSO_4$ 溶液和 6 mL 1 mol/L KNO_3 溶液。Hoagland2 号培养液:在 1 L 蒸馏水中加入 1 mL 1 mol/L KH_2PO_4 溶液、5 mL 1 mol/L KNO_3 溶液、5 mL 1 mol/L $Ca(NO_3)_2$ 溶液和 2 mL 1 mol/L $MgSO_4$ 溶液。

四、实验方法

(一)幼苗形态特征鉴定法

随机从送验样品中数取 400 粒种子,设 4 次重复,每重复包含 100 粒种子。若在培养室或温室中,可以用 100 粒做 2 次重复。

1. 禾谷类

禾谷类作物的芽鞘和中胚轴有绿色与紫色 2 类,这一特性是受基因控制的,性状稳定,不会随环境轻易改变，因此可以作为幼苗鉴定的特征。将种子播在砂中，注意种子间距（高粱、玉米种子间隔 1.0 cm×4.5 cm，小麦、燕麦种子间隔 2.0 cm×4.0 cm，播深 1.0 cm）。然后置于 25 ℃恒温培养箱或温室中培养，光照条件为 24 h。高粱、玉米种子需每天加水，小麦、燕麦则每隔 4 d 施加缺磷的 Hoagland 1 号培养液。当幼苗发育到适宜阶段时（高粱、玉米 14 d，小麦 7 d，燕麦 10～14 d），即可鉴定芽鞘的颜色，判别品种真实性和纯度。

2. 大豆

将种子播于砂中，注意摆放间距（种子间隔 2.5 cm×2.5 cm，播深 2.5 cm）。在 25 ℃恒温培养箱或温室中培养，光照条件为 24 h。每隔 4 d 施加 Hoagland 2 号培养液，直至大豆幼苗各种特征表现明显时，根据幼苗下胚轴颜色（生长 10～14 d）、茸毛颜色（21 d）、茸毛在胚轴上着生的角度（21 d）、小叶形状（21 d）等进行鉴定。

3. 莴苣

将种子播在砂中，注意摆放间距（种子间隔 1.0 cm×4.0 cm，播深 1 cm）。在 25 ℃恒温培养箱或温室中培养，每隔 4 d 施加 Hoagland 2 号培养液。21 d 后（长有 3 或 4 片叶），根据下胚轴颜色、叶色、叶片卷曲程度和子叶等性状鉴别。

4. 甜菜

有些栽培品种可根据幼苗颜色（白色、黄色、暗红色或红色）进行鉴定。将种球播在湿砂上，置于温室的柔和日光下，7 d 后，检查幼苗下胚轴的颜色。根据不同颜色幼苗的比例，可在一定程度上鉴定糖用甜菜及白色饲料甜菜栽培品种的真实性。

（二）田间小区种植鉴定法

田间小区种植鉴定法基本程序如下。

1. 试验地选择

选取小区种植鉴定的田块时，为使幼苗出苗快速、整齐，鉴定结果可靠，应选择前茬无同类作物和杂草、土壤均匀、肥力一致、气候环境条件适宜的田块，并有适宜的栽培管理措施。

2. 小区的设计

设计小区时考虑以下几个方面：

（1）将同一品种、类似品种的所有样品以及作为对照的标准样品相邻种植在同一田块，便于发现它们之间存在的任何细微差异。

（2）把同一生产单位生产、同期收获的有相同生产历史的同一品种种子批的样品相邻种植，以便于记录。

（3）测量数量性状时（如叶长、叶宽和株高等），小区设计要采用符合田间统计要求的随机小区设计。

（4）田块资源充分时，小区种植鉴定可设重复。

3. 种植

为测定品种纯度，种植的株数要根据农作物种子质量标准的要求而定，一般来说，若标准为 $(N-1)\times100\%/N$，种植株数为 $4N$ 即可获得满意结果；假如标准规定纯度为 99%，即 N 为 100 株，则种植 400 株即可达到要求。小区种植的行间及株间应留有足够的距离，大株作物可适当增加行株距，必要时可采用点栽和点播方式。

4. 田间检验

检验员必须拥有丰富的经验，熟悉被检品种的特征特性，能正确判别植株是属于本品种还是变异株。许多种在幼苗期就有可能鉴别出品种真实性和纯度，但成熟期（常规种）、花期（杂交种）和食用器官成熟期（蔬菜种）作为品种特征特性表现时期，必须进行鉴定。田间检验记载的数据用于结果分析时，原则上要求将花期和成熟期相结合，并通常以花期为主。

5. 结果计算

品种纯度结果表示有以变异株数目表示和以比例（%）表示 2 种方法。

（1）以变异株数目表示。GB/T 3543.5—1995 规定的淘汰值就是以变异株数表示的，如纯度 99.9%，种 4 000 株，其变异株或杂株不应超过 9 株（淘汰值）；如果不考虑容许差距，其变异株不超过 4 株。

表 3-16-1 列举了不同标准与不同样本大小的淘汰值，栏目中有横线或下划线的淘汰数值并不可靠，因为样本数目不足够大，具有极大的风险将种子判断为不合格种子，这种现象发生在种植株数少于 $4N$ 的情况下。如果变异株大于或等于规定的淘汰值，就应淘汰该种子批。

表 3-16-1　不同规定标准与不同样本大小的淘汰值(0.05%显著水平)

规定标准/%	不同样本(株数)大小的淘汰值						
	4 000	2 000	1 400	1 000	400	300	200
99.9	9	6	5	4	—	—	—
99.7	19	11	9	7	4	—	—
99.0	52	29	21	16	9	7	6

淘汰值的推算采用泊松分布，可采用下式计算。

$$R=X+1.65\sqrt{X}+0.8+1$$

式中，R 为淘汰值；X 为标准所换算成的变异株数。

结果舍去所有小数位数，注意不采用四舍五入。

例如，纯度 99.9%，4 000 株中的变异株数 $X=4\ 000\times(100\%-99.9\%)=4$，$R=4+1.65\times2+0.8+1=9.1$，去掉所有小数后，淘汰值为 9。

（2）以比例（%）表示。将所鉴定的本品种、异品种、异作物和杂草等均以所鉴定植株的比例（%）表示。小区种植鉴定的品种纯度结果可采用下式计算。

$$品种纯度=\frac{本作物的总株数-变异株(非典型株)}{本作物总株数}\times100\%$$

建议小区种植鉴定的品种纯度保留一位小数，以便于比较。

田间小区种植鉴定结果除填报品种纯度外，还可填报检验中所发现的异作物、杂草和其他栽培品种的比例（%）。

五、注意事项

（1）进行种子幼苗形态特征鉴定和田间小区种植鉴定时，需将已知标准品种同时进行种植，以其为参照标准进行鉴定。

（2）在进行鉴定时，应正确区分变异株是由环境影响引起的还是由遗传变异造成的。

实验十七 超薄层等电聚焦凝胶电泳鉴定杂交玉米种子纯度

一、实验目的

(1)掌握超薄层等电聚焦凝胶电泳鉴定杂交玉米种子纯度的原理。

(2)掌握超薄层等电聚焦凝胶电泳鉴定杂交玉米种子纯度的操作步骤。

二、实验原理

超薄层等电聚焦凝胶电泳(UTLIEF)是测定杂交玉米种子纯度和鉴定玉米品种的标准方法。原理是从单粒的杂交玉米种子中分离提取出醇溶蛋白(玉米蛋白)或水溶蛋白,在超薄层凝胶上用等电聚焦电泳方法分离蛋白质。经电泳分离后的蛋白质谱带可作为1个品种或自交系的特征,而且一般也可以通过寻找父本中存在的1个或多个醇溶蛋白谱带来估计混合样品的纯度,这些谱带在母本中不存在,但会出现在杂交种中。因此这些谱带可作为鉴别杂交种的标志谱带。这种方法可用来评估玉米杂交种纯度。超薄层凝胶的优势是可以在高电压环境下稳定运行,比传统的凝胶运行时间短,且染色更快。

三、实验材料

1. 材料

杂交玉米种子。

2. 器具

1/1 000电子天平或分析天平、水平电泳系统、离心机、离心管、薄玻璃板、凝胶盒、研钵、移液器、超声振荡仪、脱色摇床等。

3. 试剂

蒸馏水、2-氯乙醇、丙烯酰胺、L-精氨酸、L-赖氨酸、L-谷氨酸、四甲基乙二胺(TEMED)、乙二胺、过硫酸铵(APS)等。

四、实验方法

1. 药品配置

(1)提取液。取30 mL 2-氯乙醇,用蒸馏水定容至100 mL,得到30%(*V*/*V*)的2-氯乙醇。室温条件下可保存两周以上,也可直接将蒸馏水作为提取液。

(2)阳极缓冲液。称取0.83 g L-天冬氨酸和0.92 g L-谷氨酸溶于热蒸馏水中,并用蒸馏水定容至250 mL。4 ℃条件下可存放两周。

(3)阴极缓冲液。称取1.18 g L-精氨酸、0.91 g L-赖氨酸和30mL乙二胺溶解于蒸馏水中,并用蒸馏水定容至250 mL。4 ℃条件下可存放两周。

(4)凝胶溶液。称取16.57 g丙烯酰胺和0.43 g双丙烯酰胺溶于蒸馏水中,并用蒸馏水定容至 250 mL。4 ℃条件下可存放两周。

(5)凝胶固定液。将 1 kg 三氯乙酸(TCA)溶于 450 mL 蒸馏水中备用。使用前,取 120 mL该溶液定容至 1 000 mL(稀释成浓度约为 12%的 TCA 溶液)。制备 1 块凝胶大约需 400 mL 12%的 TCA 溶液。

(6)凝胶染色液。将 0.45 g 考马斯亮蓝 R250、1.35 g 考马斯亮蓝 G250、330 mL 冰醋酸和 540 mL 乙醇进行混合,用蒸馏水定容至 3 000 mL。每块凝胶染色需约 400 mL。

(7)凝胶脱色液。将 750 mL 无水乙醇和 125 mL 冰醋酸混合,并用蒸馏水定容至2 500 mL。

2. 提取样品蛋白质

取完整的 1 粒或半粒(必须是纵切成两半的)杂交玉米种子,将其研磨成细粉。称取 50 mg 种子细粉转移至离心管中,然后加入 200 μL 提取液,在 20 ℃下静置 1 h。静置后超声振荡 30 s,然后 2 000 g 条件下离心 5 min。上清液即提取出的样品蛋白质,一部分用于电泳,剩余上清液可存放在−20 ℃冰箱中保存 3 个月。

3. 制备凝胶

凝胶可直接用 2 层玻璃板(需清洗干净)制备。载板需要使用甲硅烷基化剂处理,以使凝胶更好地黏附;盖板则需要经凝胶抛光剂(Gel-Slick)处理,以使凝胶易于剥离。

制备凝胶时将下列溶液进行混合:50 mL 储藏凝胶溶液、16 g 尿素、550 μL 两性电解质(pH2~4)、550 μL 两性电解质(pH4~6)、40 mL 两性电解质(pH5~8)、1 900 μL 两性电解质(pH4~9)。也可将 50 mL 储藏凝胶溶液、16 g 尿素、1.5 g 牛磺酸、2 900 μL 两性电解质(pH5~8)、1 500 μL 两性电解质(pH2~11)进行混合,制备凝胶。

聚合时将 350 μL APS[20%(m/V)新鲜配制的溶液]和 50 μL TEMED 溶液(起到促凝作用)缓慢加入进行混合,注意避免引入过多空气。该凝胶溶液可以制成 10 块 240 mm×180 mm×0.12 mm 的凝胶,每块凝胶只需 6.5 mL。缓慢混匀后,将凝胶倒在处理过的载板上,再将盖板轻轻盖上,等待聚合反应结束(通常用时 45 min 以上)。制备好的凝胶可在包好后放在 4 ℃冰箱中保存一周。

4. 电泳

将凝胶放在预冷(10 ℃)的水平电泳仪冷却板上。可在胶和冷却板之间加入 1 层薄薄的水,让凝胶能更好地黏附和冷却。将 2 个电极滤条分别浸没在阳极缓冲液和阴极缓冲液中,并分别放在凝胶的两端。在距离阳极滤条下端约 0.5 cm 处的加样带上点样(22 μL),接通电极,将电泳仪参数设为 2 500 V、15 mA,电泳 70 min。

5. 固定和染色

电泳结束后,将凝胶从胶板上剥离,先置于凝胶固定液中,在脱色摇床上缓慢摇晃至少 20 min。然后将凝胶置于凝胶染色液中,在脱色摇床上摇晃 50 min 进行染色。染色结束后,在凝胶脱色液中脱色 15 min,之后用清水冲洗。凝胶可在室温下干燥过夜或在烤炉中 70 ℃烘干 20 min,用胶膜包裹密封后,在室温下可以保存很多年。

6. 结果分析

通过检测样品的蛋白质谱带是否与品种的标准谱带一致,来判断样品的真实性和品种纯度。对杂交玉米种子而言,这种方法可以判断玉米杂交种纯度(自交率)。假定杂交种的父母本均是纯系，在比较父母本和杂交种时，杂交种中的条带应多于父母本。可以通过检测同一种子批中蛋白质谱带符合条件的种子数量来判断杂种纯度。当种子的蛋白质谱带与母本条带一致时，可认定该种子为自交授粉。异质授粉种子的条带表现不同，往往会出现 1 条不同的蛋白质条带。当混入了其他品种时，种子中也会表现出不同的条带。

根据不同的蛋白质带型可以判断杂交种的类型。

(1)单交种。只有 1 种带型是杂交种特有的，其余的条带均遗传于父母本。

(2)双交种。因其父母本都分别来自单杂交的种子，所以在杂交种子的蛋白质谱带中会表现出 4 种不同的带型。

(3)三交种。因其母本是杂交种，故其蛋白质来自 2 个自交系，所以在杂交种中可能会出现 2 种可能的带型(父本带和其中 1 种母本带)。通常杂交种子表现出 1 种谱带类型。

相关计算如下。

(1)相对迁移率计算。

按电泳胶板上蛋白质显色的谱带绘制电泳图谱，与其品种的标准图谱比较，可鉴别品种的真伪。相对迁移率(R_f)计算公式为：

$$\text{相对迁移率}=\frac{\text{谱带迁移距离}}{\text{等电点标准最前沿的蛋白迁移距离}}$$

(2)等电点标准(PI)曲线的制作及电泳谱带等电点的计算。

将标准蛋白质作为等电点标准，以其电泳后蛋白质谱带的等电点为纵坐标，以蛋白质谱带的相对迁移率为横坐标，制作标准曲线。根据测试品种电泳谱带的相对迁移率，利用标准曲线计算出其对应的等电点值。

(3)品种纯度测定。

将整张电泳图谱上具有不同于绝大多数种子的电泳图谱特征的种子作为变异种子，计算公式为：

$$\text{品种纯度}=\frac{\text{供试种子数}-\text{变异种子数}}{\text{供试种子数}}\times 100\%$$

五、注意事项

聚焦电泳的精确条件和时间与凝胶的外形尺寸、玉米品种的类型等有关，需要根据预实验结果设置。

实验十八　聚丙烯酰胺凝胶电泳鉴定大麦种子品种

一、实验目的

(1)掌握聚丙烯酰胺凝胶电泳鉴定大麦种子品种的原理。

(2)掌握聚丙烯酰胺凝胶电泳鉴定大麦种子品种的操作步骤。

二、实验原理

聚丙烯酰胺凝胶电泳(PAGE)是鉴定大麦种子品种的标准方法。从大麦种子中提取出醇溶蛋白(大麦醇溶蛋白),并在 pH3.2 条件下采用 PAGE 方法分离蛋白质。获得的电泳图谱中的蛋白质谱带与种子的基因遗传有关,因此可将电泳获得的蛋白质谱带作为品种的“指纹”。实验一般以 100 粒种子为材料,但需要非常精确地评估品种的纯度时,则需要更加大量的样本;若仅与标准值进行比较,则使用 50 粒种子进行检测即可;若只是简单地检测 1 个种子批次中的单一主要成分,则使用少于 50 粒种子进行检测即可。真实性鉴定时,每个样品重复 3～5 次;品种纯度鉴定时,每个样品鉴定 50～100 粒种子。

三、实验材料

1. 材料

大麦种子。

2. 器具

研钵、凝胶盒、电泳仪、电泳槽、离心机、离心管、样品梳、移液器、脱色摇床等。

3. 试剂

去离子水、2-氯乙醇、丙烯酰胺、亚甲基丙烯酰胺、维生素 C、过氧化氢、甘氨酸、冰醋酸、三氯乙酸等。

四、实验方法

1. 药品配置

(1)提取液(100 mL)。称取 0.05 g 甲基绿粉剂、18 g 尿素与 20 mL 2-氯乙醇、1 mL 2-巯基乙醇混合,然后用去离子水定容至 100 mL,4 ℃条件下保存。

(2)电极缓冲液。称取 0.4 g 甘氨酸,加入 4 mL 冰醋酸,然后用去离子水定容至 1 000 mL,4 ℃条件下保存。

(3)凝胶缓冲液。称取 1.0 g 甘氨酸,加入 20 mL 冰醋酸,然后用去离子水定容至 1 000 mL,4 ℃条件下保存。

(4)染色溶液(2 种)。称取 100 g 三氯乙酸,然后用去离子水定容至 1 000 mL;称取 1 g 考马斯亮蓝,溶于 100 mL 无水乙醇中。

(5)凝胶溶液(200 mL)。称取 20 g 丙烯酰胺、0.8 g 亚甲基丙烯酰胺、12 g 尿素、0.2 g 维生素 C、0.01 g 硫酸亚铁,加入 120 mL 凝胶缓冲液溶解,并用该溶液定容至 200 mL,4 ℃条件下保存。

2. 提取蛋白质

取完整的 1 粒种子在研钵中磨碎,然后转入 1.5 mL 离心管中,加入 300 μL 提取液,充分混匀后在室温下过夜。之后用离心机在 18 000 g 条件下离心 15 min,上清液即提取大麦种子醇溶蛋白,取其中一部分用于电泳,余下的上清液可在 4 ℃条件下储藏 3～4 d 备用。

3. 制备凝胶

根据仪器的设计要求,组装干净、干燥的凝胶盒。组装凝胶盒前,用硅处理玻璃板,以便后续转移凝胶。凝胶盒内可垫 1 层塑料薄纸。称取 10 g 丙烯酰胺、0.4 g 双丙烯酰胺、6 g 尿素、0.1 g 维生素 C 和 0.005 g $FeSO_4$ 加入 60 mL 凝胶缓冲液中搅拌均匀后,继续加入凝胶缓冲液定容至 100 mL。每 100 mL 凝胶混合液加入 350 μL 新鲜的 0.6%过氧化氢溶液后,迅速混匀并将凝胶混合液灌入玻璃板之间，插入样品梳。在加入过氧化氢之前，凝胶混合液可冷却至接近 0 ℃备用。此外，也可用过硫酸铵（100 μL 10%溶液新鲜配制）和 TEMED（300 μL）来取代过氧化氢发挥促凝作用，在灌胶前加到凝胶混合液中。

4. 电泳

移去凝胶中的样品梳，用电极缓冲液冲洗样品孔（除去气泡和拔掉样品梳带出的胶条）。根据使用电泳槽的大小，在电泳槽中加入合适体积的缓冲液，然后即可点样（10～20 μL）。将凝胶置于槽中，确保样品孔完全浸没在电泳缓冲液中。将电泳仪参数设置为 500 V，在恒压条件下进行电泳，如果以甲基绿为示踪染料，电泳时间为染料迁移至胶板底部时间的 3 倍。电泳需在 15～20 ℃条件下进行，可在电泳过程中用自来水进行冷却，或将电泳装置放在冰箱、空调房内。

5. 固定和染色

从电泳槽中取出玻璃板并小心剥离凝胶，同时将凝胶的一角切掉作为标记区分正反面。将凝胶置于含有 200 mL 10%三氯乙酸和 5～10 mL 1%考马斯亮蓝液配置的染色液中。将塑料盒盖好盖子或用保鲜膜使塑料盒密封。在脱色摇床上缓慢染色 1～2 d 即可染色完全。经 1～2 d 倒去染色液，用清水漂洗，再用 10%三氯乙酸漂洗，去除胶上的蓝色背景，然后对凝胶进行检测或拍照。凝胶可贮存于聚乙烯袋中，在 4 ℃条件下保存数月。

6. 电泳图谱鉴定

（1）真实性鉴定。按电泳胶板蛋白质显色的蓝色谱带绘出电泳图谱，并计算出 R_f 值，计算方法同第三篇实验十七，与其品种的标准图谱比较，以鉴别品种的真伪。

（2）品种纯度测定。按品种标准图谱分析出图谱不同的异品种种子粒数，计算出品种纯度百分率。

五、注意事项

（1）凝胶制备过程中，应注意在聚合反应之前尽量使凝胶混合液接近 0 ℃，可使聚合反应迅速完成。

（2）加样时，注意加样量不应太多，否则会使蛋白质谱带模糊而难以分辨。

实验十九　聚丙烯酰胺凝胶电泳鉴定小麦种子品种

一、实验目的

（1）了解聚丙烯酰胺凝胶电泳鉴定小麦种子品种的原理。

（2）掌握聚丙烯酰胺凝胶电泳鉴定小麦种子品种的操作步骤。

二、实验原理

小麦品种鉴定一般采用酸性聚丙烯酰胺凝胶电泳（A-PAGE）方法。从小麦种子中分离出醇溶蛋白并在 pH3.2 条件下用 A-PAGE 方法分离蛋白质，电泳后的蛋白质谱带与小麦的遗传组成有关，可认为是品种的“指纹”。这些“指纹”可被用于鉴定未知的样品和混合物。

三、实验材料

1. 材料

小麦种子。

2. 器具

感量 1/1 000 电子天平或分析天平、冰箱、研钵、离心管、手术刀片、摇床、离心机、涡旋仪、电泳仪、通风橱等。

3. 试剂

无水乙醇、丙酮、尿素、甘油、25%～30% 2-氯乙醇、甲基绿、2%双丙烯酰胺原液、40%丙烯酰胺原液或丙烯酰胺粉末、0.005% $FeSO_4$ 和 0.0014% $FeSO_4$、0.1%维生素 C、去离子水、30% H_2O_2、甘氨酸、三氯乙酸(TCA)、冰醋酸、考马斯亮蓝 R250、考马斯亮蓝 G250 等。

四、实验方法

1. 样品准备

可以用研钵将种子磨碎、捣碎或用刀片将其对半切开，然后转移到 1.5mL 离心管中。

2. 提取蛋白质

(1)方法一。

①溶液配方。提取液：70%乙醇(现用现配)。样品缓冲液：30%(m/V)甘油、6 mol/L 尿素、25 mmol/L 冰醋酸、0.05%焦宁 G，加入去离子水至最终容积。溶液在室温下保存即可。

②提取步骤。每粒种子或每 50～60 mg 种子粉末加入 200 mL 70%乙醇混合均匀。将样品在室温且黑暗条件下静置 1 h，然后离心，将上清液回收在 1.5 mL 离心管中，室温条件下加入 1 mL 丙酮，蛋白质会在几分钟内沉淀(如果不马上使用，则将上清液保存在 4 ℃)。离心，去除丙酮，置于通风橱内 5 min，使粉末干燥，然后加入 150 mL 样品缓冲液。

此方法提取过程在 2 h 内完成，提取蛋白可在 4 ℃条件下保存数周。

(2)方法二。

①提取缓冲液配制。25%～30%2-氯乙醇、0.05%焦宁 G 或甲基绿，加入去离子水至最终容积。溶液在 4 ℃冰箱中保存即可。

②提取步骤。每粒种子加入 150～200 mL 提取缓冲液混合均匀。将样品在室温条件下孵育过夜。如有必要，在凝胶上样前，可在 13 000 r/min 条件下离心 15 min。提取物可在 4 ℃冰箱中保存数天。

3. 凝胶制备和电泳槽缓冲液配制

(1)方法一。

①凝胶混合液。用 12%丙烯酰胺(由 40%原液稀释)、0.4%双丙烯酰胺(由 2%原液稀释)、0.75%冰醋酸、12%尿素、0.0014%$FeSO_4$、0.1%维生素 C 和去离子水配制凝胶混合液，80 mL 混合液可制备 2 块 16 cm×18 cm×1.5 mm 的凝胶。

②聚合引发剂。向配制好的凝胶混合液中加入30%H_2O_2,使其最终浓度为0.001%(V/V)。30%H_2O_2对凝胶的聚合作用速度很快,因此制备凝胶时必须快速。可先将装凝胶的玻璃板在4 ℃下预冷,以延缓在注入凝胶混合液时发生的聚合反应。

③电泳槽缓冲液。将1 mL冰醋酸加入700 mL去离子水中,使冰醋酸的最终浓度为0.143%(V/V),配制成上槽缓冲液;将10 mL冰醋酸加入4 000 mL去离子水中,使冰醋酸的最终浓度为0.25%(V/V),配制成下槽缓冲液。

(2)方法二。

①凝胶混合液。用10%丙烯酰胺(由原液或粉末稀释)、0.4%双丙烯酰胺(由原液或粉末稀释)、6%尿素、0.005%$FeSO_4$、0.1%(m/V)甘氨酸、2%(V/V)冰醋酸和去离子水混合均匀,配制成凝胶混合液。

②聚合引发剂。往配制好的凝胶混合液中加入30%H_2O_2,使其最终浓度为0.002%～0.003%(V/V)。30%H_2O_2对凝胶的聚合作用速度很快,因此制备凝胶时必须快速。可先将装凝胶的玻璃板在4 ℃下预冷,以延缓在注入凝胶混合液时发生的聚合反应。

③电泳槽缓冲液。用0.4%(V/V)冰醋酸、0.04%(m/V)甘氨酸和去离子水配置。

4. 样品上样

根据使用的电泳设备不同,上样量可为5～20 mL。

5. 电泳

(1)方法一。

设定电泳仪参数为500 V,恒压条件下电泳,电泳时间为染料迁移至胶板底部时间的2倍。电泳需在18 ℃条件下进行,可在电泳过程中用自来水进行冷却,或将电泳装置放在冰箱、空调房内。

(2)方法二。

设定电泳仪参数为40 mA,恒流条件下电泳,电泳时间为染料迁移至胶板底部时间的2倍。电泳需在18 ℃条件下进行,可在电泳过程中用自来水进行冷却,或将电泳装置放在冰箱、空调房内。

6. 固定和染色

(1)方法一。

①考马斯亮蓝贮存液。将1 g考马斯亮蓝R250溶于100 mL乙醇中,贮存在深色瓶中,4 ℃保存。

②固定和染色液。用2.5%(V/V)考马斯亮蓝R250贮存液、6.25%(m/V)TCA和去离子水配制,最终容积为400 mL。该固定和染色液可供2块16 cm×18 cm×1.5 mm的凝胶使用。溶液只能使用1次。在脱色摇床上进行固定和染色,过夜。

(2)方法二。

①考马斯亮蓝贮存液。用0.25%(m/V)考马斯亮蓝G250、0.75%(m/V)考马斯亮蓝R250和去离子水配制。

②固定和染色液。用8.3%(m/V)TCA、5.8%(V/V)冰醋酸、12.5%(V/V)乙醇、2%(V/V)考马斯亮蓝贮存液和去离子水配制。凝胶置于其中,1 d后可染色完全。该溶液可重复使用6次。

(3)方法三。

①考马斯亮蓝贮存液。用 0.25%(*m*/*V*)考马斯亮蓝 G250、0.25%(*m*/*V*)、考马斯亮蓝 R250 和无水乙醇配制。将配制好的溶液装在深色瓶中,在 4 ℃冰箱中保存。

②固定液。室温条件下在通风橱中配制和保存 10% TCA。

③染色液。用 20%(*V*/*V*)考马斯亮蓝贮存液、8%(*V*/*V*)冰醋酸和去离子水配制,贮存在深色瓶中,保存在通风橱中。

④固定和染色。先将凝胶在 10%TCA 中固定 1 h(凝胶可在该溶液中保存数天)。固定结束后,将凝胶在染色液中染色大约 3 h 或过夜。固定液和染色液可重复使用 6 次。

7. 脱色

用自来水进行冲洗脱色,冲洗凝胶 1 或 2 次(每次 30 min)。缓慢冲洗脱色使用 10% TCA 溶液。

8. 凝胶的保存

凝胶可在 10%TCA 溶液或 3%甘油溶液中保存。脱色后,将凝胶置于 2 层玻璃纸之间进行干燥,干燥后可用于拍照或扫描。将凝胶置于聚乙烯袋中,放入 4 ℃冰箱可保存数月。干燥后的凝胶可以保存数年。

9. 电泳图谱鉴定

(1)真实性鉴定。按电泳胶板蛋白质显色的蓝色谱带绘出电泳图谱,并计算出 R_f 值,与其品种的标准图谱比较,以鉴别品种的真伪。

(2)品种纯度测定。按品种标准图谱分析出图谱不同的异品种种子粒数,计算出品种纯度。

五、注意事项

由于丙烯酰胺和双丙烯酰胺的粉末非常轻且静电性很高,非常容易被吸入,因此配制时应在通风橱中进行操作。

实验二十 定性 PCR 检测转基因种子

一、实验目的

(1)掌握定性 PCR 检测转基因种子的原理。

(2)掌握定性 PCR 检测转基因种子的操作步骤。

二、实验原理

定性 PCR 检测转基因种子的原理主要是利用 PCR 扩增技术。首先针对转基因植物所插入的外源基因序列设计特异性引物,目的基因、通用元件、外源载体序列及外源插入载体与植物基因组的连接区序列这 4 类片段均可用于引物设计。然后采用 PCR 技术进行特异性扩增,确定是否为转基因种子。这 4 类片段基因检测都能作为转基因种子检测标准,但功能不完全一致。

通用元件只能用于转基因种子检测的初步筛选，确认外源载体是否成功转入，主要包括 *CaMV35S* 启动子、*NOS* 终止子等通用元件，以及 *NPT*Ⅱ、*HPT*、*GUS* 等标记基因。进一步确定何种转基因需利用目的基因和外源载体序列进行特异性检测，如常用的 *Cry1Ac*、*Cry1Ab* 和 *CP4-EPSPS* 等基因。若需确定何种品系，则可利用外源插入载体与植物基因组的连接区序列进行特异性检测，即事件特异性检测。这是因为外源插入载体与植物基因组的连接区序列是单拷贝的，具有特异性。一般的常规转基因种子检测，首先采用通用元件进行初筛检测，确定为转基因种子后，再对目的基因进行特异性检测，确定为何种转基因种子。

三、实验材料

1. 材料

作物种子(对照样品及待测样品)。

2. 器具

研钵、离心管、高速离心机、冰箱、水浴锅、移液器、PCR 扩增仪、电泳仪、摇床、水平电泳槽、凝胶图像处理系统等。

3. 试剂

CTAB 缓冲液、ddH_2O、异丙醇、氯仿/异戊醇(24∶1)混合液、75%乙醇、琼脂糖、Goldview、电泳缓冲液(1×TAE)、上样缓冲液等。

四、实验方法

1. DNA 提取

采用 CTAB 法提取 DNA，具体步骤如下。

(1)取适量的作物种子，用研钵将种子磨成粉末，取适量粉末放入 2mL 离心管中。

(2)加入 600 μL 65 ℃预热的 CTAB 缓冲液(2% CTAB，100 mmol/L Tris-HCl，20 mmol/L EDTA，1.4 mol/L NaCl，pH 8.0)，充分混匀，每隔 5 min 振荡 1 次。

(3)取出离心管，加入 350 μL 的氯仿/异戊醇(24∶1)混合液，颠倒混匀。

(4)置于 65 ℃水浴锅中 10 min。

(5)将离心管取出，12 000 r/min 离心 8 min。

(6)将上清液转移至新的 1.5 mL 离心管(离心管可在－20 ℃冰箱中预冷)。

(7)加入与上清液等体积的异丙醇(－20 ℃冰箱预冷)，轻轻颠倒混匀后置于－20 ℃冰箱沉淀 1 h 以上。

(8)12 000 r/min 离心 5 min，弃上清液。

(9)75%乙醇洗涤，12 000 r/min 离心 5 min，弃上清液，重复 2 次。

(10)倒置自然风干后溶于 dd H_2O 中，并于－20 ℃冰箱中保存。

2. PCR 扩增反应程序

(1)PCR 扩增反应体系。1 μL DNA 模板，1 μL 25 mmol/L$MgCl_2$，1 μL 4 pmol/μL 上、下游引物，0.2 μL 2 mmol/L dNTPs，0.1 μL Taq DNA 聚合酶，加 dd H_2O 补足至 10 μL。

(2)扩增程序。95 ℃预变性 5 min，95 ℃变性 40 s，55～60 ℃(视引物而定)退火 40 s，72 ℃下延伸 40 s，30～35 个循环。最后，72 ℃下延伸 10 min。

3. 琼脂糖电泳

（1）胶板制备。清洗制胶模具和样品梳、封板，插好样品梳。称取 0.7 g(0.5 g)琼脂糖置于锥形瓶中，加入 70 mL(50 mL)1×TAE 溶液。微波炉加热煮沸 3 次，直至琼脂糖全部融化，摇匀。凝胶冷却前加入 Goldview 染料(大胶用 70 mL，小胶用 50 mL)，等待 30 min 凝胶完全凝固后拔出样品梳。

（2）加样。将琼脂糖凝胶放入电泳槽中，加入电泳缓冲液(1×TAE)浸没胶面。取 10 μL 样品与 2 μL 上样缓冲液混匀，慢慢点入点样孔中。加样时注意 1 个样品用 1 个枪头，避免混样。另外，需要留有 1 个点样孔加入 DNA Marker，用于区分待测样品条带大小。

（3）电泳。加样后的凝胶板立即通电进行电泳，电压 60～130 V，样品将由负极向正极方向移动。电压越高，琼脂糖凝胶的有效分离范围越低。当溴酚蓝标记移动到距离胶板下沿约 1 cm 处时，停止电泳。

（4）观察照相。电泳完毕后，取出凝胶，在紫外灯下观察，采用凝胶成像系统拍照保存，分析谱带。

4. 结果分析

（1）内源基因检测。用内源基因设计特异性引物作为阴性对照，如玉米 *IVA* 基因，从待测样品扩增出 226 bp 大小的 PCR 产物则说明 DNA 提取正常，未有扩增条带则说明有问题，需重新提取 DNA 再次验证。

（2）外源基因检测。若阴性对照未扩增出 PCR 产物，但阳性 DNA 对照和待测样本扩增出了预期大小的 PCR 产物，可初步确定待测样本中含外源基因，需进一步验证；若待测品种未出现 PCR 产物，则可确定该待测样品不含有该外源基因。

（3）筛查和鉴定选择。先筛选 *CaMV35S*、*NOS*、*NPTⅡ*、*OCS*、*Bar*、*Pat*、*GUS* 等基因，若筛选结果为阴性可直接报告结果，若为阳性则需进一步检测外源基因，确定是何种转基因。

五、注意事项

（1）提取 DNA 过程中，氯仿(三氯甲烷)有毒，需要在通风橱中进行操作。

（2）实验中，阴性和阳性对照不可省略。

实验二十一　荧光定量 PCR 检测转基因种子

一、实验目的

（1）掌握荧光定量 PCR 检测转基因种子的原理。

（2）掌握荧光定量 PCR 检测转基因种子的操作步骤。

二、实验原理

荧光定量 PCR 技术是指在 PCR 反应体系中加入荧光基团，如 TaqMan 探针法、SYBR Green I 荧光染料法等，随着 PCR 循环数的增加，扩增产物增加，信号值不断增强，利用荧光信号累积实时监控整个 PCR 的进程。当反应管内的荧光信号强度达到设定的阈值时，所经历的循环数即 C_t 值。C_t 值与模板中基因拷贝数的对数呈线性关系，起始模板拷贝数越多，最终获得的 C_t 值越小。可根据扩增的 C_t 值结果和已知标准品起始拷贝数的对数值绘制标准曲线，最后通过扩增曲线对检测模板进行定性分析。荧光定量 PCR 检测转基因种子就是通过设置内源基因和外源基因阴阳性对照对待测样品全基因组 DNA 进行 C_t 值比较，进而确定待测样品是否为转基因以及是何种转基因材料的。

三、实验材料

1. 材料

作物种子(对照及待测样品)。

2. 器具

研钵、移液器、枪头、离心管、高速离心机、水浴锅、RT-PCR 扩增仪、冰箱等。

3. 试剂

CTAB 缓冲液、氯仿/异戊醇(24∶1)混合液、异丙醇、75%乙醇、dd H_2O 等。

四、实验方法

1. DNA 提取

DNA 提取方法同第三篇实验二十。

2. RT-PCR 扩增

(1)PCR 反应体系。5μL10×PCR 反应缓冲液，5 μL 2.5 mmol/L $MgCl_2$，4.5 μL 10 mmol/L dNTPs，0.5 μL 1U/μL UNG 酶，10 μmol/L 上、下游引物各 1 μL，1 μL 5 μmol/L 探针，0.1 μL 5 U/μL Taq DNA 聚合酶，5 μL DNA 模板(40～50 ng/μL)，最后加 dd H_2O 补足 50 μL。

(2)荧光 PCR 参数设置。95 ℃预变性 10 min，95 ℃变性 15 s，60 ℃退火 1 min，45 个循环。

(3)仪器检测通道的选择。PCR 反应管荧光信号收集的设置，与探针所标记的报告基因一致。报告基因为 *FAM* 时，荧光信号收集设在 *FAM* 通道；报告基因为 *TET* 时，设为 *TET* 通道，依此类推。

(4)反应运行。按照预先设定的样品摆放顺序，依次摆放 PCR 反应管，检查反应管盖是否盖紧，随后开始运行仪器进行实时荧光 PCR 反应。

3. 结果分析

(1)基线设置。实时荧光 PCR 反应结束并分析结果后，设置无效基线范围。无论采用何种荧光通道，基线范围都选择在 3～15 个循环。如果有强阳性样本，则应根据实际情况调整基线范围。阈值设置原则以基线刚好超过正常阴性目标 DNA 对照扩增曲线的最高点，且 C_t 值=40 为准。

(2)C_t 值与 DNA 浓度的关系。C_t 值≥40 时，说明 PCR 过程中无目标 DNA 的扩增；C_t 值在 36～40 且平行样的每个值之间的差异很大，说明 PCR 反应体系中的目标 DNA 量很少，应适当增加模板量重新进行试验。

(3)PCR 检测质量控制。空白对照,外源基因检测 C_t 值≥40,内源基因检测 C_t 值≥40;阴性对照,内源基因检测 C_t 值≤34,外源基因检测 C_t 值≥40;阳性对照,内源基因检测 C_t 值≤34,外源基因检测 C_t 值≤36。

(4)筛选检测和鉴定检测的选择。先筛选 *CaMV35S*、*NOS*、*NPT*Ⅱ、*OCS*、*Bar*、*Pat*、*GUS* 等基因,若筛选结果为阴性则直接报告结果,若为阳性则进一步鉴定检测外源基因,确定是何种转基因。

4. 结果判断

(1)若待测样品外源基因检测 C_t 值≥40,内源基因检测 C_t 值≤24,对照结果正常,则说明未检测出该基因。

(2)若待测样品外源基因检测 C_t 值≤36,内源基因检测 C_t 值≤24,设置对照结果正常,则说明该样品中检测出该基因。

(3)待测样品外源基因检测 C_t 值在 36～40,则应重新进行试验。再次扩增后若 C_t 值仍<40,且设置对照结果正常,则可确定该样品检测出该基因;再次扩增后若 C_t 值>40,且设置对照结果正常,则可确定该样品未检测出该基因。

五、注意事项

(1)双链 DNA 的变性温度是由双链中 C+G 的含量决定的,C+G 含量越高,模板 DNA 的熔解温度就越高。当模板 DNA 的 G+C 含量超过 55%时,可提高变性温度。

(2)复性温度至关重要,温度太高,复性扩增效率将会降低;温度太低,将产生非特异性复性,导致非特异性扩增。因此,复性温度通常比理论计算的引物的熔解温度低 3～5 ℃。

实验二十二　试纸法检测转基因种子

一、实验目的

(1)掌握试纸法检测转基因种子的原理。

(2)掌握试纸法检测转基因种子的操作步骤。

二、实验原理

试纸法检测转基因种子是采用双抗体夹心免疫层析的原理进行的。首先,样本中的抗原在侧向移动的过程中与胶体金标记的特异性单克隆抗体 1 结合,形成抗原-抗体复合物。然后,复合物继续向前方流动,和硝酸纤维素膜测试线上的特异性单克隆抗体 2 结合,形成双抗体夹心复合物。如果样本中抗原含量大于 1%,则测试线显红色,结果为阳性;反之,测试线不显色,结果为阴性。该检测方法只能用于检测未变性的蛋白质,且受外源蛋白不同的组织部位表达情况影响,具有一定的局限性,但是在抗虫的转基因玉米、转基因棉花等作物中应用广泛。

三、实验材料

1. 材料

植物种子(对照及待测样品)、转基因 *Bt CrylAb/lAc* 免疫金标速测卡试纸条及其提供的提取缓冲液。

2. 器具

研钵、离心机、离心管、移液器、枪头。

3. 试剂

提取缓冲液:称取 0.24 g 磷酸二氢钾(KH_2PO_4)、1.44 g 磷酸氢二钠(Na_2HPO_4)、8 g 氯化钠(NaCl)、0.2 g 氯化钾(KCl),加 800 mL 去离子水充分搅拌溶解,然后加入浓盐酸调 pH 至 7.4,最后用去离子水定容至 1 L。

四、实验方法

(1)取 1 粒完整的植物种子,用研钵充分磨碎,将粉末转移到 2 mL 离心管中(提前做好标记)。

(2)利用移液器吸取 500 μL 提取缓冲液溶解粉末。

(3)盖好离心管管盖,用力上下振荡离心管 20～30 s,确保样品与缓冲液充分混匀。

(4)静置或低速离心使固体物质沉淀于管底。

(5)吸取上清液,提取种子蛋白质。

(6)将试纸条按指定方向浸入样品蛋白质溶液中,等待 8～10 min 观察试纸条颜色并记录。

(7)结果判断。

①阴性(－):T 线(测试线,靠近加样孔一端)不显色。

②阳性(＋):T 线显色,肉眼可见。

③无效:未出现 C 线(控制线),可能操作不当或试剂板已失效,需换试纸条重新测试。

五、注意事项

(1)请勿触摸试剂板中央的白色膜面。

(2)样本中的固体杂质颗粒会导致出现假阳性结果,取样时要弃去肉眼可见的颗粒部分。

实验二十三　种子健康度检验

一、实验目的

(1)掌握未经培养和培养后的种子健康度检验的原理。

(2)掌握未经培养和培养后的种子健康度检验的操作步骤。

二、实验原理

种子健康度检验是指测定种子是否携带有病原物（如真菌、细菌及病毒）、有害生物（如线虫及害虫）等，即对种子所携带病虫害种类及数量进行检验。可以采用田间检验和室内检验的方法来检验种子健康度：田间检验是根据病虫害发生规律，在作物相应田间生长时期进行病虫害检验的方法，主要依靠肉眼检验；室内检验是在种子储藏、引种和调种过程中对种子进行病虫害检验的主要手段，方法有肉眼检验、洗涤检验、剖粒检验、染色检验等。

三、实验材料

1. 材料

水稻、玉米、小麦或大豆等种子。

2. 器具

培养皿、显微镜、盖玻片、载玻片、振荡器、玻璃棒、吸水纸、刀片、离心管、吸管、铜丝网、纱布、放大镜、砂石、X 射线仪、紫外灯、培养箱等。

3. 试剂

1%次氯酸钠溶液、ddH_2O、含 0.01%硫酸链霉素的麦芽糖或马铃薯葡萄糖琼脂培养基等。

四、实验方法

(一)未经培养的种子健康度检验

1. 肉眼检验法

肉眼检验法适用于病原体较大或种子外部有明显症状的病害，如麦角、线虫瘿、虫瘿、菌瘿、黑穗病孢子等。必要时可采用双目显微镜对试样进行检查，取出病原体或病粒，称其重量或计算其粒数。

2. 洗涤检验法

洗涤检验法用于检验附着在种子表面的病菌孢子或颖壳上的病原线虫。分取样品 5 g，2 次重复，将样品分别倒入 100 mL 锥形瓶内，加入无菌水 10 mL 洗涤。若想更加彻底地洗涤病原体，可在加入 0.1%润滑剂（如磺化二羧酸酯）后，将锥形瓶置于振荡器上振荡，光滑种子振荡5 min，粗糙种子振荡 10 min。

将洗涤液移入离心管内，用离心机 1 000～1 500 g 离心 3～5 min。用吸管吸去上清液，留 1 mL 的沉淀部分，稍加振荡。用干净的玻璃棒将悬浮液分别滴于 5 片载玻片上。盖上盖玻片，用 400～500 倍的显微镜检查，每片检查 10 个视野，并计算每视野平均孢子数，据此可计算病菌孢子负荷量。

计算公式：

$$N=(n_1\times n_2\times n_3)\div n_4$$

式中，N 为每克种子的孢子负荷量；n_1 为每视野平均孢子数；n_2 为盖玻片面积上的视野数；n_3 为 1 mL 水的滴数；n_4 为供试样品的重量，g。

(二)培养后的种子健康度检验

1. 吸水纸法

吸水纸法适用于多种类型种传真菌病害的检验，尤其是许多半知菌，有利于分生孢子的形成和致病真菌在幼苗上症状的发展。以水稻稻瘟病检验为例，将吸水纸置于培养皿并用水润湿，取水稻种子试样 400 粒，每个培养皿播 25 粒种子，放入 22 ℃光照培养箱，用 12 h 黑暗和 12 h 近紫外光照的交替周期培养 7 d 后，在 12～50 倍放大镜下检查每粒种子上的稻瘟病分生孢子。一般这种真菌会在颖片上产生小而不明显、灰色至绿色的分生孢子，这种分生孢子成束地着生在短而纤细的分生孢子梗的顶端，菌丝很少覆盖整粒种子。如有怀疑，可在 200 倍显微镜下检查分生孢子来核实。典型的分生孢子为倒梨形，透明，基部钝圆、具有短齿，分两隔，通常具有尖锐的顶端。

2. 砂床法

砂床法适用于某些病原体的检验。将砂石通过 1 mm 孔径的筛子去掉杂质，并清洗砂粒，高温烘干消毒后，放入培养皿内并加水润湿。将种子排列在砂床内，然后密闭保持高温，培养温度与纸床相同，待幼苗顶到培养皿盖时(一般经过 7～10 d)进行检查。

3. 琼脂皿法

琼脂皿法主要用于发育较慢的潜伏在种子内部的病原真菌，也可用于检验种子表面存在的病原菌。以小麦颖枯病检验为例，取小麦种子试样 400 粒，先用 1%次氯酸钠溶液消毒 10 min，然后用无菌水洗涤。在含 0.01%硫酸链霉素的麦芽糖或马铃薯葡萄糖琼脂培养基上，每个培养皿播 10 粒种子于琼脂表面(种子间保持一定距离)，将培养皿置于 20 ℃培养箱中黑暗培养 7 d。肉眼检查每粒种子上缓慢长成圆形菌落的情况。

五、注意事项

注意试样的表面清洁和消毒处理。

实验二十四　种子害虫检验

一、实验目的

(1)掌握种子害虫检验方法的原理。

(2)掌握种子害虫检验的操作步骤。

二、实验原理

种子作为农业生产中重要的资料，种子质量的好坏不仅影响农作物的产量，还会对农作物的品质有所影响。想要获得高产、稳产、优质的农产品，需要进行必要的种子品质检验。种子检验是保证种子好坏的关键，特别是把种子作为商品流通后，种子检验工作就显得更为重要，其中，种子病虫害检验是种子检验工作中重要的一部分，对保护正常种子贸易、降低生产成本、提高产量和产品品质具有重要意义。

三、实验材料

1. 材料

小麦、玉米、大豆、绿豆等种子样品。

2. 器具、试剂

显微镜、天平、刀片、玻璃棒、烧杯、培养皿、1%的高锰酸钾、吸水纸、0.5%的氢氧化钠溶液、1%碘化钾或2%碘酒溶液、低温低湿储藏箱、小烧杯、纱布、NaCl、吸管、放大镜等。

四、实验方法

(一)肉眼检验

肉眼检验方法适合于明显感染害虫的种子样品的检验。

(1)冬季低温时,将种子样品放在18~25 ℃保温箱内加温20~30 min,使害虫恢复活动。

(2)称取种子样品200 g,2次重复。

(3)将种子倒在白瓷盘内,用肉眼或放大镜进行逐粒观察,拣出害虫及害虫侵害过的种子,计算每千克种子样品中的害虫头数及虫害种子百分率。

$$\text{害虫头数含量(头/kg)}=\frac{\text{害虫头数}}{\text{样品重量(kg)}}$$

$$\text{虫害种子百分率}=\frac{\text{害虫侵害种子数(粒)}}{\text{供检种子数(粒)}}\times 100\%$$

(二)过筛检验

过筛检验方法适用于散布在种子中间的害虫检验。

(1)首先选择合适的筛子,按照孔径大小(大孔径在上,小孔径在下)的顺序套好。

(2)将种子样品放在最上层的筛子中,样品应以占本筛层体积的2/3为宜,加盖后进行筛选。

(3)手动筛选,则左右摆动20次;振荡器筛选,则0.5 min即可。

(4)将各层筛上物分别倒入白瓷盘内,铺成薄薄1层,检查各筛的害虫,用肉眼或放大镜进行检查。最后计算害虫头数和虫害种子百分率。

(三)染色检验

1. 高锰酸钾染色

高锰酸钾染色法适用于隐伏感染的种子害虫,如禾谷类种子中的谷象、米象等。

(1)送验样品除去杂质,称取样品15 g,放于金属网或塑料网中,于30 ℃温水中浸泡1 min。

(2)将种子转入1%高锰酸钾溶液中浸泡1 min,取出后立即用清水漂洗20~30 min。

(3)将种子倒在白色吸水纸上,用放大镜检验,种子具有正常颜色,挑出表面有0.5 mm左右黑斑的种粒,进一步检查,可结合剖粒检验查出害虫头数。

2. 碘化钾染色

碘化钾染色法适用于检验豆象类害虫为害的豆类种子。

(1)送验样品除去杂质,称取样品 50 g,放于金属网或塑料网中,放入 1%碘化钾溶液或 2%碘酒中浸泡 1～1.5 min。

(2)将种子转入 0.5%氢氧化钠或钾溶液中浸泡 20～30 s,取出后立即用清水漂洗 1 min。

(3)将种子倒在白色吸水纸上,用放大镜检验,挑出种子表面有 1～2 mm 黑斑的种粒,即豆象感染种粒,留作进一步检查,可结合剖粒检验查出害虫头数。

(四)相对密度检验

(1)称取样品 50 g,除去杂质,放于金属网或塑料网中,放入饱和氯化钠溶液中(36 g 食盐放入 100 mL 水中)浸泡 10～15 s,静置 1～2 min。

(2)将悬浮在上层的种子取出,留作进一步检查,可结合剖粒检验查出害虫头数。

$$\text{虫害种子百分率}=\frac{\text{害虫侵害种子数(粒)}}{\text{供检种子数(粒)}}\times 100\%$$

(3)对于稻谷等较轻籽粒,倒入 2%硝酸铵溶液,搅拌 1 min,即可使被害谷粒上浮而与正常种子分开。

(五)剖粒检验

剖粒检验方法适用于种子内部害虫的检验,通常在直接检验的基础上进行。

称取种子样品 5～10 g(稻麦类 5 g,豌豆或玉米 10 g),统计种子粒数,重复 2 次。用刀片剖开或切开可疑种子的被害部分,检查害虫。计算害虫头数和虫害种子百分率。

五、思考题

(1)常见种子虫害的种类有哪些?

(2)简述种子虫害检验方法。

六、知识补充

(1)种子虫害的生命周期和习性。深入了解不同种子虫害的生命周期、取食习性以及在种子中繁殖的特点,可以更好地理解它们对种子的危害程度和传播途径。

(2)检验技术的发展和应用。了解种子虫害检验技术的发展历程和现状,包括传统的肉眼检验方法以及现代的显微镜、分子生物学等技术在种子虫害检验中的应用情况。

(3)非寄主植物的筛选。学习如何通过筛选非寄主植物来降低种子虫害的发生率,了解一些非寄主植物对种子虫害的控制效果以及通过植物间作物轮作来降低种子虫害的方法。

(4)生物防治技术。学习关于利用天敌昆虫、寄生植物或微生物等进行生物防治的方法,了解这些方法在种子虫害防治中的应用效果和优势。

(5)农业生态系统中的种子虫害。深入了解种子虫害在农业生态系统中的地位和作用,探讨种子虫害对农业生态系统平衡的影响以及应对措施。

第四篇

种子加工与储藏

实验一　种子散落性的测定

一、实验目的

(1)了解种子散落性测定的概念和意义,学习种子散落性分析的方法。

(2)通过种子散落性的测定,加深对种子散落性概念的理解,为种子安全储藏与加工奠定基础。

二、实验原理

种子是一种散粒体,相互间的内聚力很小。种子由高处下落或向低处移动时向四周流散开来的这种特性称为散落性。种子散落性是种子的主要物理性质之一,受种粒形状、表面状态、水分、杂质等多种因素影响。种子散落性大小通常以静止角表示,静止角是指种子从一定高度自由落到水平面上所形成圆锥体的斜面和底部直径构成的夹角。如图 4-1-1 所示,散落性较好的,静止角比较小,如大豆种子;散落性较差的,静止角比较大,如稻谷种子。

种子停留在圆锥体的斜面上不继续下落而呈静止状态,是由于种子的颗粒间存在着一定的摩擦力(***F***),此力沿着圆锥体斜面向上,阻碍种粒下滑。同时,种子在圆锥体的斜面上由于重力(***G***)作用而产生 1 个与斜面平行的向下分力(***P***),其方向与摩擦力相反,此力使种粒下落。一粒种子在圆锥体的斜面上是保持静止状态还是继续滚动,完全取决于该分力与摩擦力的对比结果。如果该分力≤种子颗粒间的摩擦力,则种子停留在斜面上静止不动;如果该分力>种子颗粒间的摩擦力,则种子沿斜面向下滚动,直到两个力达到平衡为止(图 4-1-2)。

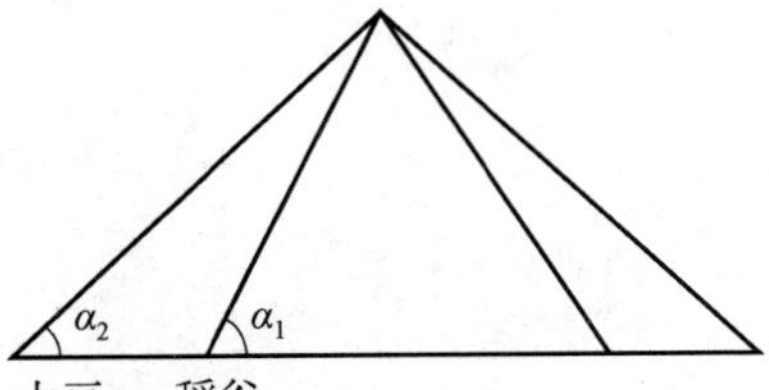

图 4-1-1　种子静止角(α)

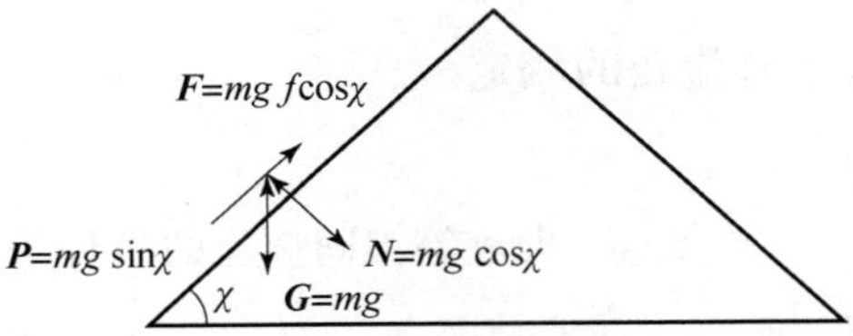

G:种子重力;***P***:种子重力分解为与圆锥体斜面平行的向下分力;
N:种子重力分解为垂直于圆锥体斜面的正压力;*m*:种子重量;
F:种粒间的摩擦力;*f*:种粒间摩擦系数;*α*:静止角;*g*:重力加速度

图 4-1-2　种子散落性

表示种子散落性的另一个指标是自流角。当种子摊放在其他物体的平面上,将平面的一端向上慢慢提起形成斜面,种子在斜面上开始滚动时的角度到绝大多数种子滚落时的角度,即种子的自流角。

种子静止角与自流角在生产上有一定实践意义,如建造种子仓库,就要根据种子散落性估计仓壁所承受的侧压力大小,以此为选择建筑材料与构造类型的依据。

三、实验材料

1. 材料

小麦、玉米、油菜、大豆等植物净种子。

2. 器具

长方形玻璃缸、长方形玻璃板或木板、量角器等。

四、实验方法

(一)种子静止角的测定

1. 取样

将小麦、玉米、油菜、大豆等不同植物种子分别倒入干净的长方形玻璃缸中，以种子体积占玻璃缸总体积的 1/3 为宜。

2. 置种

把玻璃缸内的种子弄平整后，用玻璃板盖上，然后慢慢抬起玻璃缸向一侧倾倒至 90°，使种子自然形成一个斜面，与水平面成一定角度后静止，即静止角 α。

3. 测量

测量角度 α，用半径较大的量角器测量该斜面与水平面所成的角度，并记录，如图 4-1-3 所示。

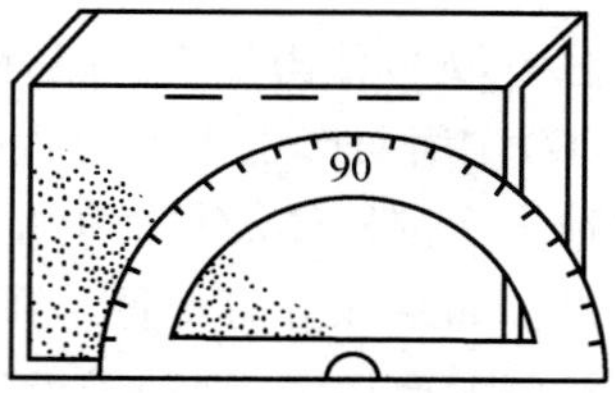

图 4-1-3　玻璃缸法测定静止角

4. 计算

用同样的方法重复测量 3 次，取平均值，作为该批种子的静止角。

(二)种子自流角的测定

1. 取样

称小麦、玉米、油菜、大豆等不同植物的净种子 10 g。

2. 置种

将净种子放于光滑的长方形玻璃板一端，并摊平。

3. 起始角测定

将玻璃板有种子的一端缓慢抬起，当种子沿玻璃板开始滚动时，测定玻璃板与水平面所成的夹角，作为起始角 α_1。

4. 终角测定

继续抬起玻璃板，当绝大多数种子滚落完时，测量玻璃板与水平面所成的夹角，作为下落终角 α_2。

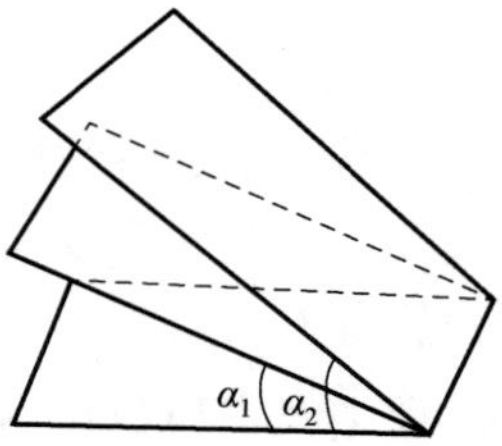

图 4-1-4　自流角的测定

5. 计算

起始角与下落终角范围内的幅度为自流角，即 $\alpha_1-\alpha_2$ 为种子自流角，如图 4-1-4 所示；重复 3 次，取平均值，作为该批种子在玻璃板上的自流角。用木板按同样的方法，测定种子在木板上的自流角。

(三)种子对仓壁侧压力的计算

根据测得的数据，计算种子对仓壁的侧压力，公式为：

$$P=0.5\times m\times h^2\times \tan 2(45°-0.5\alpha)$$

式中，P 为侧压力，kg/m；m 为种子容重，kg/m^3；h 为种子堆高度，m；α 为静止角，°。

小麦种子容重为 700 g/L，大豆、玉米种子容重为 730 g/L。种子堆高度一般为 2.5 m。

五、注意事项

(1)测量静止角和自流角时，必须注意要在相关因素比较一致的情况下测定，并注意取样方法、操作技术的一致性。

(2)测量静止角时，每个样品最好重复多次，记录其变异幅度，同时附带说明种子净重和水分，以便和其他结果进行比较。

六、思考题

种子的散落性和自动分级在种子加工和储藏的过程中如何应用？

七、知识补充

影响种子散落性的因素：种子散落的好与差，与种子的形态特征、夹杂物、水分、收货后的处理和储藏条件等有密切的关系。凡种子的颗粒比较大、形状近似球型且表面光滑的，散落性较好；凡因收获或清洗方法不当而混有各种夹杂物，或因种子收获、加工过程中用力过猛而致种子损伤、脱皮、压扁、破裂的，则散落性大为降低。

实验二　种子容重的测定

一、实验目的

学习容重的测定方法，加深对种子物理特性概念的理解。

二、实验原理

种子容重是指单位容积内种子的绝对重量，单位为 g/L。种子容重的大小受多种因素的影响，如种子的颗粒大小、形状、整齐度、表面特性、内部组织结构、化学成分及混杂物的种类和数量等。颗粒细小、参差不齐、外形圆滑、内部组织结构致密、水分及油分含量低、淀粉和蛋白质含量高，并混有各种沉重杂质(如泥沙等)的，则容重较大；反之，容重较小。种子容重在生产上的应用相当广泛，检验上常把容重作为品质指标之一。在种子贮运过程中，可根据容重来推算一定容量内的种子重量，或计算出一定重量的种子所需的仓容大小及运输时所需车厢数目。同时，依照容重大小，可推知种子在储藏期间的变化，或利用种子容重计算种子仓库的侧压力。

三、实验材料

1. 材料

小麦、玉米、大豆等植物净种子。

2. 器具

GHCS-1000 系列谷物电子容重器，如图 4-2-1 所示。

图 4-2-1 GHCS-1000 系列谷物电子容重器

四、实验方法

(1)打开容重箱，针对不同粮食品种，选定谷物筒(出厂时安装了测量大颗粒的谷物筒)，正确连接，将容量筒底固定到水平桌面上。

(2)将容重器电源插头接入电源。

(3)电子秤校准：接电源开关，接通电源，此时电子秤自动进入自检状态。待显示器显示“0”时，连续 2 次按“校准”键，在听到“嘀”声，同时显示器闪动之后，置随机附带的 1 kg 砝码于秤上；待显示稳定后，按“校准”键，听到“嘀”声并连续 3 次(每次间隔 5 s)后，按“校准”键，显示器应显示“1000”，此时校准完成。若显示器不稳定或显示不是“1000”，应重复上述步骤。校准完成后，取下 1 kg 砝码。

(4)将排气砣置于容量筒内，平稳地将筒体放在电子秤秤面上，此时电子秤显示容量筒重量。按“清零”键，显示器显示“0”；如果按 1 次不能完全回零，可再按 1 次。

(5)将容量筒安放在桌子上，然后把插板插入容量筒插板槽内，并将排气砣平置于插板之上，套好中间筒。

(6)将制备的试样倒入谷物筒内，装满刮平。再将谷物筒套在中间筒上，打开漏斗开关，让谷物自由下落至中间筒内，关闭漏斗开关。用手握住容量筒与中间筒的结合处，将插板迅速抽出，在排气砣和试样落入容量筒后，再将插板插入插板槽中。依次取下谷物筒和中间筒，倒净容量筒插片上多余的试样，抽出插片，将容量筒平稳地放在电子秤上称重。

(7)数字平稳显示后，按“打印”键，即可打印测量结果。

(8)结束测量，按“电源开关”键，关闭电源，拔下电源插头；擦净谷物筒、中间筒和容量筒(特别是内壁)等各部位；按正确位置将全部部件组合嵌入容重箱内，关闭容重箱。

五、注意事项

(1)按“校准”键、“清零”键等时，应注意轻按，切忌用力过猛，以免引起整台仪器不稳定。电子秤显示负数值时不能清零，出现这种情况时，可重新开机，重复上述步骤。

(2)保持各个组件清洁，操作过程中，轻拿轻放，容量筒、中间筒和谷物筒严禁碰撞，防止变形。

(3)在测定容重前，需先除去种子中的各种大小杂质，并通过分样器多次，以充分混合，因为含杂质和混合不均匀会影响容重测定结果的一致性和准确性。

(4)容重测定一般适用于麦类、玉米和豆类种子，而水稻种子因带稃壳，其表面又覆有稃毛，充实饱满的水稻种子不一定能从容重反映出来，因此一般不将水稻的容重作为检验项目。

(5)将容重器放在不会振动的操作平台上,并在测定过程中严防仪器震动,以免影响容器筒内种子的孔隙度,而使容重测定结果产生误差。

(6)测定时必须全面考虑,否则可能得出与实际情况相反的评价,例如,原来品质优良的种子,可能因混有许多轻的杂质而容重降低;瘦小、皱瘪的种子,因水分较高,容重就会增大;油料作物种子若脂肪含量特别高,容重反而较低。

六、思考题

(1)列表并分析所测品种的容重、比重、密度与孔隙度。

(2)举例说明实验所测项目在实际生产中的应用。

七、知识补充

种子的物理特性是指种子本身所具有的或种子堆在移动的过程和堆放过程中所反映出来的多种物理属性,主要包括容重、相对密度、千粒重、密度、孔隙度、散落性、自动分级、导热性、热容量、热吸附、吸湿性和平衡水分等。

种子容重以 g/L、kg/m^3 为单位。容重大,表明籽粒饱满、整齐,质地紧密,皮壳薄,蛋白质、淀粉含量多,出粉率或出米率高。国家标准规定容重是确定某些商品粮食(如小麦、高粱、粟)等级的一项基础指标。在粮食储运中,根据谷物容重(如小麦为 680～790 kg/m^3,水稻为 440～550 kg/m^3,玉米为 680～820 kg/m^3,粟、黍为 640～680 kg/m^3)可以估算出一定体积谷物堆的质量;或者根据一批谷物的数量,测算出所需的仓库容积和运输工具数量。

实验三　种子比重的测定

一、实验目的

学习比重的测定方法,加深对种子物理特性概念的理解。

二、实验原理

种子比重为一定体积的种子重量,即种子的绝对重量和它的绝对体积之比。对于不同作物或不同品种而言,种子比重因形态构造、细胞组织的致密程度和化学成分的不同而有很大的差异。就同一品种而言,种子比重随成熟度和充实饱满度而变化。大多数作物的种子成熟得越充分,内部积累的营养物质越多,则籽粒越充实,比重就越大。但油料作物的种子则相反,种子发育条件越好,成熟度越高,比重越小,因为种子所含油脂随成熟度和饱满度增加。种子比重不仅可以作为衡量种子品质的指标,还可以作为种子成熟度的间接指标。

三、实验材料

1. 材料

各种作物种子。

2. 器具

天平、量筒、比重瓶等。

3. 试剂

蒸馏水、50%乙醇、二甲苯或甲苯等。

四、实验方法

(一)量筒法

1. 初始体积

取有精细刻度的量筒(mL),内装 1/3 左右 50%乙醇,记下乙醇所达到的刻度,准确记录体积 V_1。

2. 终体积

称取适当重量(W,一般为 3～5 g 的净种子样品),小心放入量筒中,再观察乙醇平面升高的刻度,即该种子样品＋乙醇体积的体积 V_2。

3. 计算

根据下式求出种子的比重,3 次重复,结果保留 2 位小数。

$$种子比重=\frac{种子重量}{种子体积}=\frac{W}{V_2-V_1}$$

(二)比重瓶法

量筒法比较粗放,如要求更精确些,可用比重瓶测定,操作步骤如下。

1. 取样

准确称取种子样品 2.0 g～3.0 g(W_1),精确到毫克。

2. 注液

将二甲苯(也可以用甲苯或 50%乙醇)装入比重瓶,到标线为止,如有多余用吸水纸吸去。如果比重瓶有磨口瓶塞,则把二甲苯装满到瓶塞处,再把溢出的揩干。

3. 称重

对装好二甲苯的比重瓶称重(W_2)。

4. 加样

倒出一部分二甲苯,将已称好的种子(W_1)投入比重瓶,再用二甲苯装满到比重瓶的标线,用吸水纸吸去多余的二甲苯。投入后,注意种子表面应不附着气泡,否则会影响结果的准确性。

5. 称重

对装好二甲苯和种子的比重瓶称重(W_3)。

6. 计算

根据下式计算出种子比重(S),3 次重复,结果保留 2 位小数。

$$S=\frac{W_1}{W_2+W_1-W_3}\times G$$

式中，G为二甲苯的比重，在15 ℃时为0.863 g/L。

如用其他药液代替二甲苯，须查出该药液在测定种子比重时的温度条件下的比重。

五、注意事项

(1)用比重瓶法测比重时，必须使籽粒上没有气泡，因为气泡的存在会导致错误的结果。

(2)测比重时，全部工作过程要在一定的温度条件下进行。

六、思考题

(1)种子比重常见的测定方法有几种？

(2)影响种子比重的因素有哪些？

七、知识补充

影响种子比重的因素：

1. 种子的化学成分

脂肪少，则比重大，一般来说，淀粉比重＞纤维素比重＞蛋白质比重＞脂肪比重。

2. 种子的成熟度、饱满度

一般种子越成熟、越饱满，比重越大；油料种子越成熟、越饱满，比重越小。

3. 种子的形态结构及细胞组织的致密程度

种子光滑、无附属物、角质致密，则比重大。

4. 种子的呼吸作用

在高温、高湿条件下，种子经长期储藏，由于连续不断的呼吸作用消耗掉一部分有机养料，可使比重逐渐下降，例如，新种子比重＞陈种子比重。

实验四　种子平衡水分的测定

一、实验目的

通过称重法测定种子平衡水分，进一步了解种子在不同储藏条件下吸湿变化的规律，以便及时做好仓库种子的管理工作。

二、实验原理

测定种子平衡水分的方法主要有称重法、测蒸汽压法、测相对湿度法，其中，称重法是最常采用的方法。本实验所采用的称重法的实验原理是利用密闭容器内的过饱和盐溶液或不同浓度的酸溶液产生一定的平衡相对湿度，或者辅助一定流速循环系统内的空气，然后连续地或周期性地测定样品的水分含量变化，根据称重判断是否达到平衡水分，最后测定平衡状态时种子的含水率。

称重法测定平衡水分一般在20～25 ℃进行，通常将种子样品与各种过饱和盐溶液(产生不同的相对湿度)放在一密闭容器内。注意,种子样品不可和溶液直接接触。经过一段时间,当种子水分和容器内的蒸汽压达到平衡,即种子水分不再增减时,此时的种子水分即该温度和湿度条件下的平衡水分。种子的平衡水分受温度、相对湿度和种子本身的影响。当湿度不变时,种子的平衡水分随温度升高而减小,呈负相关。

种子平衡水分的测定有广泛的应用。通过测定种子平衡水分,可以了解各种作物种子在不同相对湿度下或不同种类种子在同一相对湿度下的种子平衡水分特性。同时,可以求出种子的临界水分和种子的安全储藏水分,为种子安全储藏服务。

三、实验材料

1. 材料

水稻、小麦、玉米、油菜和大豆等作物净种子。

2. 器具

恒温箱、天平、广口瓶(1 L)、有钩的橡皮塞、量筒、小铁丝篮或尼龙网袋、称量盒、烘箱等。

3. 试剂

硫酸钾(K_2SO_4)、氯化钾(KCl)、氯化钠(NaCl)、硝酸铵(NH_4NO_3)、硫酸氢钠($NaHSO_4 \cdot H_2O$)、碳酸钾($K_2CO_3 \cdot 2H_2O$)、氯化镁($MgCl_2 \cdot 6H_2O$)、氯化钙($CaCl_2 \cdot H_2O$)、氯化锂(LiCl)9 种过饱和盐溶液。

按表 4-4-1 过饱和盐溶液在 20 ℃下的相对湿度,配制不同相对湿度的定湿溶液。

表 4-4-1 过饱和盐溶液在 20 ℃下的相对湿度 %

试剂	相对湿度	试剂	相对湿度
硫酸钾(K_2SO_4)	98	碳酸钾($K_2CO_3 \cdot 2H_2O$)	42
氯化钾(KCl)	87	氯化镁($MgCl_2 \cdot 6H_2O$)	33
氯化钠(NaCl)	76	氯化钙($CaCl_2 \cdot H_2O$)	20
硝酸铵(NH_4NO_3)	64	氯化锂(LiCl)	15
硫酸氢钠($NaHSO_4 \cdot H_2O$)	52		

四、实验方法

(1)用 105 ℃烘干法测定“材料”中某种作物种子的水分(h,%)。

(2)准确称量小铁丝篮(或尼龙网袋)的重量(A_1)。

(3)取约 40 g 种子放入小铁丝篮(尼龙网袋)中,精确称重(B_1),共 9 份。

(4)在广口瓶内分别放置各种不同相对湿度的溶液 250 mL(表 4-4-1),以便调配不同的相对湿度。

(5)将存有种子的小铁丝篮(尼龙网袋)挂在橡皮塞下面的小钩上,再放入瓶中,用塞子塞紧密封,然后将广口瓶放置于 20 ℃(温度精度±0.9 ℃)的恒温箱中。

(6)每天(或每两天)将小铁丝篮(尼龙网袋)与种子一起称重,直到达到恒重(B_2)为止(平衡前后连续 2 次称重之差小于 2 mg。

(7)倒出种子，称取空小铁丝篮(尼龙网袋)的重量(A_2)。

(8)结果计算：实验前种子样品重 B_1-A_1；实验后种子样品重 B_2-A_2；种子增加的水重量 $H(\text{g})=(B_2-A_2)-(B_1-A_1)$。

$$种子平衡水分=\frac{H+h\times(B_1-A_1)}{B_2-A_2}\times100\%$$

此为该种子在 20 ℃、不同相对湿度下的平衡水分。

(9)比较不同作物或同一作物不同品种种子之间的平衡水平差异，了解种子在不同储藏条件下的吸湿变化规律。

五、注意事项

(1)此方法虽简单易行，但是种子水分需要长时间才能达到平衡，高水分样品在水分未达到平衡前就有可能发霉。

(2)鉴于无机强酸会对环境产生污染，通常采用饱和盐溶液。

六、思考题

(1)种子平衡水分的影响因素有哪些?

(2)平衡水分有何规律?

七、知识补充

种子平衡水分是指种子在一定的温度和空气相对湿度条件下，吸湿作用和解湿作用处于平衡时的水分。由于种皮结构的差异和内含物化学成分不同，各个种子的平衡水分并不一致。蛋白质的吸湿能力最强，淀粉和纤维素次之，脂类则属于非亲水性物质，因此富含油脂的种子吸湿性弱，其平衡水分远低于富含蛋白质或富含淀粉的种子。在同一品种种子中，各个种批的水分还会因种子的成熟程度、种粒的大小和受伤情况等差异而不完全相同。低温下水分子的能量较小，较难逃脱大分子的吸引力，因此即使空气相对湿度相同，同一种批低温下的平衡水分也会比高温下的略高。

在相同的温度和相对湿度条件下，同一品种种子吸湿增加水分和解吸降低水分这 2 种情况下的平衡水分不同。种子吸湿达到平衡的水分始终低于解吸达到平衡的水分，这种现象称为吸附滞后效应。

实验五　种子热容量的测定

一、实验目的

掌握测定种子热容量的方法，为种子储藏与加工服务。

二、实验原理

种子热容量又称为种子比热容，是指 1 kg 种子温度升高 1 ℃时所需的热量，其单位为 kJ/

(kg·℃)。它取决于种子的化学成分(包括水分在内)及各种成分的比例。水的热容量较一般种子的干物质热容量高出1倍以上,因此水分越高的种子,其热容量也越大。种子堆是热的不良导体。热量在种子堆内的传递方式主要有两种:一是靠籽粒间彼此直接接触的相互影响而使热量逐渐转移(传导传热),其进行速度非常慢;二是靠籽粒间隙气体的流动而使热量转移(对流传热)。了解种子堆的热容量可推算一批种子在秋冬季节储藏期间放出的热量,并可根据热容量、传热系数,以及当地的月平均温度来预测种子冷却速度。同样,在春夏季,种温随气温上升,亦需吸收大量的热量。因此,在前一种情况下,须装通风设备以加速降温;在后一种情况下,须密闭仓库以减缓升温,这样可保持种子长期处在比较低的温度条件下,抑制其生理代谢作用而达到安全储藏的目的。

三、实验材料

1. 材料

不同作物的种子若干。

2. 器具

温度计、搅动器、量热器等。

四、实验方法

1. 直接法

当缺乏种子干物质的热容量和所含水分的数据时,可用量热器(卡计)直接测定种子热容量。测定步骤如下:在一定温度条件下,将一定量的水注入量热器测定水温(T_2);然后将一定量的种子样品加热到一定温度,测定种子温度(T_1);再投入量热器中,用搅动器搅动种子,等种子在水中热量充分交换而达到平衡,即水温不变化时,测定水温(T_3);观察量热器中水的温度比原来升高几度,再将平衡前后的温差折算成单位重量的水与种子的温差比例,即种子的热容量。

$$c=\frac{B(T_3-T_2)}{S(T_1-T_3)}$$

式中,c为种子热容量;B为水的重量,g;S为种子的重量,g;T_1为加热后的种温,℃;T_2为原来的水温,℃;T_3为种子放入后达到平衡时的水温,℃。

2. 间接法

根据已测知种子干物质的热容量和所含的水分,按下式可计算出种子热容量。

$$c=c_0(1-V)+4.184V$$

式中,c为含有一定水分的种子的热容量;c_0为种子绝对干燥时的热容量;4.184为修正系数;V为种子所含的水分,%。

五、注意事项

(1)当种子干物质的热容量和所含水分的数据缺乏时,可采用量热器直接测定种子的热容量。

(2)用间接法推算所得的热容量只能表示大致情况,因为各种作物种子的成分比较复杂,对热容量有一定影响。

六、思考题

(1)什么是种子的热容量？种子储藏时应注意哪些问题？
(2)简要回答种子堆导热率和种子堆热容量的区别。

七、知识补充

种子堆导热率是指单位时间内通过单位面积静止的种子堆的热量。它取决于种子的特性、水分的高低、堆装所受压力以及不同部位的温差等条件。在一定时间内，通过种子堆的热量随种子堆的表层与深层温差的不同而不同。各层之间温差越大，则通过种子堆的热量越多，导热率也越大。

实验六　种子堆密度与孔隙度的测定

一、实验目的

掌握种子堆密度和孔隙度的测定方法，能分析不同作物种子堆的结构。

二、实验原理

种子在干燥储藏条件下，一年中种温随气温上升而逐渐升高，又随气温下降而逐渐降低。但若种子堆结构不合理，在气温下降季节里，种温反而上升；或者在气温上升季节里，种温不是缓慢地上升，而是比气温上升得更快，从而造成种子堆内积聚了大量的水分和热量，引起大量微生物生长繁殖，导致种子发热和霉变。因此，了解种子堆、设计合理的种子堆结构、增加种子堆孔隙度，对内外气体交换、温湿气和有毒气体快速散发等都具有重要意义。种子堆的体积实际是由种粒(包括固体杂质)和空隙构成的，包括种子堆密度和种子堆孔隙度。种子堆密度是指种粒体积占种子堆总体积的百分数，种子堆孔隙度是指种子堆空隙体积占种子堆总体积的百分数。两者互为消长，和恒等于100%，即密度＋孔隙度＝100%。另外，种子堆密度与种子容重和比重有关，种子堆密度＝种子容重÷种子比重×100%。种子堆孔隙度＝1－种子堆密度。影响种子堆密度和孔隙度主要有5个因素：种子形状、大小和整齐度，种粒大且均匀，孔隙度大；种子表面形状，有颖壳或毛，孔隙度大；杂质，种子堆中轻型杂质多，孔隙度大；水分，种子干燥(未吸潮)，孔隙度大；其他，种子堆薄、未受挤压，孔隙度大。

三、实验材料

1. 材料

不同作物的种子若干(0.5 L以上)。

2. 器具

1 L的量筒2个。

3. 试剂

蒸馏水。

四、实验方法

(1)取 2 个 1 L 的量筒,1 个量筒放入作物种子,直至种子表面与 0.5 L 刻度平行;另 1 个量筒内装 0.5 L 蒸馏水。

(2)将第 1 个量筒内的作物种子倒入装有 0.5 L 蒸馏水的量筒中,记录液面升高的刻度,即种子的种粒体积。

(3)根据公式求出种子堆密度和孔隙度,进行 3 次重复,保留 2 位有效数值。

(4)计算公式:

$$种子堆密度=液面升高的刻度\div 0.5\times 100\%$$

$$种子堆孔隙度=1-种子堆密度$$

五、注意事项

(1)作物种子倒入量筒时,使其自由流下,勿挤压。

(2)种子倒入含有蒸馏水的量筒后,应及时读取刻度,以防种子吸水造成误差。

(3)读取刻度时,注意眼睛的位置与液面处在同一水平面上。

六、思考题

(1)简述种子堆密度与孔隙度之间的关系。

(2)影响密度与孔隙度的原因有哪些?

七、知识补充

种子堆的密度是指种子和固体杂质的体积占种子堆总体积的百分率。种子堆的孔隙度是指种子堆空隙体积占种子堆总体积的百分率。种子堆的密度与孔隙度是两个互为消长的物理特性,即密度大,孔隙就小;密度小,孔隙就大。两者之和恒为 100%。

实验七　种子干燥机的操作使用

一、实验目的

了解种子干燥机的使用方法、各项性能指标等。

二、实验原理

种子干燥是种子加工的重要环节,也是种子安全储藏的重要前提。种子干燥的方法非常多,主要有自然干燥、通风干燥、热风干燥等。但是,传统太阳晾晒的自然干燥方式受天气、场地的制约,劳动生产率低、损耗大。三久干燥机(图 4-7-1)是我国目前种子行业种子干燥的主要机型,该干燥机集世

图 4-7-1　三久干燥机

界各国最先进的自动化技术于一体，是适合于水稻、麦类、玉米、大豆等种子干燥的实用设备。

三久干燥机为热风式干燥机，干燥段，利用横穿过的热风对种子进行干燥；缓苏段，使种子内的水分差均匀化。缓苏时间根据种子在干燥段的干燥时间长短和热风温度而定，即干燥时间越长，热风温度越高，需要的缓苏时间越长。该机自动控制系统水平较高，在机身前方有两个控制旋钮，其中一个是谷物类别选择钮(有稻谷、高粱、玉米等)；另一个是终水分设定钮，设定之后干燥机会自动工作，达到要求的水分时停机。三久干燥机具有低温大风量、薄层多通道、干燥缓速交替进行、干燥均匀、爆腰率低、进出料速度快、省油、省电、稻米品质好、自动化程度高等优点。

三、实验材料

1. 材料

稻谷、玉米、小麦等种子。

2. 器具

三久 SKS-580 mL 低温型干燥机。

四、实验方法

1. 试运转前检查

按随机说明书上的要求，安装后或者在每季作业之前进行试运转。试运转前应检查电源插座、电线是否完好，油箱是否清洁，燃料品质是否好，排风管、排尘风管及有关安全盖子是否满足要求。

2. 运动部件试运转

打开总电源，电源灯亮，把烘干定时开关转到某一定时位置或“连续”位置，按“入谷”按钮，则马达回转，确认马达是否运转及转动方向，确认并检查升降机上、下部的螺旋送料器、排风机、排尘机等是否有异常杂音。检查完毕后，按“停止”按钮。

3. 燃烧机的点火试运转操作

将温度设定钮设在 40 ℃左右，按下“干燥”按钮，此时，热风马达会转动，并显示热风温度。燃烧机经 2～3 s 点火，稍后，燃烧机火焰会以大火—小火—熄火的过程，重复点火燃烧。检查完毕后，按“停止”按钮。

4. 入谷作业

打开总电源，电源灯亮。拉下谷物排出开关“闭”拉绳，设定定时开关，按下“入谷”按钮。此时，机器处于入谷状态，打开大漏斗，谷物由大漏斗进入烘干机。当达到满量时，满量检知器会发出蜂鸣声，应立即按下“停止”按钮，切断总电源并关闭大漏斗。

5. 烘干作业

当燃烧加温接近某一设定温度时，会重复大火—小火—熄火的燃烧过程。自动保持谷物温度在设定温度左右。全自动电脑水分测定计可随时测定当前的平均水分值，当烘干达到水分设定值时，则会自动停机。具体操作如下：打开总电源，打开油箱开关，设定定时开关，对照热风温度表设定热风温度开关，按下“干燥”按钮，即开始烘干作业。烘干结束后，切断电源。

6. 排出作业

在排出谷物之前，必须用水分测定计再次确认谷物含水率，将符合含水要求的排出机外。打开总电源，电源灯亮，定时开关转到“连续”位置，按下“排出”按钮，则开始排出运转。此时拉下谷物排出开关“开”拉绳，排出种子。排出后，按下“停止”按钮，拉下谷物排出开关“闭”拉绳。最后切断总电源，电源灯熄灭，即可进行下一次工作循环。

五、注意事项

(1)湿谷物如果混有大量稻草等杂物，则会影响谷物的流动，引起堵塞或干燥不均匀，因此在干燥前需用筛选机粗选一下。

(2)因收获季节不同，外界温度差距较大，热风温度要依外界气温、入谷量等变化而设定。为不影响谷物品质，要参考热风温度表烘干。

(3)到达满量时，蜂鸣器会发出声音，但不会自动停止入料。入料过多是造成机器故障的重要原因之一。

(4)烘干机不用时，应及时清扫，取出残留谷物，关好所有进、出口，防止鸟、鼠、虫等进入机内。

六、思考题

(1)简述种子干燥机的工作原理。

(2)种子干燥分为几个阶段？说明各阶段的主要特点。

七、知识补充

种子是活的有机体，又是一团凝胶，具有吸湿和散湿特性。在一定的空气条件下，当空气中的水蒸气压大于种子内部水蒸气压时，种子就会从空气中吸收水分，直到种子水分的蒸汽压与该条件下空气相对湿度所产生的蒸汽压达到平衡为止；反之，种子水分向空气中散失，直到种子内外蒸汽压达到平衡为止。但在这种平衡状态下，不能起到干燥的作用。只有当种子水分高于当时的平衡值时，水分才会从种子内部不断散发出来，使种子逐渐失去水分而干燥。

种子干燥是通过干燥介质给种子加热，利用种子内部水分不断向外表面扩散和表面水分不断蒸发来实现的。种子表面水分的蒸发速度，取决于空气中水蒸气分压与种子表面水蒸气分压之差，二者的压力差越大，则种子表面水分的蒸发速度就越快，干燥作用就越明显。在保持种子活力的前提下，尽量减弱其生命代谢活动，使储藏中的种子处于安全状态。

实验八　种子除芒机的操作使用

一、实验目的

了解种子除芒的基本结构及工作原理，掌握种子除芒机的使用方法。

二、实验原理

种子清选是指根据种子群体与混杂物物料特性的差异，通过各种机械操作方法，将种子与种子、种子与各种混杂物（泥沙、碎片、颖壳、杂草等）分开。种子清选是种子加工的必要环节。大麦、水稻、牧草等农作物的许多品种带有芒刺，种子批流动性差，影响清选加工和播种质量，带有芒刺的种子需进行除芒或刷种预处理。种子除芒机是利用输料螺旋的推进作用，使带种毛或芒刺的种子之间、种子与螺旋及壳体之间发生均匀揉搓作用，将种毛及芒刺除掉的。

种子除芒机（图 4-8-1）由进料斗、除芒室、电机、出料口、除尘口等组成。种子由进料斗进入除芒室内，通过除芒室圆筒内壁的固定齿片及中间转轴上螺旋排列齿片的打击和揉搓，去除种子表面的颖壳和芒刺。处理后的种子由出料口排出，灰尘及除芒过程中产生的颖壳和芒刺碎片从除尘口排出。

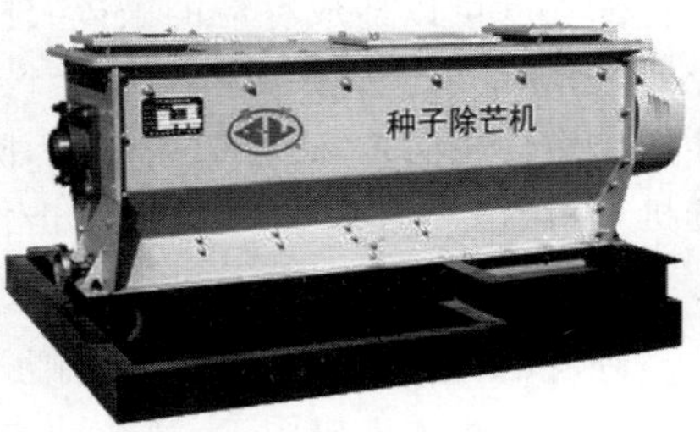

图 4-8-1　种子除芒机

三、实验材料

1. 材料

带芒水稻种子。

2. 器具

除芒机。

四、实验方法

1. 准备工作

检查除芒机内是否有其他杂物存在；检查除芒机配件是否齐全，出料口是否有接料斗。

2. 开机

接通电源，打开开关，空机运转 5 min，确定机器运行良好。

3. 作业

将种子从进料斗均匀喂入。根据作业情况可调整喂入量、出料口配重块。配重块顺时针转动时，除尘生产率增加，除芒效果降低；反之则除芒效果提高，除尘生产率降低。

4. 结束作业

机器继续空转 3 min，至出料口不再有种子排出。切断电源，打开除芒机下部的清理铁门，清除机器内部的残留物料及杂质。

五、注意事项

（1）除芒作业，主要适用于大麦、水稻、牧草等许多有芒刺的品种。

（2）对不同品种进行除芒处理时，注意防止种子混杂。

六、思考题

（1）在实际生产上，常用的除芒机有哪几种类型？

(2)除芒机的特点有哪些?

七、知识补充

种子除芒机是一种与种子加工成套设备配套使用的机械,专门对带芒种子表面芒、刺进行处理,不仅改善了种子表面,而且有利于种子下道工序的有效开展。传统的除芒按除芒部件形式的不同,主要分为钉齿式(或板齿式)和刷式(或摩擦式)2 种。其中,钉齿式(或板齿)除芒机以打击作用为主、以揉搓作用为辅进行除芒加工,外滚筒固定,内滚筒旋转且转速较高,其较高的打击强度可以造成籽粒的破碎;外滚筒固定不动,其底部物料运动速度慢甚至不动,形成作业死区,无法除芒,除芒率低,但生产率相对较高,破碎率高。刷式(或摩擦式)除芒机以梳刷、揉搓作用为主除芒,种子破碎率低,除芒率和生产率也低。此外,还有一种轴流差动式除芒清选机,以揉搓作用为主,梳刷和打击作用为辅。

1. 钉齿(或板齿)除芒机

钉齿(或板齿)除芒机主要由喂入斗、转动齿杆、固定齿杆、出料口及机壳等组成。工作时,物料经喂入斗进入机内,高速转动的转动齿杆在固定齿杆中间通过种子层,物料受到冲击和揉搓,使籽粒上的梗、芒折断,绒毛被搓掉,种壳变得光滑、规整。由于转动齿杆有一定倾角,且从喂入端到出料端呈螺旋线形式排列,从而推动物料到出料门。当推(挤压)力超过平衡力后,除芒后的籽粒从出料口排出。

2. 刷式(或摩擦式)除芒机

刷式(或摩擦式)除芒机主要由外滚筒、内滚筒、滑槽、传动装置、机架等部件组成。工作时,搅拌器在带轮的带动下将物料均匀、连续地喂入搅龙。物料在输料螺旋的推进下,使种子之间、种子与螺旋及客体之间发生均匀揉搓,以实现种子除芒。随着物料不断的喂入,物料间的挤压、摩擦力逐渐增大,当达到一定的压力后,压力活门打开,将除芒后的籽粒从出料口排出。

3. 轴流差动式除芒机

轴流差动式除芒机主要由内滚筒、外滚筒、弓齿、传动装置等组成。除芒装置主要由装有弓齿的反向差动旋转内外滚筒组成。外滚筒旋转,内外滚筒上装有弓齿,具有较强的梳刷作用,加工过程以揉搓作用为主,以梳刷和打击作用为辅。除芒机作业时,2 个滚筒反向差动旋转,可大幅度降低弓齿对物料的打击强度,减少破碎率,又可使物料较好地翻动,促使种子间的揉搓摩擦足够充分。

实验九 种子风选机的操作使用

一、实验目的

了解种子风选机的工作原理,掌握风选机的使用方法。

二、实验原理

风选机(图 4-9-1)是按照种子和混杂物与气流相对运动时受到的作用力进行分离的,主要用于去除种子中的杂质及瘪粒、虫蛀粒、霉变粒。风选机主要由进料斗、电磁振动给料器、工作箱体、前吸风道、后吸风道、控制面板、接料斗等组成。种子在落下的过程中，临界飘浮速度小的杂质及瘪粒上升最高，被后吸风道吸到最右侧箱体中；好种子则在下落过程中保持悬浮状态，被前吸风道吸到中间箱体，而临界飘浮速度大的石子或大粒种子则直接下落到接料斗中。

三、实验材料

1. 材料

蔬菜或玉米种子。

2. 器具

种子风选机。

图 4-9-1　风选机

四、实验方法

1. 准备

检查电磁振动给料器旋钮，风量大小是否置于“0”位，所有接料口是否放有接料斗。

2. 开机

接通电源，打开开关，空机运转 5 min，确定机器运行良好。

3. 作业

将种子喂入进料斗中，调节进料斗活门上下开度至合适位置后，锁紧螺母；调整进风口及前后吸风道的大小；按顺时针方向调节电磁振动给料器旋钮，观察种子在箱体中的分布情况，以将杂质与种子分开为宜。

4. 结束作业

喂料结束后，关闭电磁振动给料器，保持机器继续运行片刻，关闭风量旋钮，打开箱体下面的固定门，种子下落到接料斗。然后切断电源。

五、注意事项

(1)作业过程中，随时监测筛选质量，调整作业参数。

(2)对不同品种进行加工时，要彻底清理机器内部残留的种子及杂质，防止混杂。

六、思考题

(1)简述种子风选机的基本结构。

(2)风选机的特点有哪些?

七、知识补充

风选机是利用物料与杂质之间悬浮速度的差别，借助风力除杂的方法。风选的目的是清除轻杂质和灰尘，同时还能除去部分石子和土块等较重的杂质，此法常用于棉籽和葵花籽等油料的清理以及粮食、烟草等行业的除尘、除异物。有时也可先经破碎、筛选后，再进行风选。风选设备按工作气流的主流向分为水平、垂直和倾斜 3 种类型，其中，垂直气流风选机应用最为广泛。

实验十 种子筛选机的操作使用

一、实验目的

了解种子筛选机的工作原理，明确其适用对象，掌握其使用方法。

二、实验原理

根据种子大小筛选种子的设备有种子筛选机、窝眼筒清选机、分级机等。其中，种子筛选机主要利用种子宽度或厚度的差异对各类种子进行筛选试验或对少量种子进行分级，配备的筛片为圆孔筛（根据宽度分选）及长孔筛（根据厚度分选）。

图 4-10-1 种子筛选机

种子筛选机如图 4-10-1 所示，由进料斗、电磁振动给料器、筛箱、机架、传动系统、控制面板、接料斗等组成，筛箱中安有上、中、下 3 层筛片。进料斗中的物料在电磁振动给料器的驱动下均匀下落到筛箱中的第 1 层筛面上，随着筛面的运动，小于筛孔尺寸的籽粒穿过筛孔落到第 2 层筛面上，大于筛孔尺寸的籽粒沿着倾斜筛面向前运动，直至从大粒排料口排出；在第 2 层筛面上，小于筛孔尺寸的籽粒穿过筛孔落到第 3 层筛面上，而大于筛孔尺寸的籽粒沿着倾斜筛面运动，直至从次大粒排料口排出；在第 3 层筛面上，小于筛孔尺寸的破碎种子和杂质由小杂排料口排出，而大于筛孔尺寸的好种子则沿着倾斜筛面运动，直至从好种子排料口排出。

三、实验材料

1. 材料

玉米或小麦种子。

2. 器具

种子筛选机。

四、实验方法

1. 准备工作

检查设备部分连接完好，检查筛箱内是否有残留的种子或杂质。根据拟筛分试验的物料样品情况，选择合适的筛片，分别安装在 3 层筛格中，检查橡胶球固定格中是否有橡胶球，然后锁紧筛片挡板固定螺栓；检查电磁振动给料器旋钮是否置于“0”位，筛箱振动频率指针是否预设置于“0”位；所有接料口是否都放有接料斗。

2. 开机

连接电源，打开开关，让机器空转 5 min，确定运行良好。

3. 作业

将种子倒入进料斗中，调节进料斗活门上下开度至合适位置后，筛箱振动频率调整至 300 次/min 左右，以保证筛箱中橡胶球能够充分上下运动，及时清理筛片；按顺时针方向调节电磁振动给料器旋钮，调整单位时间内种子的喂入量，使种子均匀平稳地进入筛箱中，种子料层厚度控制在 5～10 mm（种子厚度的 2 倍左右）。通过调节电磁振动给料速度和筛箱振动频率旋钮，可以调节物料在筛片上的运行速度，从而调节筛选质量。

4. 结束作业

筛选结束后，关闭电磁振动给料器，保持筛箱继续运行 3 min 左右。切断电源，打开筛箱，清理机器内部残留的种子及杂质。

五、注意事项

（1）作业前根据种子粒型、大小选装合适的筛片，根据宽度分选选择圆孔筛、根据厚度分选选择长孔筛。

（2）作业过程中，随时监测筛选质量，调整作业参数。

（3）对不同品种的种子进行加工时，要彻底清理机器内部残留的种子及杂质，防止混杂。

六、思考题

种子筛选机利用了什么工作原理？

七、知识补充

种子筛选机是一种先进的、高效的农业机械设备，主要用于对种子进行筛选、分级和净化。筛选机是基于振动原理，结合精密的筛网和气流系统，对种子进行分离和筛选的。在结构上，筛选机主要由筛网、振动装置、气流系统、电机和外壳等部分组成。筛网采用不同规格的细孔，可以分离不同大小的种子；振动装置采用直线振动原理，使种子在筛网上均匀分布；气流系统通过强大的吸力，将轻杂质和不良种子吸走；电机和外壳则是支撑和保护整个机器运作的系统。

实验十一　种子风筛清选机的操作使用

一、实验目的

了解风筛清选机的工作原理，掌握风筛清选机的使用方法。

二、实验原理

风筛清选机是将风选与筛选装置有机地结合在一起组成的机器，主要利用种子的空气动力学特性进行风选，清除种子中的颖壳、灰尘，然后利用种子的外形、尺寸特性进行筛选，清除种子中的大杂、小杂。风筛清选机分为预清机、基本清选机和复式清选机。预清机一般由1个风选系统和2层筛片组成，筛面倾角较大，生产效率高，清选质量相对较差；基本清选机由1个或2个风选系统和3层以上筛片组成，筛面角度较小，清选质量较好；复式清选机是在基本清选机的基础上，加配了按长度分选的窝眼筒或其他分选原理的部件。

风筛清选机由进料斗、电磁振动给料器、前后风选系统、筛箱体、机架、传动系统、控制面板、接料斗等组成，如图4-11-1所示。进料斗中的种子在电磁振动给料器的驱动下均匀进入筛箱时，前吸风道将一部分尘土及轻杂、秕粒吸入旋风除尘器。其余种子进入上筛，大杂留在筛面上并由出料口排出，其他种子落入中筛，其中的大粒种子经筛箱振动，由出料口排出。小于中筛筛孔尺寸的种子进入下筛，小粒、破碎粒、土粒等小杂穿过下筛由废料口排出。中筛与下筛之间的种子流经后吸风道时，种子中的秕粒、轻杂等由后吸风道进入沉降室，集聚在集杂盒中，而合格的种子由主出排料口排出。通过调节筛箱振动频率旋钮，可以调节种子在筛面上的运行速度。前后吸风道可以清除种子中的灰尘、轻杂和秕粒。筛箱中安装上、中、下3层筛片，分别用于分离大杂、大粒种子、中杂、小杂及小粒种子。图4-11-2为风筛清选机外形。

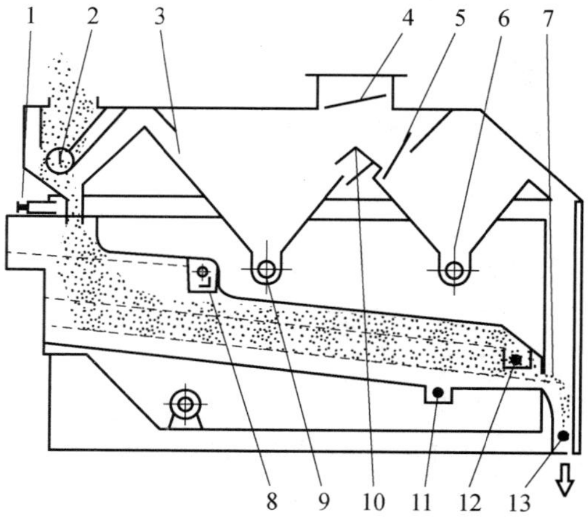

1. 喂入轮转速调节手柄；2. 喂入辊；3. 前吸风道调节阀；4. 主风门；5. 后吸风道调节阀；6. 后吸风道杂余搅龙；7. 调风板；8. 大杂；9. 前吸风道杂余搅龙；10. 风压平衡调节阀；11. 小杂；12. 中杂；13. 后吸风道

图 4-11-1　风筛清选机(5X-4.0型)结构

图 4-11-2　风筛清选机外形

三、实验材料

1. 材料

玉米或水稻种子。

2. 器具

风筛清选机。

四、实验方法

1. 准备工作

根据待分选种子的物料特性选择合适的筛片进行更换；检测筛箱内是否有残留的种子及杂质；检查橡胶球固定格中是否有橡胶球，锁紧挡板固定螺栓；检查电磁振动给料器旋钮是否置于“0”位，筛箱振动频率指针是否预设置于“0”位；所有接料口是否都放有接料斗，各个风量调节阀门是否处于关闭状态。

2. 开机

接通电源，打开开关，空机运转 5 min，确定机器运行良好。

3. 作业

将种子喂入进料斗，调节进料斗活门上下开度至合适位置后，锁紧螺母。启动风机，筛箱振动频率调整至 300 次/min 左右，以保证筛箱中橡胶球能够充分上下运动。按顺时针方向调节电磁振动给料器旋钮，调整单位时间内物料的喂入量，使物料均匀、平稳地喂入筛箱中；观察物料在筛面上的厚度与分布情况，保证物料在筛面上连续、均匀，厚度不超过籽粒厚度的 3 倍。

4. 结束作业

清选结束后，关闭电磁振动给料器，保持机器继续运行 3 min 左右，使筛箱内的种子尽可能运动出来。然后，关闭筛箱振动系统，关闭前后风门。切断电源，打开筛箱清理。

五、注意事项

(1)作业过程中，随时监测筛选质量，调整作业参数。

(2)对不同品种的种子进行加工时，要彻底清理机器内部残留的种子及杂质，防止混杂。

六、思考题

(1)种子风筛清选机的作用是什么？

(2)简述种子风筛清选机的应用场景。

七、知识补充

种子风筛清选机是一种通过气流筛选有效种子的设备。当种子通过风筛清选机时，通过气流的作用，种子中的杂质将会与种子分离。具体实现过程如下：

1. 种子投入入口

种子首先被投到种子风选机的入口，然后通过输送带进入主机。

2. 空气流分离

种子进入主机后，通过一系列的风道和管道中的气流，将杂质和轻质种子分离，只留下较重的精选种子。

3. 杂质排出

杂质和轻质的种子会被管道中的气流直接吹走，并通过排放管道从设备中排出，从而达到杂质和轻质种子的筛分目的。

实验十二　种子窝眼筒清选机的操作使用

一、实验目的

了解窝眼筒清选机的工作原理，明确其适用对象，掌握其使用方法。

二、实验原理

窝眼筒清选机主要利用种子长度差异对各类种子进行筛选试验或对少量种子进行分级。根据种子与杂质的长度差异，可以将混入种子中的长、短杂清除出去，如清除水稻种子中的米粒、小麦种子中的野燕麦等。图 4-12-1 为窝眼筒清选机结构，图 4-12-2 为其外形，窝眼筒清选机由进料斗、电磁振动给料器、窝眼滚筒、U 形集料槽、控制面板、机架、接料斗等组成。长度小于窝眼直径尺寸的籽粒完全进入窝眼中，随着滚筒旋转上升到一定高度，靠自身重量落入滚筒内的 U 形集料槽中，随着 U 形集料槽沿滚筒轴线方向的前后振动，由排料口排出；长度大于窝眼直径尺寸的籽粒则能进入或只能部分进入窝眼中，只能随着滚筒的转动，沿着筒壁逐步向排料口运动，从而将该批种子原料按长度尺寸分为两个部分。

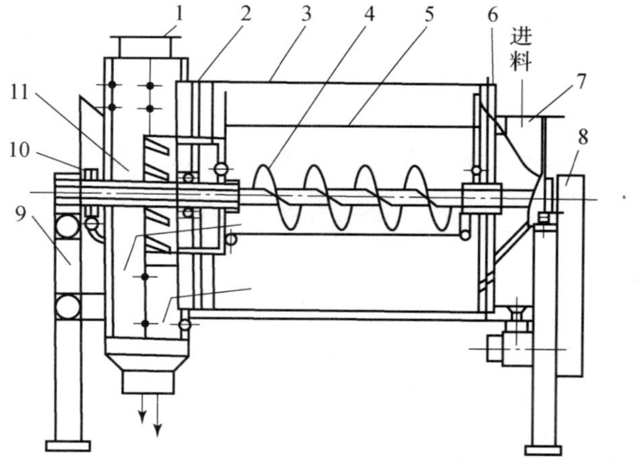

1. 吸尘口；2. 后幅盘；3. 窝眼滚筒；4. 短物料螺旋输送器及传动轴；5. U 形集料槽；6. 前幅盘；7. 进料管；8. 传动装置；9. 机架；10. 集料槽调节装置；11. 排料装置

图 4-12-1　窝眼筒清选机结构

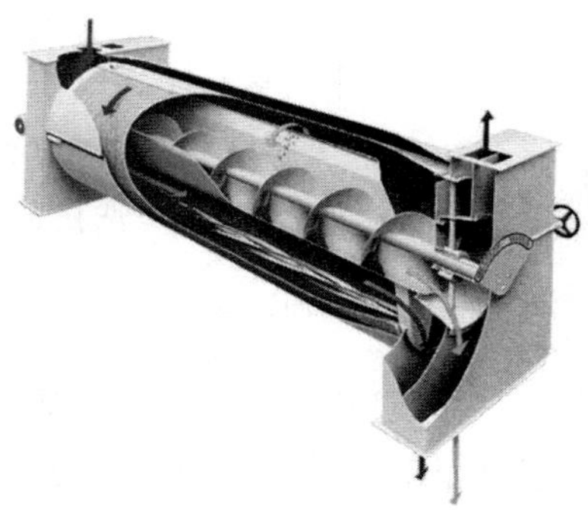

图 4-12-2　窝眼筒清选机外形

三、实验材料

1. 材料

小麦或水稻种子。

2. 器具

窝眼筒清选机。

四、实验方法

1. 准备工作

检查设备部件是否连接完好，根据拟筛分种子批的情况，选择合适直径的滚筒进行更换；检查滚筒内是否有残留种子或杂质；窝眼滚筒调速指针预设置于“0”位；窝眼滚筒安装角度是－2°；U形集料槽角度预设在－20°位置；检查所有接料口是否都放有接料斗。淘汰小麦中短杂时选用的窝眼孔直径为4.5～5.5 mm，淘汰小麦中长杂时选用的窝眼孔直径为8.0～9.0 mm；淘汰水稻中短杂时选用的窝眼孔直径为5.6～6.3 mm，淘汰水稻长杂时选用的窝眼孔直径为8.5～9.0 mm；淘汰胡萝卜种子中长杂时选用的窝眼孔直径为4.0 mm。

2. 开机

连接电源，让机器空转5 min，确定运行良好。

3. 作业

将种子倒入进料斗中，调节贮料斗活门上下开度至合适位置后，锁紧螺母；按顺时针方向调节滚筒旋钮，将滚筒转速调整至40 r/min左右。通过电磁振动给料器调整单位时间内种子的喂入量，使种子均匀、平稳地落入滚筒内。清除短杂时，好种子从滚筒排料口排出，短杂从U形集料槽出口排出；清除长杂时，长杂从滚筒排料口排出，好种子从U形集料槽出口排出。在清选过程中，可以根据排料口长粒、短粒的具体情况，适当调节滚筒转速、滚筒倾斜角度和U形集料槽的倾余角度，从而调整长粒、短粒的分布情况，以获得最佳分选结果。通常集料槽斜面与水平面的夹角为30°～40°，滚筒倾角以1.5°～3.5°为宜。

4. 结束作业

清选试验结束后，关闭电磁振动给料器，保持窝眼滚筒继续运行3 min，使滚筒中的种子被尽可能排出来。关闭电源，拆下挡料板，将窝眼滚筒与U形集料槽内部清理干净。

五、注意事项

(1)作业前根据种子粒型、大小选装合适的窝眼孔直径筛片。

(2)作业过程中，随时监测筛选质量，调整作业参数。

(3)对不同品种的种子进行加工时，要彻底清理机器内部残留的种子及杂质，防止混杂。

六、思考题

(1)种子窝眼筒筛选机的优点是什么？

(2)窝眼筒清选机的工作原理是什么？

七、知识补充

窝眼筒清选机的主要工作部件是1个内壁匀布窝眼的圆筒，工作时，物料从一端喂入筒中，当筒身绕自轴旋转时，各窝眼能像勺子一样将落入其中的籽粒带起。籽粒越长，超出窝眼的部分越大，就能越早地从窝眼内滑出去，重新回落到筒身底部的物料中。较短的籽粒可以进入窝眼内，并被带上去落入与筒身平行的短料槽中，然后在短料槽自身振动或螺旋输送器的推动下，被排出机器。短籽粒被窝眼带走后，滞留在筒身中的较长籽粒在后续来料的推动和筒身倾角的影响下，逐步移至桶身另一端排出。

实验十三　种子比重清选机的操作使用

一、实验目的

了解比重清选机的工作原理、适用范围，掌握比重清选机的使用方法。

二、实验原理

种子的比重因作物种类、饱满度、含水量及病虫害程度的不同而有所差异，差异越大，分离效果越明显。比重清选机（也叫作重力式清选机）主要用于清除混在种子中，与好种子形状、尺寸和表面特征非常相近而比重不同的劣种子或杂质，如虫蛀的、变质的、发霉的种子等。如图4-13-1所示，比重清选机主要由进料斗、电磁振动给料器、工作台面、传动系统、底部鼓风系统、控制面板、机架、接料斗等组成。比重清选机使种子按重量分层，从而进行轻、重种子的分离。随着种子的连续、均匀喂入和穿过台面的气流与台面振动力的共同作用，分层区在台面上逐步扩展，实现种子与杂质的有效分层。轻籽粒飘浮在上面，向台面较低的位置移动，而较重籽粒在下方，顺着台面的振动方向，向台面较高的位置移动，直至完全分离。

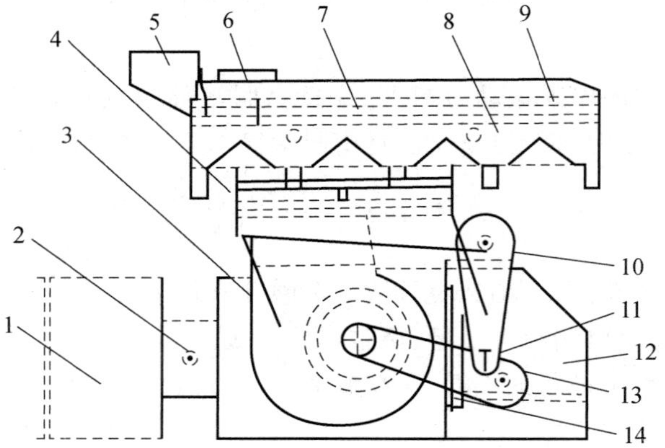

1. 吸风箱；2. 风量调节机构；3. 风机；4. 振动框架；5. 进料斗；
6. 除尘口；7. 导料板；8. 振动台架；9. 工作台面；10. 偏心调节机构；
11. 电机；12. 机架；13. 风机电机；14. 无级变速装置

图 4-13-1　比重清选机结构

比重清选机的工作台面有三角形和矩形2种，三角形台面的比重清选机重杂的工作行程长，分离重杂效果较好，可用于淘汰蔬菜种子中的泥土或石子颗粒；矩形台面的比重清选机轻杂工作行程长，分离轻杂效果较好，可用于淘汰谷物种子中的虫蛀粒或发芽、霉变籽粒等。图4-13-2为比重清选机外形。

三、实验材料

1. 材料

水稻、小麦或玉米种子。

2. 器具

比重清选机。

图 4-13-2　比重清选机外形

四、实验方法

1. 准备工作

根据拟加工种子批的情况，选择合适的工作台面进行更换，加工小粒种子时选择亚麻布面或铜丝编织网筛；加工小麦、水稻等中等粒度种子时选择 12～14 目方钢丝编织筛；加工玉米等大粒种子时选择 8～10 目方钢丝编织筛。检查台面上是否有残留的种子及杂质；检查比重清选机配件是否齐全，出料口是否有接料斗；检查电磁振动给料器旋钮及风量旋钮是否置于“0”位。为了充分发挥比重清选机的分层作用，要求种子进入比重清选机之前，必须通过风筛清选机或分级机进行处理，清除种子中的灰尘与颖壳，缩小种子外形尺寸之间的差异。

2. 开机

接通电源，打开开关，空机运转 5 min，确定机器运行良好。

3. 作业

将种子喂入进料斗，调节进料斗阀门上下开度至合适位置后，台面振动频率调整至 400 次/min 左右，风门调整至 1/3 位置。在电磁振动给料的驱动下，种子落到工作台面上，调整单位时间内种子的喂入量，使种子在台面上连续、均匀地进行分布，种子厚度不超过 20 mm。在工作台面的往复振动和台面底部鼓风的共同作用下，台面的种子开始分层，较轻的籽粒浮在上层，较重的籽粒沉在底层。下层较重籽粒在摩擦力作用下逐步向台面高边移动，上层较轻籽粒向台面低边方向移动，当种子到达排料口时，落入不同的接料斗中。通过调节电磁振动给料速度、风机风量、台面振动频率、台面横向倾角和纵向倾角，可以调节种子在台面上的分布情况、机器的清选质量和加工能力。

4. 结束作业

清选试验结束后，关闭电磁振动给料器，逐步关小底部风机风门，保持工作台面继续运行 3 min 左右，台面上不再有残留的种子后，切断电源。

五、注意事项

(1)比重清选作业的种子必须通过风筛清选机或分级机进行初步处理，清除种子中的灰尘与颖壳，缩小种子外形尺寸之间的差异。

(2)作业过程中，随时监测筛选质量，调整作业参数。

(3)对不同品种种子进行加工时，要彻底清理机器内部残留的种子及杂质，防止混杂。

六、思考题

(1)种子比重清选机有哪些类型？

(2)种子比重清选机的工作原理是什么?

七、知识补充

种子比重清选机是指利用籽粒和夹杂物在形状、尺寸、比重、表面特性和空气动力学特性等方面的差异,选出合格、优良种子的机械,包括清种机和选种机。清种机用于从种子中清除夹杂物;选种机用于从清杂后的种子中精选出健壮、饱满、生活力强的籽粒,必要时按种子的外形、尺寸分级。多数粮食清理机械也可用于种子的清杂、精选和分级。

实验十四　种子色选机的操作使用

一、实验目的

了解色选机的工作原理,掌握色选机的使用方法。

二、实验原理

种子色选机是根据种子个体光学特性的差异,利用光电探测技术将种子中的异色颗粒分拣出来的。色选机属于品质检测和分级的一种无损分选设备,在种子精选方面有着广阔的应用发展前景。色选机由进料斗、溜槽、光学系统、喷射系统、控制面板等组成。在种子下落过程中,色选机通过光学系统拍照识别,通过预先建立的模型进行优、劣种子的实时判别,随之喷气阀将不良种子喷射出去,从而将优、劣种子分开。不同公司的色选机如图 4-14-1 所示。

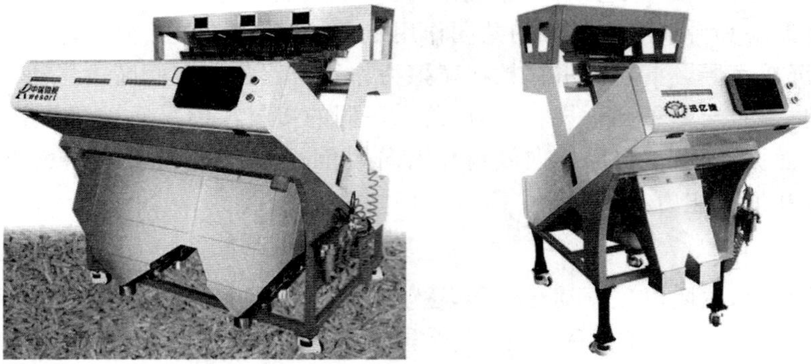

图 4-14-1　不同公司的色选机

三、实验材料

1. 材料

玉米或蔬菜种子。

2. 器具

种子色选机。

四、实验方法

以佐竹机械(苏州)有限公司 FMS2000 色选机为例进行介绍。

1. 准备工作

接通电源后,触摸屏启动,暖机运转 30 min。外界气温偏低时,暖机运转时间适当延长。

2. 作业

关闭进料斗的切断口,然后放入需要分选的种子;使用品种切换按键选择色选的物料;长时间按"运行"按键,风扇、毛刷、切断口依次启动,色选开始。认定良种的品质后,如有必要可调整设备的敏感度。运行过程中,请确保屏幕上气压值为 0.25 MPa。

3. 结束作业

首先在优良种子和劣质种子的排料口放好口袋,空转设备,使原料排出,结束后按"停止"按键,切断口、风扇停止,设备中止色选。然后切断主电源。接着用气压枪清扫喷射口、喷射管、光学部等附着的灰尘,以及切断口溜槽、流量调节阀上附着的垃圾污渍。运转结束后,务必切断气压源。最后手动排除冷凝水。

五、注意事项

(1)作业前种子需要经过初步的筛选,清除种子中的灰尘与颖壳、杂质等。

(2)作业过程中,随时监测筛选质量,调整作业参数。

六、思考题

(1)种子色选机的作用是什么?

(2)简述种子色选机的工作原理。

七、知识补充

种子色选机主要应用在农产品行业,用于检测和分类水果、蔬菜、种子、干果、茶叶等,去除外观不良、变质、霉变等不合格产品,保证产品品质。此外,色选机还广泛应用于纺织品、塑料制品、玻璃制品等领域。总体来说,色选机是一种高科技的分选设备,能够提高产品的质量和安全性,减少资源浪费和环境污染。

实验十五　种子包膜技术

一、实验目的

了解种子包膜技术和种子包衣剂(简称种衣剂)的特点,掌握种子包衣机的操作程序。

二、实验原理

种子包膜技术是指利用黏着剂或成膜剂,用特定的种子包衣机,将杀菌剂、杀虫剂、微肥、植物生长调节剂、着色剂等非种子材料包裹在种子外面(种子仍基本保持原有形状),以提高抗逆性、抗病性,加快发芽,促进成苗,增加产量,提高质量的一项种子技术。

三、实验材料

1. 材料

玉米种子、玉米种衣剂;油菜种子、油菜种衣剂。

2. 器具

CC-Lab 型种子包衣机或其他型号种子包衣机、电子平台秤(0.5～2 kg)、记号笔、针筒等。

四、实验方法

1. 按仪器说明书要求,正确使用 CC-Lab 型种子包衣机对种子进行包衣

(1)根据拟包衣种子样品和种衣剂要求的药种配比,设定转盘速度。对于籽粒颗粒较大、外表均匀、光滑的种子,应设定较低的运行速度;对于籽粒较轻或颗粒表面粗糙的种子,转速可适当调高一点。

(2)准备。

①用电子平台秤称取玉米种子 0.5～1 kg,进行 3 次重复,并记录数据。

②按照种衣剂药种配比要求,计算种衣剂用量,并用针筒吸好备用。

(3)操作顺序。

①连接电源和气动空气单元。

②开启主电源开关、开启除尘和启动空气供给。

③按下"START"(开启)键开启内部电源;将种子注入预储仓中,将"ROTOR"(转盘)由"0"旋转至"1",预设好需要的转盘旋转速度——"4"。

④打开预储仓排料杆,种子落入混合仓内;从液体种衣剂注入口均匀、快速地加入种衣剂(最少使用 5 s 的注入时间,使混合仓有足够的时间对种子进行包衣)。

⑤种子在混合仓内做持续且充分的双曲线循环运动,从而与药剂充分混合。2～5 min 后,将混合仓中的种子通过卸料口卸下到样品盘内(建议混合时间尽可能短,以避免混合仓中的种子完全干燥)。

⑥待设备空转几分钟后,将"ROTOR"旋转至"0"的位置,关闭转盘(在混合仓清空之后不要立即关闭转盘,否则转盘有可能会被干涸的液体药剂堵塞)。

⑦如果对包衣结果不满意,可以重新设定转盘运行速度,重复上述试验过程,以便取得最佳的效果。

⑧包衣试验结束后,用水清洗混合仓及种衣剂注入嘴,避免药剂或灰尘堵塞和黏结,保证转盘和内壁之间的空隙不被堵塞,以避免转盘的堵塞。

⑨按下"STOP"(关机)键关闭内部电源,关闭主电源开关。

2. 组织学生到附近种子企业现场参观

了解当地主要农作物种子包衣剂类型、特点及使用配方;参观当地主要包衣机械,了解包衣方法、程序和注意事项。

五、注意事项

(1)为对 CC-Lab 型种子包衣机进行无故障操作，必须清洁所有种衣剂接触的部件，避免阀门、喷口产生任何粘连，避免任何设备内部产生任何种衣剂的结块、积层等。

(2)在停机之前，一定要使设备空转几分钟，否则种衣剂干结后会堵塞旋转仓和机器壁之间的缝隙。

(3)当包衣机顶部的观察盖板开启时，包衣机旋转部分，如离心盘和旋转盘的内部电源将自动断开，但离心盘能够保持几秒运行，在离心盘完全停止之前不要触碰混合仓内部。

六、思考题

(1)简述种子包膜技术的优缺点。

(2)简述种子包膜技术对种子生长的作用。

七、知识补充

种子包膜技术是一种将种子表面覆盖上一层膜的方法，包膜材料可以是多种多样的化学物质，如石墨烯、保险粉、高聚物等。膜层的厚度可以根据不同的需求进行调整，通常为 5～10 μm。包膜的作用在于保护种子不受环境的不利影响，如氧化、腐化、药害等。此外，包膜还能改善种子的吸水性和受刺激性，从而提高种子的萌发率和抗逆性。

实验十六　种子丸粒化技术

一、实验目的

了解种子丸粒化技术的原理，掌握种子丸粒化技术的基本操作。

二、实验原理

种子丸粒化技术是在种子包衣技术上发展起来的新技术，该技术将杀虫剂、杀菌剂、肥料、植物生长调节剂及固(液)辅料等材料通过机械加工，有序、分层地包敷到种子上，制成表面光滑、大小均匀、颗粒较大的丸粒化种子。

三、实验材料

1. 材料

(1)种子。精选的油菜、烟草、白菜、甘蓝等小粒作物种子。

(2)填充剂。黏土、硅藻土、泥炭、炉灰等惰性物质。

(3)黏合剂。阿拉伯树胶、聚乙烯醇等。

(4)其他。种衣剂、着色剂等。

2. 器具

CC-Lab 型种子包衣机、5ZW-3 型种子丸粒化包衣机或其他型号的丸粒化设备(图 4-16-1)、电子平台秤(0.5～3 kg)、针筒、口罩、橡胶手套等。

四、实验方法

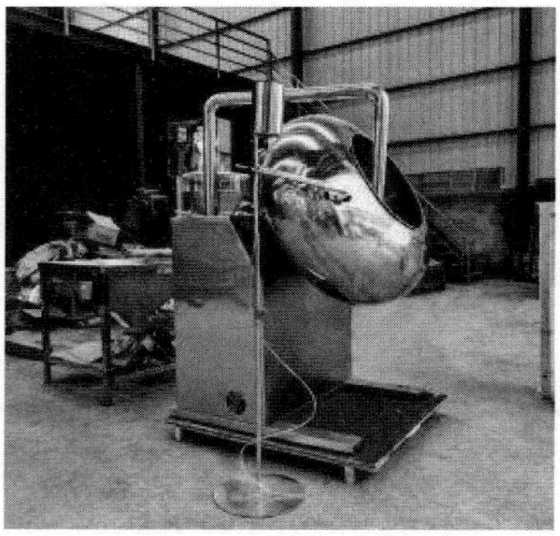

图 4-16-1　种子丸粒化包衣机

种子丸粒化的工艺流程为：种子精选→种子消毒→放入丸粒化包衣机中→喷施黏合剂→添加丸粒化物质(填充剂)(这两步重复多次)→丸粒化成型→添加着色剂→干燥→按粒度筛选分级→质量检验→计量→装袋。本实验只完成丸粒化成型即可。

1. 使用 CC-Lab 型种子包衣机丸粒化种子

基本操作与包衣操作相同，不同之处如下：

(1)称取 50～500 g 种子样品(根据种子大小、重量及丸粒化程度计算)。

(2)按照种子丸粒化程度和步骤，计算出每个步骤所需的丸粒化物质(填充剂)和黏合剂重量。

(3)种子进入混合仓后，用针筒从液体种衣剂注入口注入黏合剂，再加入丸粒化物质(填充剂)，使丸粒化物质(填充剂)均匀包敷在种子表面，形成丸粒化层。重复加入黏合剂、丸粒化物质，以逐步增大颗粒体积。

(4)在每个步骤的操作过程中，如果钵内有多余的丸粒化剂，应适当增加黏合剂用量，适当延长包敷时间，操作过程全程需戴口罩、橡胶手套。

2. 使用 5ZW-3 型种子丸粒化包衣机丸粒化种子

按仪器说明书要求，正确使用 5ZW-3 型种子丸粒化包衣机。

(1)电控操作说明。接通开关，按下启动按钮，电机启动。工作结束后，按下停止按钮，电机停止工作。

(2)种子丸粒化操作步骤。

①检查仓筒与转动系统的连接是否牢固，检查控制按钮处开关是否可靠。

②根据试验种子的基本情况，称取 3 份相同重量的种子样品；按照种衣剂药种配比要求，计算丸粒化物质及黏合剂用量。

③设定仓筒角度及转速，按下启动按钮，使设备运转。

④将 1 份种子样品倒入仓筒中，采用喷雾设备将一定量的黏合剂喷施于种子表面。待种子表面被黏合剂均匀浸湿后，将一定量的丸粒化物质倒入仓筒中，进行丸粒化，重复这 2 个步骤直至种子丸粒化达到理想的程度。

⑤丸粒化结束后，按下“停止”按钮使设备停止运作，从丸粒仓筒中取出物料。

⑥如果对试验结果不满意，可以调整仓角、转速、黏合剂与丸粒化物质的用量等，重复上述试验过程，以便取得最佳的效果。

⑦丸粒化试验结束后，关闭机器电源，拔下电源插头，将仓筒内外擦拭干净。

五、注意事项

(1)丸粒化种子需经过精选，从而保证丸粒化的质量。有杂质或不均一种子存在时，种子丸粒化效果会大打折扣。

(2)根据拟包衣试验物料样品情况，设定仓筒角度。对于籽粒颗粒较大、外表均匀、光滑的种子，应设定较大的运行仓角；对于籽粒较轻或颗粒表面粗糙的种子，应设定较小的仓角。丸粒化时间根据种子的丸粒化效果确定。

(3)每次喷液、加粉的量不宜过多，喷液、加粉的间隔时间不宜过长，应根据实际情况适时调整。

(4)对过筛后的丸粒化种子进行自然风干或人工干燥时，应注意烘干温度不宜过高，时间不宜过长，干燥不当会使丸粒化种子开裂。

六、思考题

(1)种子丸粒化的优点有哪些？

(2)种子丸粒化技术的基础是什么？

七、知识补充

种子丸粒化技术是在种子包衣技术基础上发展起来的一项适应精细播种需要的农业高新技术，是指用特制的丸化材料，通过机械加工，将种子制成表面光滑、大小均匀、颗粒增大的丸粒化种子。这项技术将种子与特定的黏合剂、杀虫剂、杀菌剂、肥料和植物生长调节剂等混合，然后在压力作用下压缩成特定形状和大小的颗粒。这种处理可以改变种子的形状、体积，促进种子萌发，提高种子的抗性，使它们更适合机械化播种。种子丸粒化技术还包括将种子与这些材料分层包衣，形成表面光滑、大小均匀的丸粒化种子。

实验十七　种子引发技术

一、实验目的

掌握种子引发的基本技术，了解引发技术对种子萌发的影响。

二、实验原理

种子引发技术是基于种子萌发的生物学机制提出的，目的是促进种子萌发，调控细胞水分的供给速度和程度，从而影响种子萌发的速度和整齐度。PEG(聚乙二醇)是一种高分子聚合物，化学稳定性高，不透过细胞壁，因而不影响细胞的生化反应。PEG 溶液通过胶体渗透势来调控细胞吸水的程度和状态，能使种子的吸水趋于稳定和同步化，最终提高萌发率和整齐度，比采用单一的水浸泡引发要有效得多。

三、实验材料

1. 材料

莴苣种子。

2. 器具

发芽箱、电子天平、培养皿、发芽纸、烧杯、封口膜。

3. 试剂

PEG(相对分子质量 6000 或 8000)、蒸馏水等。

四、实验方法

1. 种子引发

PEG 溶液(31.38 g PEG 溶于 100 mL 蒸馏水中)50 mL,浸没种子。烧杯用封口膜密封后,在发芽箱 20 ℃、黑暗条件下放置 7 d。引发后种子用自来水快速冲洗,用发芽纸吸干种子表面水分。将种子放在室温下回干,然后称重至种子原始重量。

2. 种子发芽

在直径 9 cm 的培养皿内放 3 层湿润的发芽纸,每皿 50 粒种子作为 1 个重复,每处理 4 次重复。发芽试验选择 35 ℃和 20 ℃两个温度条件,并分别用引发和未引发的种子置床。在发芽的第 1 天,每 6 h 记录发芽种子数(以胚根突破种皮为发芽计算);第 2～7 天,每天记录 1 次。

3. 结果计算

根据发芽种子数,计算发芽率(G)、发芽指数(GI)、平均发芽时间(MGT)。将实验数据记录在表 4-17-1 中。

平均发芽时间(MGT):

$$MGT=\frac{\sum G_t \times D_t}{G}$$

式中,D_t 为发芽日数;G_t 为与 D_t 相对应的每天发芽种子数。

平均发芽时间常用来表示发芽速度,平均发芽时间越短,发芽速度越快。

表 4-17-1 种子引发处理及发芽数据记载表

试验种子(学名): 种子起始重量/g:

引发液(浓度): 引发时间(温度):

发芽置床日期:

是否引发	发芽条件	重复	计数 1	计数 2	计数 3	计数 4	计数 5	计数 6	计数 7	计数 8	计数 9	计数 10	计数 11	计数 12	发芽率/%	发芽指数	平均发芽时间
		平均值															

五、注意事项

(1)在种子引发过程中,要防止种子发霉。

(2)引发后的种子要用自来水快速冲洗,以免引发剂干燥在种子表面,影响后期种子储藏与发芽。

六、思考题

(1)种子引发技术可以应用在哪些实际生产上?

(2)种子引发技术的原理是什么?

七、知识补充

种子引发技术的目的是促进种子萌发,并且提高萌发时间的稳定率和萌发整齐率,减小萌发时间的标准差,提高苗的抗性和素质,改善营养状况。引发主要通过渗透调节、温度调节、气体调节和激素调节等来达到目的。

基于渗透调节的液体引发是通过对细胞水分的供给速度和程度的调节来控制种子萌发的速度和整齐度的,它主要考虑使用高胶体渗透压溶液或者适当晶体渗透压的盐溶液来调控种子吸水。常用的化学物质是聚乙二醇(PEG),比采用单一的水浸泡引发要有效得多。盐溶液引发也是很常用的,例如氯化钙、硝酸钾等物质可以改变溶液的水势来降低细胞渗透势,使细胞吸水趋于平稳,同时这些盐分子还可以进入细胞,对代谢活动产生积极影响。固体基质引发是比较常用的一种种子引发方法,它主要通过种子从固相载体中吸水达到平衡而起到引发作用。常用的基质是蛭石、多孔黏土、合成硅酸钙和滤纸等物质。

生物引发是目前最为前沿的,它主要采用无害微生物作为包衣,包裹在种子表面。利用微生物之间的拮抗作用,来抑制病原微生物的危害。同时这些有益微生物可以提供给种子有效的营养和水分,促进萌发,提高苗子的抗性。已经成功的范例是采用含有荧光假单细菌的1.5%甲基纤维素溶液包裹种子,包裹后短暂回缩水分 2 h,23 ℃下吸水 20 min 即可播种,这样引发的种子几乎无病害和猝倒表现。

实验十八　种子包装技术

一、实验目的

了解种子包装材料的种类和特性,熟悉种子包装的方法,掌握种子包装标签标注的内容,能根据不同种子的特点选择适宜的种子包装材料和包装技术。

二、实验原理

经干燥、清选和精选等加工的种子,加以合理包装,可防止种子混杂,避免吸湿回潮,减轻病虫害感染,延缓种子劣变,保持种子旺盛活力,保证安全储藏运输,从而提高种子商品特性。同时,种子包装有助于防止假冒伪劣种子流入市场,可增大市场的品牌竞争力。不同包装材料和包装方法对种子发芽率、种子活力等指标有不同的影响。作物类型不同，包装目的不同，选择的包装材料、容器和方法也不同。因此，我国制定了《主要农作物种子包装》《农作物种子标签和使用说明管理办法》等一系列标准和规定，对种子包装的一般要求、外观质量要求、种子标签标准等各个方面进行统一、规范。

目前，种子包装主要有按种子重量包装和按种子粒数包装 2 种方法，其工艺流程主要包括种子从散装仓库输送到加料箱→称量或计数→装袋（或容器）→封口（或缝口）→粘贴（或挂）标签等程序。我国种子包装已基本实现自动化或半自动化操作。种子从散装仓库，通过重力或空气提升器、皮带输送机、升降机等机械运动送到加料箱中；然后进入称重设备，当达到预定的重量或体积时，即自动切断种子流；接着种子进入包装机，打开包装容器口，种子流入包装容器；最后种子袋（或容器）经缝口机封口（或缝口）和粘贴标签（或预先印上），即完成包装操作。

三、实验材料

1. 材料

已精选好的不同作物种子若干；麻袋、编织袋、多层纸袋、铁皮罐、铝箔袋、聚乙烯铝箔复合袋及聚乙烯袋等各种不同的种子包装材料或容器；种子标签。

2. 器具

种子定量包装机、种子定数包装机。

四、实验方法

（一）种子包装材料及种子标签标注

（1）仔细观察各种种类的包装材料，并说明其性质、特点与销售包装的外观质量。

（2）根据性质和特点，选择不同作物种子的包装材料或容器。

（3）仔细观察种子包装材料（容器）外印刷或粘贴标签的内容。

（4）总结、归纳种子包装材料（容器）外印刷或粘贴标签的内容，制作不同作物种子销售时的包装和种子标签。

（二）种子包装

1. 种子定量包装机

种子定量包装机自动化程度高、速度快、可靠性强，可准确地称量玉米、豆类、小麦、花生、高粱等各种谷物和杂粮、杂豆等种子。以玉米种子定量包装机为例，其工作过程如下：标定重量→调节标定重量的相应容积→喂料→采用容积初步计量→振动精确补料→智能称重仪显示重量→达到标定重量后自动停止补料→人工套袋→打开下料仓门→电子控制系统自动置零→往复操作。

种子定量包装机常常与现代化的大型种子加工设备成套使用，配套有上料设备、输送带、封包机等。

2. 种子定数包装机

目前蔬菜小粒种子采用定数包装的越来越多，先进的种子定数包装机，只要将精选种子放入漏斗，经定数的光电计数器，流入包装袋，自动封口，自动移到出口道，由人工装入定制纸箱，整个包装程序即完成。

五、注意事项

(1)用于销售的种子必须符合国外和国内规定的包装标准。

(2)种子标签内容齐全，包装材料性价比适宜。

(3)种子包装时在计量上力求准确无误，尽量减少误差，切不可缺斤少两。

(4)严格检疫，防止检疫性病虫草等有害生物的传播。

(5)按照种子包装技术操作规程，检查包装要求标注的内容，合格包装产品才能储藏或销售。

六、思考题

(1)种子包装技术有哪些类型？

(2)简述种子包装的目的和意义。

七、知识补充

1. 包装材料

种子包装材料应具有保护性能，以防止湿气、光线和氧气对种子的影响。常见的包装材料包括聚乙烯、聚丙烯以及多层复合膜等，这些材料通常具有防潮、防氧化和防透光的特性。

2. 包装设计

种子包装设计应考虑到种子的类型和特性，以及包装后的储存和运输条件。包装设计应该符合种子的尺寸和形状，同时考虑到易于堆叠和搬运的便利性。

3. 包装过程

种子包装过程通常包括清洁、干燥和包装。在包装之前，种子应该进行清洁，以去除杂质和不良种子。接着，种子需要经过干燥处理，以降低水分含量，防止霉菌和细菌的生长。最后，种子被放置在适当的包装材料中并进行密封，以保鲜。

4. 标签和说明

种子包装上通常包含关于种子种类、生产日期、保存期限、生长条件和使用说明等信息的标签。这些信息有助于消费者正确使用种子，并提供有关种子的重要信息。

5. 包装机械

种子包装通常采用自动化包装机械进行生产。这些机械能够高效地完成清洁、干燥、包装和密封等工序，提高生产效率并保证包装质量。

实验十九　种子加工成套设备调研

一、实验目的

了解种子加工成套设备总体设计、加工能力、主要加工工序、主要设备选型及性能指标等。

二、实验原理

种子加工是提高种子质量、促进种子市场流通的基本技术措施，是实现种子商品化、标准化的重要因素，是种子产业发展的核心。种子加工流水线是指对种子进行连续自动化加工处理的成套设备，通常由加工设备和辅助设备两大部分组成。一般国内企业设计的 5 t/h 和 3 t/h 种子加工流水线，可实现烘干、除芒、风筛清选、窝眼分选、重力分选、包衣、计量包装等种子加工作业。图 4-19-1 为种子加工成套设备。

图 4-19-1　种子加工成套设备

三、实验材料

1. 材料

水稻、小麦、玉米、大豆等农作物种子。

2. 器具

干燥设备、风选设备、窝眼筒清选设备、比重清选设备、谷糙分离设备、包衣设备、包衣后烘干设备、包装设备等。

四、实验方法

1. 加工成套设备布局调研

参观种子企业加工厂，绘制种子加工成套设备布局，如干燥机、风选机、比重清选机、窝眼筒清选机、包衣机、包装机等。

2. 干燥设备

调研生产厂家、价格以及主要技术参数，包括标准生产率、配套总动力、外形尺寸、整机质量等，了解操作过程。

3. 除芒设备

除芒设备是用来对水稻、大麦、牧草等种子进行除芒加工的技术设备，调研生产厂家、价格、生产率、配套总动力、工作部件转速、整机重、外形尺寸等，了解操作过程。

4. 风选设备

调研生产厂家、价格以及主要技术参数，包括标准生产率、配套总动力、外形尺寸、整机质量等，了解操作过程。

5. 窝眼筒清选设备

调研生产厂家、价格以及主要技术参数，包括标准生产率、配套总动力、外形尺寸、整机质量等，了解操作过程。

6. 比重清选设备

调研生产厂家、价格以及主要技术参数，包括标准生产率、配套总动力、外形尺寸、整机质量等，了解操作过程。

7. 谷糙分离设备

调研生产厂家、价格、净米(糙)筛层数、生产率、筛面尺寸、纵向倾角、横向倾角、振幅、振动频率、配套总动力、整机质量、外形尺寸等,了解操作过程。

8. 包衣设备

调研生产厂家、价格以及主要技术参数,包括标准生产率、配套总动力、外形尺寸、整机质量、药剂与种子配比、种子供给系统、种衣剂供给系统、智能化控制系统等,了解操作过程。

9. 包衣后的烘干设备

调研生产厂家、价格以及主要技术参数,如滚筒直径、配套总动力、外形尺寸、整机质量、滚筒转速、滚筒倾角等,了解操作过程。

10. 包装设备

调研生产厂家、价格、生产率、外形尺寸、设备控制系统等,了解操作过程。

11. 种子输送系统

种子输送系统由垂直输送设备、水平输送设备、溜管、料流控制器等组成,调研垂直提升机组成、生产率,提升机、出料口控制器,水平输送设备长度,双体料槽、同频反向配置,料槽宽度、高度、输送长度、振动机构、驱振频率等,了解操作过程。

12. 物料暂存系统

调研风选设备、窝眼筒清选设备、比重清选设备、谷糙分离设备、包衣设备的喂料斗上方缓冲仓体积等,了解操作过程。

13. 除尘系统和集杂系统

调研除尘系统组成,如中央风机、旋风分离器、风量调节阀,以及干、支、毛三级除尘管等,调研风机风量、风压、配套总动力等,了解操作过程。

14. 控制系统

控制系统是种子加工流水线的重要组成部分,调研控制面板上绘制的整套设备生产线简化流程图、电源总开关、储料仓控制开关等,了解操作过程。

五、注意事项

(1)每个企业由于基地规模、加工作物不同,种子加工流水线工艺流程存在差异,可以根据所调研企业实际情况开展调研。

(2)在设计种子加工流水线时,一般要保证加工流水线工艺流程的可变可调,以满足各种不同加工需要,不同作物加工所需设备可能有差异。

(3)调研时要听从企业技术人员指挥,注意安全。

六、思考题

(1)列举 2 种种子加工成套设备的优点和缺点,并进行比较。

(2)选择 1 种主要农作物的种子,描述其在种子加工成套设备中的加工流程。

七、知识补充

1. 种子加工成套设备的分类

种子加工成套设备可以分为清理设备、分级设备、磁选设备、脱壳设备、除杂设备、烘干设备等。每种设备都有特定的功能，用于完成种子加工过程中的不同环节。

2. 种子加工成套设备的工作原理

种子加工成套设备通过机械、物理或电子原理，对种子进行清理、去壳、除杂、脱水、分级等处理，以提高种子的品质和适应性。

3. 种子加工工艺流程

种子加工的一般工艺流程包括清理、脱壳、分级、除杂、烘干和包装。每个步骤都是为了确保种子品质和适应种植的需求。

4. 种子加工设备的选型原则

选择种子加工设备时需要考虑生产规模、种子类型、加工工艺要求、设备质量和售后服务等因素，以确保设备能满足加工需求并具有良好的性价比。

5. 种子加工设备的维护与保养

定期对种子加工设备进行清洁、润滑、调试和检查，及时发现和解决设备故障，可以保障设备的正常运行并延长使用寿命。

6. 现代种子加工技术

现代种子加工技术包括智能化技术的应用、绿色环保技术的采用、数字化管理系统的建立等，以提高加工效率、节约能源和资源，并实现可持续发展的目标。

实验二十　种子超干储藏技术

一、实验目的

通过实验，获得含水量低于5%的种子，并进行真空包装。了解超干处理对种子发芽的影响、种子超干储藏的最适含水量等。

二、实验原理

种子超干储藏是指将种子水分降至5%以下，密封后在室温条件下储藏，即通过降低种子水分以代替低温储藏，取得相同储藏效果的一种方法。目前各国科学家已对种子超干储藏的效果取得了共识，但是不同类型的种子耐干能力存在差异。油料种子耐干能力强，它可忍耐极度的脱水；淀粉类种子的耐干能力在种间差异很大，如高粱、小麦、大麦种子耐干能力较强，而水稻种子和大豆种子的耐干能力在品种间存在较大的差异。

三、实验材料

1. 材料

水稻、小麦、油菜等种子。

2. 器具

干燥器、天平、粉碎机、真空包装机、发芽箱、尼龙网袋、硅胶、铝箔袋、发芽纸、培养皿等。

四、实验方法

1. 种子脱水处理

将种子置于尼龙网袋中，然后置于干燥器内硅胶中，硅胶与种子重量之比为 10∶1(可以调节)，25 ℃下快速干燥，每天更换经 120 ℃充分干燥冷却后的硅胶。每隔一定时间称重，以制备含水量低于 5%的种子。

2. 种子含水量测定(低温烘干法)

种子含水量测定(低温烘干法)，即(103±2) ℃、8 h 一次烘干法。此法适用于花生、大豆等种子水分的测定。

(1)预热。把电烘箱的温度调节到 110～115 ℃进行预热，然后让其保持在(103±2)℃；再将样品盒置于(103±2)℃电烘箱中预热 1 h 左右，记下盒号并称重。

(2)样品处理。首先，从混匀样品中取试样 15～25 g，除去杂质，进行磨碎处理。禾谷类种子的磨碎物至少有 50%能通过 0.5 mm 的金属丝网筛，留在 1.0 mm 金属丝网筛上的不能超过 10%；豆类种子需要粗磨，至少有 50%的磨碎成分能通过 4.0 mm 筛孔；小粒种子可不进行磨碎，直接烘干。

(3)称取样品。称取试样 2 份(置于预先烘干的样品盒内)，每份重 4.5～5.0 g，并加盖。

(4)烘干。打开样品盒盖放于盒底，迅速放入电烘箱内(样品盒距温度计水银球 2～2.5 cm)，待 5～10 min 内温度回升到(103±2) ℃时，开始计时；烘干 8 h 后，打开箱门，戴好手套迅速盖上盒盖，置于干燥器内冷却，30～45 min 后取出称重、记录。

(5)结果计算。

$$\text{种子水分}=\frac{\text{样品烘干前重量}-\text{样品烘干后重量}}{\text{样品烘干前重量}}\times 100\%$$

2 份试样结果容许误差不超过 0.2%，其结果用 2 次测定值的算术平均数表示。若 2 份试样结果差距超过 0.2%，则重做 2 次测定。

3. 真空包装

用铝箔袋将种子密封备用。真空包装步骤包括：将真空包装机的电源插上，打开电源按钮；调节抽气时间、封口时间、热封延时；装好种子，放置箱内的封口处；按下顶盖即可操作，真空表面回零即工作完成。

4. 种子预处理

在超干种子发芽前采用逐级回水的平衡水分法对种子进行处理。将种子装于尼龙网袋中，置于干燥器上部，底部加入水，密封，平衡 24 h。

5. 种子发芽率测定

预处理后,对种子进行发芽率测定,分析种子超干储藏对种子发芽的影响。

五、注意事项

(1)不同作物种子超干储藏的最适含水量存在差异,干燥时间、种子发芽预处理时间存在差异,不同作物种子的超干储藏需要大量预备试验。

(2)为确保超干种子长期储藏,种子密封包装尤为重要。封口质量不佳时,检查封合电压波动或电压选择是否恰当,封合时间是否合适,封合电磁阀是否正常工作,硅胶条、高温布是否平整等。

六、思考题

(1)什么是种子超干储藏技术?请简要描述该技术的原理和优点。

(2)列举种子超干储藏技术的主要应用领域和实际价值,并结合实例说明。

七、知识补充

1. 种子超干储藏技术的优点

相较于传统储藏技术,种子的超干储藏技术具有使种子活力保持更长时间、延长种子保存期限、减少储藏空间和成本等优点。同时,超干储藏技术可以避免种子储藏过程中的霉变和氧化,提高种子的保存效果。

2. 种子超干储藏技术的关键因素

储藏温度、湿度、氧气浓度、储藏容器材料和种子处理方法是影响种子超干储藏效果的重要因素。合理控制这些因素可以保证种子在储藏过程中的品质和活力。

3. 种子品种特性与超干储藏策略

不同种子品种对超干储藏的适应性有所差异,因此需要根据种子的特性调整储藏参数和策略,以确保种子在超干储藏过程中取得最佳保护和保存效果。

实验二十一　种子超低温保藏技术

一、实验目的

了解超低温保藏的基本技术,以及影响超低温保藏技术的因素。

二、实验原理

种子超低温保藏是指以液态氮(−196 ℃)为冷源,将种子等生物材料置于超低温条件下,使其新陈代谢活动处于基本停滞的状态,从而长期保持种子寿命的储藏方法。

三、实验材料

1. 材料

红小豆、荞麦、谷子、牧草等种子。

2. 器具

培养箱、超低温冰箱、水浴锅、液氮罐、聚乙烯袋、发芽纸、培养皿等。

四、实验方法

(1)将种子干燥或在饱和蒸汽下吸湿，将其水分调整为10%左右的低含水量和30%左右的高含水量(可根据作物种类，适当调整含水量的高低)。

(2)将高、低含水量的种子分别分成2组，用聚乙烯袋包装后冷冻：第1组种子直接投入液氮(−196 ℃)中保存30 d；第2组种子经−80 ℃(超低温冰箱，2 d)后再投入液氮(−196 ℃)中冷冻保存28 d。以高、低含水量种子各常温储藏30 d为对照。

(3)冷冻结束后，将每组种子再分2组解冻：一组在室温18 ℃缓慢解冻，另一组在38 ℃水浴锅中快速解冻。

(4)解冻后的种子于25 ℃黑暗中经蒸馏水浸泡24 h后，用蒸馏水冲洗数次，选取50粒饱满、健壮的种子作为1个重复，置于25 ℃培养箱中进行发芽试验，每个处理进行4次重复。逐日记录发芽种子数，发芽结束后统计发芽率，计算发芽指数和平均发芽时间。

(5)分析不同方式的超低温保藏技术对种子发芽的影响。

五、注意事项

(1)准确控制好超低温保藏种子的含水量，确保种子的储藏效果。

(2)超低温保藏后的种子要做好解冻工作，以减少冻害对种子发芽的影响。

六、思考题

(1)什么是种子超低温保藏技术？它与传统种子储藏技术有何区别？

(2)种子超低温保藏技术在农业中的应用有哪些优势？这项技术对农业的未来会有怎样的影响？

七、知识补充

1. 储藏容器的选择

在种子超低温保藏技术中，选择合适的储藏容器非常重要。比如，真空密封袋能够有效排除氧气和水分，减少种子的氧化和潮湿，保护种子不受有害影响，确保它们在储藏中保持品质和活力。

2. 种子处理方法

在进行超低温保藏前可采取种子处理方法，如抗氧化处理。通过浸泡种子或喷洒抗氧化剂，可以减少种子的氧化作用，增强其抗氧化能力，延长储藏寿命，确保种子在储藏中保持良好状态。

3. 超低温保藏条件的监测与控制

在储藏种子时，需要密切监测和控制储藏环境的关键参数，如温度、湿度和氧气浓度。通过使用温湿度监测仪器和氧气浓度监测仪器，可以确保种子在最佳的储藏条件下保存，保持种子的品质和活力。

实验二十二　种子仓库的熏蒸消毒技术

一、实验目的

了解磷化铝的正确使用方法，掌握种子仓库的熏蒸消毒技术。

二、实验原理

种子仓库进行种子熏蒸灭虫时，熏蒸剂须具有渗透性强、防效高、易于通风散失等特点。常见的熏蒸剂有磷化铝、氯化苦（花生种禁用）、溴甲烷、二氯乙烷等。生产上应用最广的熏蒸剂是磷化铝，其防治原理是磷化铝在室温下吸收空气中的水分产生磷化氢气体（PH_3），该气体穿透力强，能够杀死仓库内种子堆外部及内部的害虫，并具有抑制和杀灭微生物的作用，且对种子发芽率没有影响。

三、实验材料

1. 材料

种子仓库与种子。

2. 器具

防毒面具、报纸、机油、塑料薄膜、塑料布或塑料盒、小布袋、细绳、帐幕、滤纸等。

3. 试剂

磷化铝片剂和粉剂、5％$AgNO_3$溶液等。

四、实验方法

种子仓库的药剂熏蒸必须按照安全技术规程来进行。正确使用磷化铝片剂熏仓的步骤如下。

1. 熏蒸消毒的准备

（1）调查现场害虫的虫口密度、种类、虫期和主要活动栖息部位，种子的品种、数量、用途、含水量、储藏时间，以及堆放形式、种温、仓温、气温、湿度等。此外，还要调查仓库设施的结构密闭性能、内部机器设备及与四邻居民住房的距离等。

（2）结合近期天气预报，测量仓库和种堆体积，确定施药量。

（3）根据现场调查的情况，进行综合分析，制订熏蒸方案，如仓库密闭性能差，应采用帐幕熏蒸，而不能采用整仓熏蒸；下雨天不可熏蒸，因为种子含水量过高时，熏蒸会降低种子发芽率。

(4)根据选定的药剂和施药方法，准备好施药器材、安全防护用具和材料。

(5)整理种子堆和熏蒸物，整仓散装种子熏蒸要扒平种面，留好过道，出入要方便、安全。

(6)包装好的种子，要堆码牢实，堆垛之间要架木板，出入口堆成梯形，以便安全行走。库内暴露的金属器具、仪表等易腐蚀的物品，要拆卸移出或将暴露部位用机油或用塑料薄膜密封起来。

(7)对施药人员要进行组织分工，明确责任，必要时应先演练 1 次。

2. 熏蒸消毒前密闭仓库

用报纸糊好仓库的门缝和窗缝，做到闭仓时密闭不漏气。

3. 投药量

磷化铝粉剂用药量，种子堆为 4～6 g/m^3，仓库空间为 2～4 g/m^3，加工厂或器材为 3～5 g/m^3。

4. 做好防毒准备

检查防毒面具的完好性，戴好防毒面具，打开磷化铝药盒进行施药。

5. 熏蒸消毒的方法

(1)种面施药。散装仓库可在种子堆表面均匀布点，底层铺放塑料布或塑料盒，每点放置 10～15 g 磷化铝片剂。

(2)布袋深埋。按各点施药量将药剂装入小布袋内，每袋装片剂不超过 5 片，粉剂不超过 25.5 g。用投药器由里向外把药包埋入种子堆，每个药包应拴 1 条细绳，其一端在种面外，以便熏蒸放气后，按细绳标志取出药包。若种子堆过厚(3 m 以上)，可采用种面施药与布袋深埋施药相结合的方法。此外，对包装好的种子堆，可在堆垛表面按间隔 0.7 m 的距离放置药包，在垛的中部投放用药量的 1/3，表面投放用药量的 2/3。

(3)帐幕熏蒸。仓库大、种子少时，可用帐幕将种堆覆盖熏蒸，帐幕不能透气，并有适当支撑，使帐幕内有一定的空间，以利于磷化氢气体顺利扩散。用药量按种子堆体积和帐幕内空间一并计算。

6. 投药后密闭仓库

投药后施药人员要迅速出仓库，关闭好仓库门，糊严缝隙。

7. 熏蒸消毒的时间

种子温度在 20 ℃以上时闭仓熏蒸 3 d，种子温度为 16～20 ℃时闭仓熏蒸 4 d，种子温度为 12～15 ℃时闭仓熏蒸 6 d。每个投放点的片剂不能叠放，粉剂厚度不宜超过 0.5 cm。

8. 通风散毒时间

到达熏蒸时间后，打开仓库门窗通风散毒 5～7 d。

9. 检查毒气是否散尽

用浸湿过 5% $AgNO_3$ 溶液的滤纸在仓库内检测残存的 PH_3 气体，当确认检测滤纸不变色后才可进入仓库作业。如果检测滤纸变色，则仍然需要继续通风散毒，直至毒气散尽为止。

10. 残留药渣处理

收拾各药点的药渣，并进行深埋处理。

五、注意事项

磷化铝片剂在空气中吸收水分产生的 PH_3 气体，对人有很高的致毒性。因此，在种子仓库熏蒸灭虫时一定要注意以下几个问题。

(1)仓库密闭要严，防止漏气。

(2)熏蒸仓库内勿存放铜铁器材，以防腐蚀、损坏。

(3)操作人员一定要戴好防毒面具，使用前后都需检查防毒面具是否完好，操作完成后应洗手、脚、衣裤及各种用具。

(4)严格控制用药量，投药点要分散均匀，多点薄摊，不要堆积，防止用药过多发生自燃，造成事故。

(5)熏蒸完毕后人员不要急于进入仓库，进入仓库前用浸湿 5% $AgNO_3$ 溶液的滤纸在仓库内检测，滤纸不变色才可进仓工作。

(6)通风散气，通风一律从仓库外部开启门窗，先开下风方向，再开上风方向；先开上层，再开下层。

(7)熏蒸后的药渣要进行深埋处理，以免人畜中毒。

(8)熏蒸期间发生自燃时，必须使用干沙灭火，不可用水灭火。

(9)帐幕熏蒸时，要求帐幕内结露的水滴不能落到药剂上。

六、思考题

(1)简要解释种子仓库熏蒸消毒技术是如何通过释放特定气体来杀灭害虫、病原菌和杂草种子的。

(2)简单列举种子仓库熏蒸消毒技术的 1 个优点和 1 个缺点，并讨论其对种子仓库管理的影响。

七、知识补充

1. 常用的熏蒸消毒气体

常用于种子仓库熏蒸消毒的气体包括磷化氢、二氧化硫和乙烯氧化物等。以磷化氢为例，它在熏蒸中释放出毒性气体，可有效灭杀害虫和昆虫，常用于消毒种子和土壤；二氧化硫则常用于控制霉菌和真菌等病原微生物。

2. 熏蒸消毒技术的应用范围

熏蒸消毒技术广泛应用于谷物、蔬菜等种子以及农业种子的仓储管理中，能有效消灭潜伏在种子中的病原菌、害虫和杂草种子，保障种子质量与存储安全。

3. 熏蒸消毒技术的操作规范

在进行熏蒸消毒时，需要根据种子的具体情况选择合适的熏蒸气体，并严格控制熏蒸时间和温度，确保灭菌效果。同时，操作人员需要戴防护装备，并遵循操作规程，确保操作安全。

4. 熏蒸消毒后的处理方法

熏蒸消毒结束后，需要对种子仓库进行通风处理，以加速残留气体的散尽。同时，需要对种子进行检测，确保熏蒸消毒后的种子质量符合要求，同时要防止熏蒸消毒气体对环境产生负面影响。

实验二十三　种子仓库有害生物的检查

一、实验目的

掌握种子仓库有害生物的检查方法。

二、实验原理

种子仓库害虫(简称有害仓虫)的活动规律随温度的变化而变化。温度在 15 ℃以下时，有害仓虫行动迟缓；在适于生命活动的温度范围内，有害仓虫活动随着温度的升高逐渐变得活跃。1 年中，冬季低温时期的有害仓虫为害最小；春季气温回升时期的为害逐渐增大；夏季高温时期的为害较大，尤其是在 7—8 月，有害仓虫活动猖獗，为害最严重；秋季随着温度的下降，为害逐渐减小。有害仓虫在种子堆内的区域也因种温变化而变化，有害仓虫一般向种子堆中的高温区域移动，春季移向南墙的堆表 33 cm 以下区域；夏季多集中在堆表；秋季移向靠北的堆表 33 cm 以下区域；冬季则移向种堆内 1 m 以下深处。

三、实验材料

1. 材料

仓库储藏的水稻、玉米、小麦等种子。

2. 器具

取样铲、扦样器、种筛、白纸等。

四、实验方法

1. 有害仓虫检查的布点和周期

检查有害仓虫时要根据有害仓虫的习性和密度来确定取样点。散装种仓种子堆面积在 100 m^2 以内的设取样点 5～10 个，种子堆面积为 101～500 m^2 的设取样点 10～13 个。取样时在有害仓虫群集处分层设点，堆高在 2 m 以内的设 2 层，堆高超过 2 m 的设 3 层。种子堆上层用手或取样铲取样，每点取样不少于 1 kg；种子堆中下层可用扦样器取样，每点取样不少于 0.5 kg。

袋装种子 10 包以下的应逐包取样，500 包以下的取样 10 包，500 包以上的按 2%取样。取样时，每个样品不少于 1kg。袋装种子取样时，应注意外层多设点，内层少设点。

检查周期根据气温和种温来确定。一般情况下，冬季温度在 15 ℃以下时，每 2～3 个月检查 1 次。春、秋季温度在 15～20 ℃时，每月检查 1 次；温度超过 20 ℃时，每月检查 2 次。夏季高温期，应每周检查 1 次。

2. 有害仓虫检查的方法

对籽粒外的有害仓虫采用过筛检查法，即选择合适筛孔的种筛，将每个检查点所取的样品过筛 3 min，将有害仓虫筛下来，按照每千克种子样品中的活虫头数计算虫害密度，并调查有害仓虫种类。在缺少种筛的情况下,可以将待检查的样品平摊在白纸上,用手检查虫。

在低温期需正确判断有害仓虫死活状况,可将检查出来的有害仓虫供热,受热后爬动的为活虫。蛾类仓虫检查,可用撒种看蛾飞目测法。对于籽粒内部的有害仓虫,可采用刮粒法、饱和食盐比重法或 X 线法检查。

3. 霉烂、鼠、雀的检查方法

霉烂的检查,一般采用鼻闻和目测的方法,检查部位一般是种子容易受潮的底层、墙角、柱基等阴暗潮湿处,或沿门窗、漏雨、渗水等部位,以及容易结露和杂质集中的部位。检查时期的长短主要根据季节、种仓防潮隔热性能、种子水分和种子温度等情况确定。

鼠、雀的检查,一般是观察仓内有无鼠、雀粪便和活动留下的痕迹。平时应将堆表整平以便发现活动足迹,一经发现则应捕捉杀灭,还需堵塞漏洞。

五、注意事项

根据种子仓库有害生物活动的规律进行布点和检查。

六、思考题

(1)选择 1 种常见的种子仓库有害生物,简要描述其外观特征和对种子的危害。

(2)列举 2 种预防种子仓库有害生物的方法,并简要说明其原理和操作步骤。

七、知识补充

1. 影响种子质量的各类有害生物类型

以玉米象为例,其是一种常见的种子仓库害虫,成虫体长 2～4 mm,呈黑褐色,以玉米、小麦等谷物为食,幼虫在种子内取食,会造成严重的粮食损失。农户在检查储藏的谷物时发现虫粪、蛀孔等迹象,便可怀疑受到玉米象的侵害,应及时采取除虫措施。

2. 现代识别技术

DNA 条形码技术可应用于种子仓库有害生物的识别,例如,利用 DNA 条形码技术可以快速、准确地将一种可能在玉米种子中出现的真菌进行识别(玉米赤霉菌),以便及时采取相应的防控措施,避免谷物霉变。

3. 重点有害生物案例

以谷盗为例,它是一种常见的食品虫,主要为害储存种子和干果。谷盗成虫长 2～3 mm,能在 5～6 周内发育为成虫,并能吸食谷物中的淀粉和油脂。对于种子仓库的谷盗防治,可采用物理清除、药剂喷洒等方法。

实验二十四　种子仓库储藏管理

一、实验目的

了解仓库的类型与结构、设施,种子的堆放方式;掌握种子储藏期间的管理、种仓检查步骤，了解种子储藏技术和管理经验。

二、实验原理

种子仓库（简称种仓）是储藏种子的场所，也是种子储藏的生存环境。建造安全、牢固的种子仓库非常重要和必要。同时，为了保存高质量的种子，也必须做好入库前的种子准备工作，如种子质量检验、种子干燥、清选分级，以及仓库准备工作（仓房维修、清仓消毒等）等。进行种子仓库储藏管理首先需要了解仓库类型与结构、设施等，目前房式仓是我国建仓数量最多、容量最大的一种仓库。低温仓是利用人为或自动控制的制冷设备及装置保持和控制种子仓库内的温度、湿度稳定的。为了提高管理人员的工作效率、技术水平，减轻管理人员的劳动强度，种子仓库需配备各种设备，如检验设备、装卸设备、输送设备、机械通风设备、种子加工设备、熏蒸设备、消防设备及包装设备等。查仓是一项较细致的工作，操作时应有计划、有步骤地进行，以便能及时发现问题，全面掌握种情。

三、实验材料

在种子公司中，种子检验相关设备见表 4-24-1。

表 4-24-1 种子检验相关设备

序号	名称	规格
1	检验室	30 m^2 以上
2	电子秤	0.1 g
3	电子天平	0.01 g
4	电子天平	0.001 g
5	电子天平	0.000 1 g
6	光照发芽箱	250 L 以上
7	数显鼓风干燥箱	0～200 ℃
8	低温冷柜	0～15 ℃180 L 以上
9	电动粉碎机	
10	显微镜	1 600 倍
11	数粒仪	

除表 4-24-1 中的设备外，还有横格式分样器、发芽皿、发芽纸、铝盒、坩埚钳、干燥器、放大镜、套筛、镊子、药匙、数粒板、温湿度计、样品柜、档案柜、检验工作台、扦样器。

四、实验方法

1. 仓库调查

调查种子仓库类型与结构（是房式仓还是低温仓），以及仓内设施，如防潮层、防雀网、防鼠板、垫仓板等。

2. 调查各种设备

调查检验设备，如测温仪、测湿仪、水分测定仪、生活力测定仪、电烘箱、发芽箱、容重器、放大镜、显微镜和筛子等；机械输送设备，如堆包机、移动式皮带输送机；通风机械设备，如风机、管道；药剂处理设备，如消毒机、药物拌种机等；熏蒸、消防设备；包装、计量器材等。

3. 种仓准备

种仓准备包括种仓的检查、清仓、消毒和计算仓容等。

4. 种子入库

入库前检测种子水分、发芽率等，做好种子堆放工作，如袋装储藏、散装储藏。

5. 种仓检查

(1)打开仓门后，检查有无异常的味道，然后再看门口、种面等部位有无鼠雀的足迹，墙壁等部位是否有仓虫。

(2)划区设点，安放测温、测湿仪器。

(3)扦取样品，以便进行水分、发芽率、虫害、霉变及净度等的检查。

(4)观看温度、湿度结果。

(5)进一步查看仓库内外有无倾斜、缝隙和鼠洞。

6. 种子质量检验

种子质量检验包括种子扦样、种子水分、发芽率、纯度和净度测定，以及虫害、霉变情况调查。

7. 结果记录

填写仓内种子情况记录表(表 4-24-2)。根据以上检查情况进行分析、提出意见，如有问题应及时处理。

表 4-24-2　仓内种子情况记录表

%

品种名称	入库日期	种子数量	检查日期	仓外湿度	仓内湿度	气温	仓温	种堆温度															种子水分	发芽率	种子纯度	虫害情况	处理意见
								东			南			西			北			中							
								上层	中层	下层	上层	中层	下层	上层	中层	下层	上层	中层	下层	上层	中层	下层					

8. 结果分析

分析种子仓库储藏管理的关键要点。

五、注意事项

(1)根据实际情况,就近参观当地种子仓库。

(2)由于不同作物种子仓库储藏管理存在差异,通过学习了解当地主要作物种子的储藏特性、储藏管理特点及要求。

六、思考题

(1)请列举种子仓库中可能存在的主要有害生物,并描述它们的特征和危害。

(2)简述现代识别技术在种子仓库管理中的应用,并举例说明其作用。

七、知识补充

(1)库房防潮防漏处理。种子吸湿返潮的途径多样,包括从空气中吸湿、地面返潮、漏雨、雪等。因此,库房应适当密封,改善地面结构,垫高地面或搭高架存放种子,并做好四周的排水工作,以防止种子吸潮、发热、发霉。

(2)库房清理与消毒。在储藏种子之前,对种子库进行清扫、堵漏和消毒,以扑灭残留病虫和防治鼠害。一般仓库消毒可以使用1%敌百虫或敌敌畏原液进行。

(3)种子的通风。在储藏期间,适当的通风有利于种堆的气体交换,降低种堆的温度和湿度,防止种子吸潮、发热、发霉,保持种子的活力。

(4)定期检查与记录。库房应由专人保管,定期定时定点检查记载温度、霉变和虫害情况、种子发芽能力等,发现异常立即采取措施。

(5)标识和记录。对储藏的种子进行标识,记录品种、数量和储藏日期等信息,方便对种子的储藏情况进行追溯和管理。

实验二十五　种子呼吸强度的测定

一、实验目的

掌握种子呼吸强度测定的简易方法。

二、实验原理

萌发的种子在一个密闭容器中,呼吸作用消耗容器中的氧气,释放出二氧化碳,而二氧化碳又为容器中的碱液所吸收,致使容器中气体压力减小,容器内外产生压力差,使得玻璃管内水柱上升。水柱上升的高度代表容器内外压力差的大小,亦代表呼吸作用的大小,如图 4-25-1 所示。

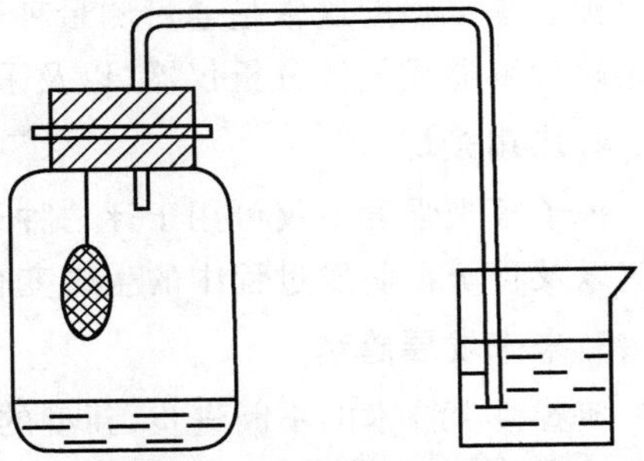

图 4-25-1　简易呼吸强度测定装置

三、实验材料

1. 材料

小麦种子。

2. 器具

500 mL 广口瓶(于瓶塞上钉一金属小弯钩)、10% NaOH、纱布、凡士林、电子天平。

四、实验方法

(1)500 mL 广口瓶内加入 20mL 10% NaOH 溶液,盖紧盖子。

(2)称取已经萌发小麦种子 5 g、10 g、15 g,分别用纱布包裹好并用棉线结扎,悬挂于装好 20 mL 10% NaOH 溶液的 500 mL 广口瓶塞上的小弯钩上,使种子包距 NaOH 溶液的液面 5 cm,而后用凡士林密封瓶口。

(3)开始记录时间,在实验 35 min 内,每隔 5 min 观察并测定 1 次玻璃管内水柱上升的高度,以每 5 min 玻璃管内水柱上升的高度(cm)计算小麦种子的相对呼吸强度(cm/5 min)。

五、思考题

(1)什么是种子的呼吸?种子的呼吸强度代表了种子的什么特性?如何通过观察和实验来评估种子的呼吸强度?

(2)种子的呼吸受到哪些因素的影响?请说明这些因素对种子呼吸强度的影响机理。

六、知识补充

1. 种子呼吸过程

种子呼吸是指种子内发生的氧化还原反应,产生能量以供种子发育和生长所需。这个过程包括有氧呼吸和无氧呼吸,可以通过测量种子释放的二氧化碳来评估呼吸速率和强度。

2. 呼吸速率的影响因素

种子呼吸速率受到温度、湿度、氧气浓度等环境因素的影响。温度对呼吸速率的影响特别显著,一般情况下,呼吸速率随温度的升高而增加,但在极端温度条件下会受到限制。

3. 呼吸强度的测定方法

种子呼吸强度通常是通过测量种子释放的二氧化碳量来评估的。常用的方法包括使用二氧化碳检测器或气体分析仪器,以及采集呼吸后的气体样品来分析二氧化碳含量。

4. 应用领域

种子呼吸强度不仅可用于评估种子的储存质量和活力,还可用于研究种子对环境胁迫的响应以及种子在萌发过程中的生理变化。这对种子生产、储存和农业生产具有重要意义。

5. 未来发展趋势

随着科学技术的不断进步,新型的呼吸强度测定方法和分析技术不断涌现,如基于纳米材料和生物传感器的呼吸监测技术等。这些新技术的应用将进一步推动种子生理学和农业科学领域的发展。

参考文献

[1]于爽. 黑龙江省资源植物研究[M]. 北京:新华出版社,2014.

[2]李明军. 植物与植物生理[M]. 重庆:重庆大学出版社,2015.

[3]丁元春. 食品加工技术[M]. 北京:化学工业出版社,2018.

[4]张嘉宁. 种子科学专业实验指导[M]. 北京:化学工业出版社,2023.

[5]胡晋. 种子贮藏加工学[M]. 北京:中国农业大学出版社,2010.

[6]张彭良. 作物种子加工与贮藏[M]. 四川:西南交通大学出版社,2016.

[7]胡一鸿,汤健良,张浩,尹洛毅. 水稻种衣剂应用与研究[M]. 四川:西南交通大学出版社,2017.

[8]江兴龙,王泽河. 种子质量检验技术[M]. 北京:化学工业出版社,2019.

[9]中华人民共和国国家标准. 农作物种子检验规程:GB/T3543. 1-3543. 7—1995[S].

[10]颜启传,胡伟民,宋文坚. 种子活力测定的原理和方法[M]. 北京:中国农业出版社,2006.

[11]刘子凡. 种子学实验指南 [M]. 北京:化学工业出版社,2011.

[12]胡晋. 种子检验学[M]. 北京:科学出版社,2015.

[13]王州飞. 种子加工贮藏与检验实验教程[M]. 北京:科学出版社,2023.

[14]张淑珍,徐鹏飞,吴俊江. 作物种子生理学实验[M]. 北京:化学工业出版社,2012.

[15]黄成彬. 种业生产与加工的现状及对策探讨[J]. 种子科技,2022,40(03):142－144.

[16]Venudevan, B. Seed Production of Horticulture Crops: Principles and Practices[M]. NIPA: 2018.

[17]T. A R G. Agricultural seed production[M]. CABI,2011.

[18]Jayanthi, S. Sumathi M, B. Venudevan. Scientific Seed Production of Horticultural Crops [M]. NIPA,2018.